FRANZ RUTTNER

GRUNDRISS DER LIMNOLOGIE

GRUNDRISS DER LIMNOLOGIE

(HYDROBIOLOGIE DES SÜSSWASSERS)

von

PROF. DR. FRANZ RUTTNER
Leiter der Biologischen Station Lunz
der Österreichischen Akademie der Wissenschaften

2. Auflage

Mit 51 Abbildungen im Text

Berlin 1952
WALTER DE GRUYTER & CO.
vorm. G. J. Göschen'sche Verlagshandlung — J. Guttentag, Verlagsbuchhandlung
Georg Reimer — Karl J. Trübner — Veit & Comp.

vormals G. J. Göschen'sche Verlagshandlung — J. Guttentag, Verlagsbuchhandlung — Georg Reimer — Karl J. Trübner — Veit & Comp.
Berlin W 35, Genthiner Straße 13
Printed in Germany — Druck von Sala-Druck, Berlin N 65
Archiv-Nr. 52 65 52

Vorwort

Der vorliegende „Grundriß" will die bestehenden Einführungen in die limnologische Wissenschaft (Thienemann, Brehm und Lenz) keineswegs etwa ersetzen, sondern in einer bestimmten Richtung ergänzen. Die großen Fortschritte, welche die letzten Jahre der Forschung auf dem Gebiet der physikalischen und chemischen Verhältnisse der Gewässer und deren Abhängigkeit von den Vorgängen des Lebens beschert haben, ließen es wünschenswert erscheinen, das „Wasser als Lebensraum" als Kernstück der Darstellung zu behandeln und ihm die Hälfte des Textes einzuräumen. Dieser Weg zu einer ersten Einführung in die Limnologie erscheint mir auch deshalb gerechtfertigt, da ein Verständnis für die Gesamtheit des biologischen Geschehens in einem Gewässer ohne eine umfassende Kenntnis der Umwelt des Lebens nicht zu erlangen ist. Die auf die Lebensgemeinschaften selbst bezüglichen Abschnitte des Büchleins wollen lediglich als Übersicht und als Illustrierung kausaler Zusammenhänge gewertet werden. Sie konnten um so kürzer gefaßt werden, als die oben erwähnten Einführungen vorzügliche Darstellungen dieser Wissensgebiete enthalten. — Das hiermit veröffentlichte Buch ist aus den seit Jahrzehnten an der Biologischen Station in Lunz regelmäßig abgehaltenen hydrobiologischen Lehrgängen hervorgewachsen. Dieser Umstand mag es erklären, wenn bei der Wahl der Beispiele die Verhältnisse der Lunzer Seen und die an der Lunzer Station durchgeführten Arbeiten vielleicht über Gebühr herangezogen wurden. — Meinem alten Freunde, dem langjährigen Mitarbeiter der Lunzer Station, Prof. V. Brehm, bin ich für viele wertvolle Anregungen herzlichen Dank schuldig. Ferner danke ich Herrn Dr. F. Berger für die sorgfältige Ausführung der Zeichnungen und nicht zuletzt meiner lieben Frau für die mühevolle Durchführung der Korrektur.

Biologische Station Lunz, im Februar 1940

F. Ruttner

Vorwort zur 2. Auflage

Der Aufbau und die Gliederung des Textes haben in der 2. Auflage der vorliegenden Einführung in die Limnologie keine Veränderung erfahren. Doch mußten, um den während des letzten Jahrzehntes erreichten Fortschritten der Forschung gerecht zu werden, einzelne Kapitel umgearbeitet werden, während andere im wesentlichen unverändert belassen werden konnten. Dadurch ist der Umfang des Textes von 167 auf 231 Seiten und die Zahl der Abbildungen von 39 auf 51 angewachsen. — Die im Vorwort zur ersten Auflage Genannten haben den Verfasser auch bei der neuen Bearbeitung durch ihre Hilfsbereitschaft in dankenswerter Weise unterstützt. Außerdem sei Frau Dr. T. Pleskot (Wien) für wertvolle Hinweise und Frl. M. Wimmer (Wien) für die Ausführung zahlreicher Zeichnungen sowie Herrn Prof. Dr. David G. Frey (Indiana University, Bloomington) für die Überlassung amerikanischer Literatur herzlich gedankt.

Biologische Station Lunz, im Frühjahr 1952

F. Ruttner

Inhalt

Einleitung

Das Wasser ist der Träger des Lebens. Sein Anteil am Aufbau der Pflanzen und Tiere sinkt nur in Ruhezuständen (z. B. Samen, Dauersporen u. dgl.) unter 50%, er beträgt bei normalem Gedeihen 60—90% und darüber. Die lebende Substanz der Zelle, das Protoplasma, ist ein System hochkomplizierter Kolloide, deren „Dispergens" (Lösungsmittel) Wasser ist. Sein völliger Entzug bedeutet den Tod.

Das erste Leben auf der Erde ist zweifellos im Wasser, oder doch „im Feuchten" entstanden, die ersten Organismen waren Wasserorganismen; das Land wurde erst im Verlauf der weiteren Differenzierung besiedelt. Die Lebewesen, welche diesen Gang der Entwicklung einschlugen, waren hierzu nur dadurch befähigt, daß sie ihre ursprüngliche Umwelt in ihren Körpersäften, im Blut und im Zellsaft, gewissermaßen auf ihren Weg mitnahmen. Die Fähigkeit, den unumgänglich notwendigen Bestand an Wasser zu erhalten bzw. die Verluste immer wieder zu ersetzen, entscheidet über Sein und Nichtsein des Lebens unter dem wechselvollen Klima der weiten Landräume der Erde.

Wenn man sich vergegenwärtigt, daß nicht nur für die Organismen der Gewässer, sondern auch für jene des Landes das Wasser das eigentliche Lebenselement ist, daß es kaum eine organische Funktion gibt, in der ihm nicht eine entscheidende Rolle zukommt, so könnte man nicht mit Unrecht die gesamte Lehre vom Leben als Hydrobiologie betrachten. Im System der Wissenschaften ist jedoch dieser Begriff wesentlich enger gefaßt. Die Hydrobiologie beschränkt sich auf die Erforschung der Pflanzen- und Tiergesellschaften (Lebensgemeinschaften, „Biozönosen"), welche die Lebensstätten, „Biotope", der Gewässer bewohnen.

Die Zusammensetzung des Pflanzen- und Tierbestandes dieser Lebensgemeinschaften ist keineswegs eine zufällige. Sie wird wohl primär bestimmt durch die geographisch und historisch gegebenen Besiedlungsmöglichkeiten, Fragen, mit denen sich die historische Pflanzen- und Tiergeographie („Chorologie") beschäftigt. Aber innerhalb dieser Grenzen wird die Auslese der Arten durch den Biotop, die Summe der in ihm vorhandenen Lebensbedingungen, verursacht. Von allen Arten, deren Keime an einen bestimmten Ort, z. B. in ein neu entstandenes Gewässer, gelangen, werden nur diejenigen sich im

Konkurrenzkampf behaupten können, welche unter den gegebenen Verhältnissen annähernd ihr Gedeih-Optimum finden. So stellt sich in ursächlicher Abhängigkeit von den Bedingungen der Umwelt ein „biozönotisches Gleichgewicht“ (THIENEMANN) der in einem bestimmten Biotop lebenden Arten ein, das so lange erhalten bleibt, als die Außenbedingungen keine Veränderung erfahren. Ändern sich diese, so tritt auch notwendig eine Verschiebung in der Zusammensetzung der Biozönose ein. Andererseits können wir beobachten, daß an geographisch sehr weit voneinander entfernten Orten Biotope von gleicher Beschaffenheit auch gleichartige oder doch in ihrem Gepräge sehr ähnliche Lebensgemeinschaften aufweisen (z. B. die Quellen und Bäche der gemäßigten Breiten, die Thermen und die Hochmoore aller Zonen).

Die Erforschung der ursächlichen Beziehungen der Lebensgemeinschaften zu ihrer Umwelt (wobei unter Umwelt nicht allein die physikalischen und chemischen Eigenschaften, sondern auch jene Abhängigkeiten gemeint sind, die sich aus der Vergesellschaftung der Organismen ergeben) kennzeichnet das Wissensgebiet der Ökologie und die ökologische Betrachtungsweise bildet somit auch das Fundament jeder hydrobiologischen Arbeit.

Die unerläßliche Voraussetzung zur Erfüllung dieser Aufgaben ist außer dem Studium der biologischen Gegebenheiten eine umfassende Kenntnis der Umweltbedingungen, in unserem Falle also der physikalischen und chemischen Verhältnisse im Wasser und in den Gewässern, soweit sie für das Leben von Bedeutung sind. So greift die Hydrobiologie, von der Lebensforschung ausgehend, weit auf andere Gebiete der Wissenschaft über, auf Physik, Chemie, Geologie und Geographie.

Der vom Wasser bedeckte Teil der Erdoberfläche gliedert sich in zwei der Ausdehnung nach sehr ungleichwertige Lebensräume: den Lebensraum des Meeres und den Lebensraum der Binnengewässer, von denen jeder der Gegenstand einer besonderen Forschungsrichtung, der Meereskunde oder Ozeanologie einerseits und der Binnengewässerkunde oder Limnologie andererseits, geworden ist. Beide Wissenschaften laufen zwar vielfach parallel, aber ihre Gegenstände sind doch in mancher Hinsicht so verschieden, daß sie sowohl in bezug auf die Fragestellung als auch die Methodik zum Teil andere Wege einschlagen mußten, die ihre Trennung rechtfertigen. Einige der wesentlichsten Unterschiede der beiden Lebensräume mögen hier kurz angeführt werden, wobei wir die allbekannte Tatsache, daß es sich bei den Meeren um Salzwasser, bei den Binnengewässern meist (aber nicht immer!) um Süßwasser handelt, nicht in den Vordergrund stellen wollen.

Das Weltmeer, welches sieben Zehntel der Erdoberfläche bedeckt, ist ein Kontinuum sowohl der Zeit als auch dem Raum nach. Es hat immer bestanden, seit das Wasser sich auf dem erkaltenden Erdball niederschlug, und bildete stets eine räumlich zusammenhängende Einheit, welch große Wandlungen auch seine Umrisse im Verlauf der Erdgeschichte erfahren haben. Infolgedessen ist auch die Entwicklung des Lebens im Meer vom ersten Anbeginn an vollkommen ungestört verlaufen und durch keinerlei Katastrophen unterbrochen worden. Die Binnengewässer dagegen, deren Anteil an der Gesamtfläche der Erde kaum ein Fünfzigstel beträgt, sind, an geologischen Zeiträumen gemessen, ephemere Gebilde. Nur wenige große Seen (wie z. B. der Baikal- und Tanganyikasee) reichen mit ihrer Entstehungsgeschichte über die Quartärzeit ins Tertiär zurück, die meisten sind erst nach der Eiszeit entstanden. Durch die Prozesse der Ausfüllung und Verlandung, durch tektonische Vorgänge verschwinden die Wasserbecken des Binnenlandes nach verhältnismäßig kurzer Zeit und mit ihnen vergeht auch die Lebewelt, welche sie bevölkerte. Neu entstandene Wasseransammlungen werden besiedelt und wiederholen das Schicksal ihrer Vorgänger. Auf diesen ständigen Wechsel des Entstehens und Vergehens der Biotope, dem nur besonders angepaßte Organismen folgen können, ist wohl in erster Linie die im Vergleich zum Meer geringere Formenfülle der Binnengewässer zurückzuführen.

Das Meer steht ferner durch seine weltumspannende Erstreckung in ständigem und sehr verwickeltem Strömungsaustausch mit allen Zonen der Erde. Es wird von den angrenzenden Festländern kaum beeinflußt, sondern bestimmt seinerseits vielfach deren Klima. Demgegenüber sind die Binnenseen verhältnismäßig engbegrenzte, abgeschlossene Wasseransammlungen und dem starken Einfluß des Lokalklimas der sie umgebenden Landmassen ausgesetzt. Infolge der geringeren Ausdehnung und Tiefe ist das gesetzmäßige Gefälle der physikalischen und chemischen Eigenschaften und die davon abhängige Verteilung der Organismen auf einen weit engeren Raum zusammengedrängt als im Meere und in viel geringerem Ausmaß durch Strömungen gestört als dort. Für die Erforschung der Zusammenhänge zwischen Lebensbedingungen und Lebenserscheinungen sind somit die Binnengewässer übersichtlichere und für kausale Fragestellungen trotz der geringeren Mannigfaltigkeit des Lebens in mancher Hinsicht wesentlich geeignetere Studienobjekte als die Ozeane.

A. Das Wasser als Lebensraum

Wenn mit diesem Büchlein der Versuch gemacht wird, den gegenwärtigen Stand der limnologischen Forschung in seinen Grundzügen kurz zu skizzieren, so ergibt sich auf Grund des in der Einleitung Gesagten ganz von selbst, daß der Besprechung der Lebensvorgänge in den Binnengewässern die Betrachtung des Milieus, in dem sich dieses Leben abspielt, vorangehen muß. Wenn dies unter dem Titel „Das Wasser als Lebensraum" geschieht, so muß man sich dabei vergegenwärtigen, daß nicht das Wasser an sich, sondern die Gewässer in ihren mannigfaltigen Ausbildungsformen die hier zu behandelnden Biotope darstellen, Biotope, in denen die Lebensbedingungen nicht nur durch das Verhalten des Wassers allein, sondern auch durch die Beschaffenheit des Grundes, durch die Lage und Gestaltung des Beckens oder (bei fließenden Gewässern) des Gerinnes bestimmt werden. Aber diese Einflüsse treten in der Regel gegenüber der „hydrischen Bedingtheit" (Hentschel) des Lebens im Wasser weit zurück und wir sind daher berechtigt, die Besonderheit des Wassers als Lebensraum gegenüber den Verhältnissen, unter denen die Land- (oder besser gesagt Luft-) Organismen gedeihen, in den Vordergrund zu stellen. Dabei wollen wir in erster Linie jenen Biotop unserer Betrachtung zugrunde legen, bei dem die hydrische Bedingtheit am reinsten ausgeprägt ist, das freie Wasser eines größeren Sees.

Das Wasser wirkt in zweierlei Weise auf das Leben, das sich in ihm entfaltet, ein: 1. durch seine physikalischen Eigenschaften, als raumerfüllendes Medium, in welchem Pflanzen und Tiere ihre Organe ausbreiten, sich fortbewegen, bzw. schweben; 2. durch seine chemischen Eigenschaften, als Vermittler der Nährstoffe, welche vor allem die Urproduktion der Pflanzenwelt für den Aufbau von Organischem aus Anorganischem braucht.

I. Die physikalischen Umweltbedingungen

Diese sind es vor allem, welche den Lebensraum des Wassers von jenem der Luft am auffälligsten trennen. Die gewaltigen Unterschiede des spezifischen Gewichtes, der Beweglichkeit, der spezifischen Wärme und der Feuchtigkeit — Faktoren, die zu den stärksten Formbildnern des organischen Lebens gehören — haben der Pflanzen- und Tierwelt in beiden Lebensräumen ein in vieler Hinsicht abweichendes Gepräge verliehen.

1. Spezifisches Gewicht, Zähigkeit, Grenzflächenspannung

Das spezifische Gewicht des Wassers ist 775mal so groß als das der Luft (bei 0° und Meeresniveau) und ebenso oftmal auch der Auftrieb, den ein darin befindlicher Körper erfährt. Dies bedeutet für die Lebewesen im Wasser eine bedeutende Ersparnis an Energie beim Tragen der eigenen Körperlast und ermöglicht eine Reduktion der zu diesem Zwecke dienenden Stützorgane. Ein Laichkraut, ein Tausendblatt, die im Wasser ihre Stengel erheben und ihre Blätter ausbreiten, fallen beim Herausheben wie welk zusammen, ein Süßwasserpolyp, eine Qualle werden an der Luft zu form- und bewegungslosen Massen.

Das Volumgewicht der Wässer in unseren Seen, Bächen und Flüssen ist an verschiedenen Orten und zu verschiedenen Zeiten nicht völlig gleich. Die auftretenden Unterschiede sind wohl dem Ausmaß nach in der Regel klein, in ihrer Bedeutung für das Geschehen in den betreffenden Gewässern jedoch überaus gewichtig. Sie werden hauptsächlich hervorgerufen durch Veränderungen des Salzgehaltes und der Temperatur.

Die Erhöhung des spezifischen Gewichtes durch den Gehalt an gelösten Stoffen ist aus folgender Tabelle, welche die Verhältnisse von Verdünnungen des Meerwassers wiedergibt, zu ersehen:

Salzgehalt ‰ (g in 1 Liter)	Volumgewicht (bei 4° C)
0	1,00000
1	1,00085
2	1,00169
3	1,00251
10	1,00818
35 (Meerwasser, im Mittel)	1,02822

Aus diesen Angaben geht hervor, daß das Volumgewicht bei steigendem Salzgehalt annähernd linear zunimmt. Die oben angeführten Zahlen sind allerdings auf die Verhältnisse in Binnengewässern nicht genau übertragbar, da der Salzgehalt in den letzteren nicht nur in der Regel viel geringer ist als im Meere, sondern auch eine andere Zusammensetzung aufweist. Trotzdem gestatten sie uns, die Veränderungen des spezifischen Gewichtes durch diesen Faktor mit großer Annäherung abzuschätzen. Der Gehalt an gelösten Stoffen liegt in normalen Binnengewässern (wenn wir von Salzseen u. dgl. absehen) meist zwischen 0,01 und 1,0 g im Liter, wobei die Größenordnung 0,1 bis 0,5 g im Liter am häufigsten vorkommt. Die in ein- und demselben See in verschiedenen Tiefen oder zu verschiedenen Zeiten auftretenden Unterschiede überschreiten selten 0,1 g/l. Dementsprechend sind auch die durch diesen

Umstand verursachten Schwankungen des Volumgewichtes nur sehr gering (etwa 0,00008, d. h. 0,08 g je Liter). Daß sie nicht ganz zu vernachlässigen sind, soll später noch gezeigt werden.

Von ungleich größerer Bedeutung sind die Veränderungen, welche das spezifische Gewicht des Wassers durch die Temperatur erfährt. Bekanntlich nimmt das Wasser in dieser Hinsicht eine Sonderstellung ein. Sein Volumgewicht nimmt bei sinkender Temperatur nicht, wie dies bei anderen Stoffen der Fall ist, dauernd zu, sondern erreicht bei einer Temperatur von 4° sein Maximum[1]), um dann zunächst allmählich, beim Gefrieren jedoch sprunghaft, abzunehmen (Abb. 1*a*). Eis ist um ein Zwölftel leichter als Wasser von 0°.

Diese Sonderstellung des Wassers unter den Flüssigkeiten ist darauf zurückzuführen, daß seine Moleküle infolge ihrer elektrischen Eigenschaften die Tendenz haben, Aggregate oder Schwärme zu bilden, deren Aufbau von der Temperatur abhängig ist. Während die Moleküle aller anderen Flüssigkeiten sich in Form der „dichtesten Kugelpackung", etwa wie Erbsen in einem Gefäß, anordnen, zeigen jene des Wassers bei niedriger Temperatur eine tetraedrische Anordnung (1 Molekül in der Mitte und 4 in den Ecken eines Tetraeders). Diese „Tridymit"-Struktur ist im Eis ausschließlich vertreten. In flüssigem Wasser wird sie von anderen Aggregatformen abgelöst, welche bei steigender Temperatur über eine Zwischenform allmählich zu der dichtesten Kugelpackung, wie in anderen Flüssigkeiten, führen. Von diesen Zuständen nimmt die tetraedrische Tridymitstruktur das größte Volumen ein, hat daher das geringste spezifische Gewicht, während der Kugelpackung die größte Dichte zukommt. Auf Grund dieser Vorgänge allein würde also bei Erwärmung das Volumen ab- und die Dichte zunehmen. Gleichzeitig findet aber, wie in jeder Flüssigkeit, die allgemeine thermische Ausdehnung statt. Die Resultierende dieser beiden gegenläufigen Vorgänge ist die eigenartige Temperatur-Dichtekurve unserer Abb. 1 (vgl. Kalle 1943).

Diese Anomalie des Wassers bedingt einige sehr auffällige und für das Leben bedeutungsvolle Vorgänge in der Natur. So vor allem die Tatsache, daß unsere stehenden Gewässer nur von der Oberfläche her gefrieren können (da Wasser von 0° spezifisch leichter ist als solches von 4°) und daß die Temperatur in größeren Tiefen der Seen im Winter meist nur wenig unter 4° liegt. Daher sind die Tiere und Pflanzen in den Gewässern unter der Eisdecke viel geringeren Temperaturschwankungen ausgesetzt als die Bewohner des Landes und

[1]) Dies gilt für normalen Druck. Bei höherem Druck liegt das Dichtemaximum bei einer niedrigeren Temperatur, und zwar beträgt die Erniedrigung bei einem Überdruck von je 10 Atm. (also je 100 m Wassertiefe) vermutlich rund 0,1° (die Angaben der Physiker stimmen leider nicht ganz überein). Deshalb beobachtet man in sehr tiefen Seen, wie z. B. Münster-Strøm in Norwegen gezeigt hat, häufig Tiefentemperaturen unterhalb 4°, ohne daß dadurch die stabile Schichtung gestört wäre. Aber auch der Salzgehalt setzt die Temperatur des Dichtemaximums herab, und zwar bei einer Zunahme von 1‰ um etwa 0,2°. Daher läge es im Meerwasser (35‰) bei —3,52°, ist also in der flüssigen Phase bei normalem Druck nicht feststellbar (Gefrierpunkt des Meerwassers: —1,91°).

es fehlt vor allem der lebenzerstörende Frost, dessen Auftreten für die geographische Verbreitung vieler Arten eine unübersteigbare Schranke bildet. Allerdings gibt es viele seichte Kleingewässer, die regelmäßig bis zum Grund durchfrieren. Die Besiedlung solcher Biotope kann nur durch Arten erfolgen, welche sich durch die Bildung

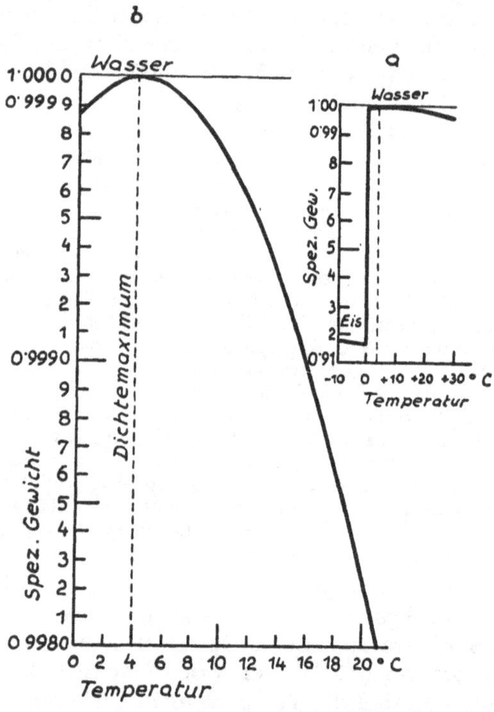

Abb. 1. *a* Die Abhängigkeit des spezifischen Gewichtes des Wassers und des Eises von der Temperatur. — *b* Teilstück der Kurve *a* zwischen 0 und 20°, zwanzigfach überhöht und fünfmal vergrößert

widerstandsfähiger Ruhestadien gegen den Frost zu schützen vermögen. Bei einigen Arten, wie z. B. bei manchen Phyllopoden, scheint sogar das Gefrieren der Dauereier für die weitere Entwicklung nötig zu sein, ähnlich, wie dies bei den Samen der „Frostkeimer" unter den Pflanzen der Fall ist.

Aber auch abgesehen von dieser Anomalie sind die an sich geringen Unterschiede, welche das spezifische Gewicht durch Temperaturänderungen erfährt, für das Geschehen in den Gewässern von sehr großer, ja vielfach ausschlaggebender Bedeutung. Man kann ohne

Übertreibung sagen, daß die großen Vorgänge, welche den Wasser- und Stoffhaushalt der Seen regulieren, in erster Linie eine Funktion der Dichtenunterschiede sind. Wegen der großen Bedeutung, die diesem Gegenstand zukommt, sind in Abb. 1 *b* die Veränderungen des spezifischen Gewichtes zwischen 0 und 20° (gegenüber Abb. 1 *a* zwanzigfach überhöht und fünfmal vergrößert) graphisch dargestellt. Diesem Diagramm kann die zu jeder Temperatur gehörende Dichte leicht entnommen werden. Von besonderer Wichtigkeit ist die Tatsache, daß das spezifische Gewicht im hohen Temperaturbereich viel rascher abnimmt als im niedrigen. So ist die Dichteänderung zwischen 24 und 25° dreißigmal so groß als zwischen 4 und 5°.

Eine physikalische Eigenschaft von nicht zu unterschätzender Bedeutung ist auch die Zähigkeit (Viskosität) des Wassers. Sie äußert sich in dem Reibungswiderstand, den eine Flüssigkeit einem in ihr bewegten Körper entgegensetzt. Dieser ist proportional: 1. dem Querschnitt des Gegenstandes; 2. der Verschiebungsgeschwindigkeit und 3. einer von der Temperatur und Beschaffenheit der Flüssigkeit abhängigen Konstante. Da der Einfluß des Salzgehaltes (also der „Beschaffenheit" der Flüssigkeit) innerhalb der im Süßwasser vorkommenden Grenzen nur sehr gering ist, interessiert uns vor allem die Abhängigkeit von der Temperatur, bei deren Ansteigen die Zähigkeit abnimmt. Sie ist bei 0° doppelt so groß als bei 25°, d. h. bei 25° wird z. B. eine im Wasser schwebende Plankton-Alge unter sonst gleichen Verhältnissen annähernd doppelt so schnell absinken als bei 0° (vgl. S. 99). Da die innere Reibung im Wasser rund hundertmal so groß ist als in der Luft, haben Wassertiere bei ihren Bewegungen weit größere Widerstände zu überwinden als Lufttiere und die Sprünge eines *Cyclops*, einer Eintagsfliegenlarve, die blitzartigen Wendungen einer Forelle setzen gewaltige Muskelkräfte voraus.

Auch die Grenzflächenspannung des Wassers gegen gasförmige und feste Körper wird unter gewissen Umständen zu einem lebenswichtigen Faktor. Sie äußert sich als Oberflächenspannung an der Berührungsfläche von Luft und Wasser und bildet hier einen besonderen, später noch zu besprechenden Biotop (S. 113). An den Organen der Pflanzen und Tiere wirkt sie sich in deren Benetzbarkeit oder Unbenetzbarkeit aus. Junge Blätter der Laichkräuter, die Schalen der Plankton-Cladoceren sind unbenetzbar. Ein Berühren des Wasserspiegels wird den letzteren oft verderblich, da sich das Wasser von den unbenetzbaren Schalen zurückzieht und die Spannung der Oberflächenhaut ein Untertauchen der Krebse verhindert. Die ökologische Bedeutung der Grenzflächenspannung ist auch darin zu sehen, daß unbenetzbare Organe weit weniger von dem die Bewegungen und den

Stoffwechsel hemmenden Aufwuchs besiedelt werden als benetzbare.

Unter den physikalischen Eigenschaften des Wassers steht eine Gruppe ursächlich miteinander verbundener Erscheinungen in ihrer Bedeutung für das Leben in den Gewässern unbestritten obenan:

2. Das Verhalten zu der auf die Oberfläche auffallenden Sonnenstrahlung[1])

Dieses bestimmt nicht nur die Intensität und Qualität des Lichtes, also jenen Anteil am Urquell allen Lebens, der den Organismen in bestimmten Tiefen eines Gewässers zur Verfügung steht, sondern es bedingt auch im Wechselspiel mit der Ausstrahlung, Verdunstung und Durchflutung die Temperatur der Gewässer mit ihren tages- und jahreszeitlichen Schwankungen. Indirekt greift der Strahlungshaushalt mit seinen Folgeerscheinungen fast in alle Phasen des anorganischen und organischen Geschehens ein und es muß daher unsere Aufgabe sein, uns eingehender mit diesen grundlegenden Erscheinungen zu beschäftigen.

a) Die Strahlungsverteilung

Den Ausgangspunkt für die Beurteilung der Verhältnisse in der Natur bilden auch hier die vom Physiker im Laboratorium gewonnenen Erkenntnisse. Diese lehren, daß ein auf eine Wasseroberfläche unter einem bestimmten Winkel auffallender Lichtstrahl zu einem Teil reflektiert wird, zum anderen Teil bei gleichzeitiger „Brechung zum Lote" in das Wasser eindringt.

Das Ausmaß der Reflexion hängt bekanntlich von dem (mit der Lotrechten gebildeten) Einfallswinkel ab und wird erst bei sehr schräg auffallender Strahlung erheblich; es beträgt bei einem Einfallswinkel von 60° nur 6%, bei 70° 13,4%, bei 80° 34,8%. Daraus ergibt sich, daß eine Wasserfläche in unseren Breiten von der direkten Sonnenstrahlung mittags im Sommer mindestens 2,5%, im Winter 14% reflektiert. Selbstverständlich bedingt auch der wechselnde Sonnenstand im Laufe des Tages bedeutende Veränderungen des reflektierten Strahlungsanteiles. Eine Folge dieser Vorgänge ist es z. B., daß — allerdings nur bei strahlender Sonne — die Beleuchtungsintensität unterhalb der Wasseroberfläche am Abend rascher abnimmt als oberhalb. Doch spielt bei diesem Effekt nicht nur die Reflexion, sondern auch die Zunahme der Weglänge bei

[1]) Gemeint ist sowohl die direkte Sonnenstrahlung als auch die diffuse Strahlung des Himmels und der Wolken.

schräg einfallender Strahlung und die daraus folgende stärkere Extinktion (s. unten) eine wesentliche Rolle. — Von der diffusen Strahlung des Himmelsgewölbes, welche je nach Bewölkungsgrad und Sonnenhöhe 8—100% der Gesamtstrahlung ausmacht und unter allen Einfallswinkeln auf die Wasseroberfläche auftrifft, werden im Mittel etwa 6% reflektiert. Natürlich gilt dies nur dann, wenn der Horizont vollkommen frei ist. Bei Abschirmung durch Berge, Bäume u. dgl. wird der reflektierte Anteil der diffusen Strahlung merklich geringer. Was die spektrale Zusammensetzung des zurückgestrahlten Lichtes anbelangt, so haben die Beobachtungen ergeben, daß die Reflexion (bei nicht zu niedrigem Sonnenstand) in allen Wellenbereichen nahezu gleich ist. Dies geht übrigens auch schon daraus hervor, daß die Spiegelbilder, die wir in einer Wasserfläche sehen, farbengetreu sind.

Über das Verhalten des in das Wasser eindringenden Strahlungsanteils weiß man, daß das Licht eine Wasserschicht nicht unverändert passiert: ein Teil wird zerstreut, ein weiterer absorbiert und dabei in eine andere Energieform, in Wärme, umgewandelt. Den in einer Meterschicht zurückgehaltenen, in Prozenten ausgedrückten Anteil wollen wir als den Betrag der Extinktion[1]), den hindurchgehenden Anteil als den Betrag der Transmission bezeichnen[2]).

Diese beiden Größen sind nun für die einzelnen Wellenlängen der auf die Wasseroberfläche auffallenden Strahlung keineswegs gleich. Die in der Abb. 2 ausgezogene Kurve *DW* zeigt die durch eine 1 m mächtige Schicht von destilliertem Wasser hindurchgehenden Anteile der Strahlung innerhalb der einzelnen Wellenbereiche des Spektrums, wobei der auf die Oberfläche senkrecht auffallende Wert überall = 100 gesetzt wurde. Man sieht, daß im kurzwelligen Bereich die Durchlässigkeit bedeutend und ziemlich gleichmäßig ist, daß sie jedoch etwa von der Wellenlänge 570 mμ aufwärts, also im Gelb, Orange und Rot, sehr rasch abnimmt. Von der schon im Ultrarot gelegenen, also außerhalb des sichtbaren Bereiches gelegenen Wellenlänge 900 mμ aufwärts („Wärmestrahlen"!) geht durch eine Meterschicht destillierten Wassers nichts mehr hindurch. Im ganzen werden von der Gesamtstrahlung der Sonne auf diesem kurzen Wege 53% absorbiert und in Wärme umgesetzt!

---

[1]) d. i. der absorbierte und der durch Zerstreuung verlorengegangene Teil.

[2]) Mathematisch ausgedrückt ergibt sich die in einer bestimmten Tiefe herrschende Intensität I aus der folgenden Formel: $I = I_0 \cdot e^{-\varepsilon h}$ (I_0 Intensität an der Oberfläche, *e* Basis der natürlichen Logarithmen, ε Extinktionskoeffizient, *h* Weglänge des Strahles in der Wassersäule).

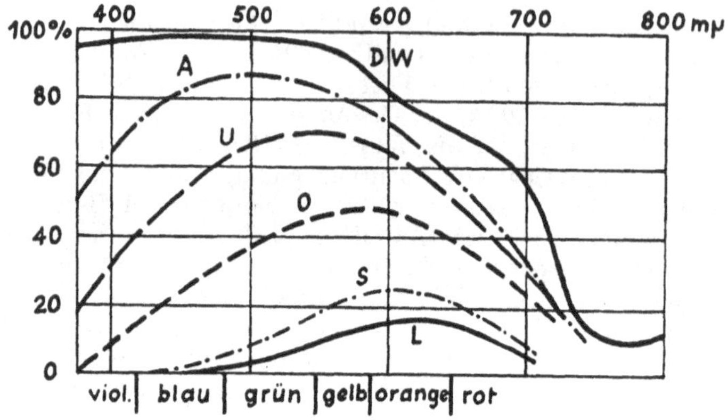

Abb. 2. Die spektrale Lichtdurchlässigkeit einer Wasserschicht von 1 m Höhe. *DW* destilliertes Wasser nach JAMES, *A* Achsensee (Tirol), *U* Lunzer Untersee, *O* Lunzer Obersee (Niederösterreich) nach SAUBERER, *S* Skärshultsjön (Südschweden) nach ÅBERG u. RODHE, *L* Lammen

Die Ergebnisse der Laboratoriumsversuche sind jedoch, wie schon AUFSESS gezeigt hat, auf die Verhältnisse in natürlichen Gewässern nicht ohne weiteres übertragbar. Denn die Seen, Bäche und Quellen enthalten ja nicht chemisch reines Wasser, sondern eine, wenn auch verdünnte, Lösung anorganischer und organischer Stoffe und außerdem Schwebstoffe der verschiedensten Art, pflanzliche und tierische Lebewesen, mineralische und organische Teilchen. Alle diese Umstände beeinflussen die Lichtdurchlässigkeit des Wassers.

Die methodischen Schwierigkeiten, die sich exakten Lichtmessungen unter Wasser entgegenstellen, haben es bewirkt, daß wir bis vor etwa drei Jahrzehnten sehr wenig über das tatsächliche Strahlungsklima innerhalb unserer Gewässer wußten. Auch jetzt noch sind diese Forschungen erst im Flusse und von einem Abschluß weit entfernt. Die älteren Beobachter mußten sich mit einfachen Schätzungsmethoden begnügen, die auch heute noch vielfach verwendet werden.

Ein solches, viel gebrauchtes Verfahren ist die Bestimmung der Sichttiefe mit der Secchischen Scheibe. Eine weiße Scheibe von 20–25 cm Durchmesser wird an einer markierten Schnur versenkt, bis ihre Umrisse eben verschwinden; die abgelesene Tiefe ist die Sichttiefe und bildet ein Maß für die Durchsichtigkeit des Wassers. Eine Überlegung zeigt, daß die Veränderungen, welche das Licht auf dem Wege von der Oberfläche zur Scheibe und von dort zurück bis zum Auge erfährt und welche das Verschwinden in einer bestimmten Tiefe bedingen, von zweierlei Art sind: die Absorption durch das Wasser selbst bzw. die in ihm gelösten (gefärbten) Substanzen und die Zerstreuung durch die Trübungen. Beide Umstände können für sich allein das Verschwinden der Scheibe verursachen. In dem erstgenannten Fall, z. B. in dem zwar klaren, aber dunkelgefärbten Braunwasser eines Moorsees wird dort, wo die Scheibe verschwindet, nur mehr eine geringe Gesamtinsensität herrschen; im zweiten Fall, etwa im milchig getrübten Wasser eines Gletschersees, kann es bei hochgradiger Undurchsichtigkeit noch sehr hell sein, wie etwa hinter einer Mattglasscheibe. Die Bestimmung der Sichttiefe ist also für sich allein wenig geeignet, Aufschlüsse über Beleuchtungsverhältnisse in einem See zu vermitteln. Immerhin kann dieses einfache und exkursionsmäßig anwendbare Verfahren bei richtiger Anwendung brauchbare Unterlagen für die Beschreibung der Gewässer bieten und die Secchische Scheibe wird auch weiterhin ein Werkzeug des Limnologen bleiben.

Die Unterschiede, welche die einzelnen Seen in bezug auf ihre Sichttiefe zeigen, sind naturgemäß sehr erheblich. Die höchsten Werte, 50 m und mehr, werden in tropischen und subtropischen Meeren erreicht. Aber auch in klaren Gebirgsseen (Gardasee, Walchensee) sind Sichttiefen von 20 bis 25 m keine Seltenheit. Im allgemeinen verschwindet jedoch die weiße Scheibe in unseren Alpenseen bei 10—15 m, in den Seen des Flachlandes oft schon in Tiefen von wenigen Dezimetern bis höchstens 10 m. Die Sichttiefe schwankt auch erheblich mit der Jahreszeit. In den Alpenseen ist sie in der Regel im Winter, zur Zeit der Schneebedeckung des Einzugsgebietes und des Plankton-Minimums am größten; in den baltischen Seen pflegt sie jedoch infolge der durch die Winterregen verursachten Trübung zu dieser Jahreszeit am geringsten zu sein.

Man hat auch versucht, durch Versenken von photographischen Platten und Papieren die Abnahme der Lichtintensität bei zunehmender Tiefe zu verfolgen; so wurden z. B. im Genfersee 200—240 m als Grenzen der nach einem Tage eben erkennbaren Schwärzung festgestellt. Doch auch diese Methoden ergaben aus verschiedenen Gründen (z. B. wegen der verschiedenen Plattenempfindlichkeit) keine befriedigenden Resultate.

Birge und Juday gebührt das Verdienst, in den auf den Weltkrieg folgenden Jahrzehnten die ersten, mit wirklich exakten Methoden durchgeführten Untersuchungen über das Eindringen der Strahlung in das Wasser nordamerikanischer Seen veröffentlicht zu haben. Diese beiden Forscher verwendeten empfindliche Thermosäulen, die, in eine geeignete Einrichtung eingebaut, an einem Kabel in verschiedene Tiefen versenkt werden konnten. Zur Messung des durch die Strahlung hervorgerufenen Thermostromes diente ein Galvanometer. Thermosäulen bieten den sehr wesentlichen Vorteil, im ganzen Wellenbereich der Strahlung gleichmäßig anzusprechen, d. h. überall einen der Intensität proportionalen Thermostrom zu liefern. Sie sind daher ein unübertroffenes Hilfsmittel für Messungen der Gesamtstrahlung (bez. der Methodik vgl. Birge).

In der Abb. 8 (S. 24) ist aus den Ergebnissen der amerikanischen Forscher die Transmissionskurve (S) eines Sees von mittlerer Klarheit

(Sichttiefe 7 m) in Prozent der auf die Oberfläche entfallenden Strahlung eingezeichnet. Die von Birge und Juday in zahlreichen Gewässern durchgeführten Messungen lassen die großen Unterschiede erkennen, welche die einzelnen Seen in bezug auf die Strahlungsdurchlässigkeit untereinander sowie vor allem gegenüber dem destillierten Wasser aufweisen. Während bei 1 m Tiefe im destillierten Wasser noch 47% der Gesamtstrahlung vorhanden sind, betrug dieser Anteil auch in dem klarsten der untersuchten Seen nur 40% und sank in anderen Fällen bis zu 5% (einmal sogar bis 2%) hinab. Unterhalb 1 m ist die Gesamtextinktion in den einzelnen Meterschichten kleiner, weil die ultraroten Strahlen hier schon fehlen, und ändert sich mit der Tiefe nur mehr wenig.

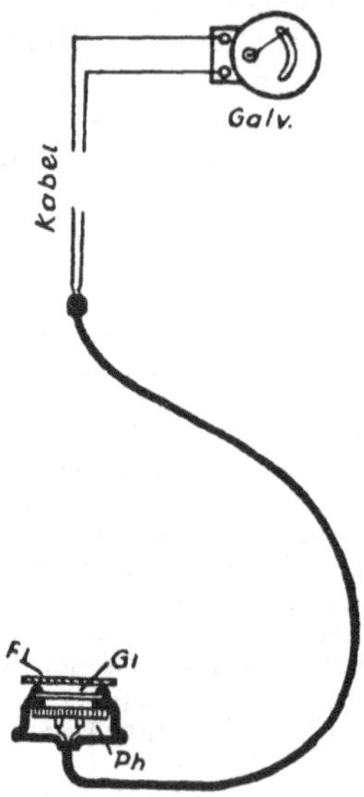

Abb. 3. Apparat zur Strahlungsmessung unter Wasser nach Eckel (schematisch). *Ph* Photozelle, *Gl* Glasplatte, *Fi* Farbfilter

Aber nicht nur in seiner Intensität, sondern auch in seiner spektralen Zusammensetzung wird das Licht beim Eindringen in verschiedene Seen sehr ungleich verändert. Auch hierüber liegen schon eingehende Beobachtungen von Birge und Juday vor. Sie wurden durch Vorschalten von Lichtfiltern vor die Thermosäule gewonnen. Unseren weiteren Betrachtungen wollen wir jedoch neuere Messungen aus den uns näher liegenden Alpenseen zugrunde legen und einige Worte über die jetzt übliche Methodik vorausschicken.

Durch die Erfindung der Sperrschicht-Photozellen (wie sie u. a. auch in den elektrischen Belichtungsmessern der Photographen verwendet werden) hat die Strahlungsmessung unter Wasser einen neuen Impuls bekommen. Diese Photoelemente haben gegenüber Thermosäulen den Vorteil, empfindlicher und auch in größeren Tiefen verwendbar zu sein, andererseits aber auch den Nachteil, nicht auf alle Spektralbereiche anzusprechen. Ihre Empfindlichkeit ist der des menschlichen Auges ähnlich, sie vermag die über das sichtbare Spektrum hinausgehenden Bereiche des Ultrarot und Ultraviolett nur teilweise zu erfassen. Trotz dieser und anderer Nachteile hat die Erfahrung der letzten Jahre ergeben, daß mit Photoelementen bei sachkundiger Berücksichtigung aller Fehlerquellen sehr brauchbare Resultate erzielt werden können und die sowohl im Meere als auch in den Binnengewässern derzeit durchgeführten Lichtmessungen bedienen sich fast ausschließlich dieses Hilfsmittels.

Abb. 3 zeigt ein solches Gerät in der Ausführung nach O. ECKEL. Die Photozelle ist mit den Kabeleinführungen wasserdicht in einem Gehäuse eingeschlossen. Das Ganze hängt an einem Kabel, das den Photostrom der Zelle dem im Boot befindlichen Meßinstrument zuführt.

Die Photoelemente sind wegen ihrer hohen Empfindlichkeit besonders geeignet, die spektrale Zusammensetzung der in verschiedenen Tiefen der Seen herrschenden Beleuchtung zu messen. Man benutzt dazu Lichtfilter von bekannter Durchlässigkeit (z. B. die Farbgläser von SCHOTT & GEN. in Jena), die der Photozelle vorgeschaltet werden. Zur Erhöhung der Bequemlichkeit können mehrere auf einer durch Schnurzug zu betätigenden Drehscheibe angeordnet sein. Als Beispiel für die Veränderungen, welche die spektrale Zusammensetzung des Lichtes beim Eindringen in einen See erfährt, seien Meßergebnisse aus dem Lunzer Untersee angeführt.

Die Abb. 4 zeigt die in diesem See an einem sonnigen Sommertag[1]) herrschenden Verhältnisse. Als Abszissen sind wieder die Wellenlängen in mμ, als Ordinaten die dazugehörigen Intensitäten in % der jeweils auf die Oberfläche auftreffenden Strahlung angegeben. Es ist also die letztere für alle Wellenbereiche gleich 100 angenommen, ohne Berücksichtigung der Energiekurve der Sonnenstrahlung, eine Vereinfachung, die jedoch das Gesamtbild nicht wesentlich verändert. Wir sehen, daß die Durchlässigkeit des Lunzer Untersees im Grün am größten ist und (darin liegt der wichtige Unterschied gegenüber der Transmission des reinen Wassers, Abb. 2. DW!) nicht nur gegen den langwelligen, sondern auch gegen den kurzwelligen Teil des Spektrums rasch abnimmt. Bei 20 m findet man nur mehr Grün und etwas Gelb, auch diese in einem ganz geringen Prozentsatz; alle anderen Spektralbereiche sind verschwunden. In größeren Tiefen dieses Sees herrscht also ein grünes Dämmerlicht, das bei 30 m Tiefe in seiner Intensität (aber nicht in seiner spektralen Zusammensetzung!) ungefähr der Vollmondbeleuchtung entspricht (etwa 1/500.000 der Sonnenbeleuchtung).

In anderen Seen ist die Lage des Höhepunktes der Durchlässigkeitskurven (vgl. Abb. 2, *A*, *U*, *O*, *S*, *L*) bald gegen Blau (Achensee), bald gegen Orange (Lunzer Obersee. Skärshultsjön, Lammen) verschoben. Zwangsläufig (wegen der stärkeren Absorption der langwelligen Strahlen auch im reinen Wasser) nimmt dabei die Gesamtinten-

[1]) Bei trübem Wetter (also bei diffusem Licht)! ist die Strahlungsverteilung nicht wesentlich verschieden. Ja, Messungen bei bedecktem Himmel bieten für exakte Untersuchungen erhebliche Vorteile und werden daher von SAUBERER besonders empfohlen.

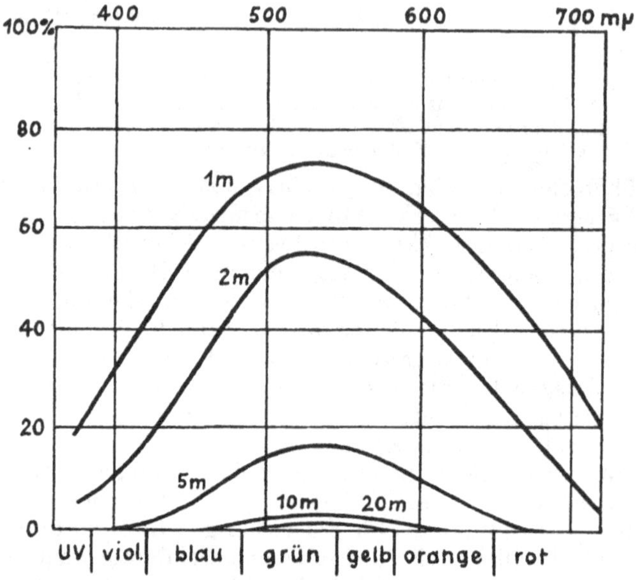

Abb. 4. Intensität und spektrale Zusammensetzung des Lichtes in verschiedenen Tiefen des Lunzer Untersees (Sichttiefe 8—12 m), in Prozent der auf die Oberfläche auffallenden Strahlung nach SAUBERER (Sommerdurchschnittswerte bei mittlerer Sonnenhöhe)

sität in den „braunen" Seen rascher mit der Tiefe ab als in den „blauen", was aus der Abb. 2 deutlich zu ersehen ist. Mit diesen Unterschieden der Durchlässigkeit variiert auch die in größeren Tiefen verschiedener Seen vorherrschendeBeleuchtung von blaugrün bis braun. S o m i t i s t d i e T r a n s m i s s i o n s k u r v e s e h r g e e i g n e t, d i e o p t i s c h e n V e r h ä l t n i s s e e i n e s S e e s z u k e n n z e i c h n e n.

Wenn man die Kurven der Abb. 2 sowie die Ergebnisse der zahlreichen Messungen in anderen europäischen und nordamerikanischen Seen miteinander vergleicht, so ergibt sich übereinstimmend, daß die größten Unterschiede im kurzwelligen Bereich auftreten, während im langwelligen die Kurven sich weitgehend nähern. Für die Charakterisierung der Seen sind daher vor allem die Transmissionswerte im kurzwelligen Bereich (etwa im Blau) besonders geeignet. Auf alle Fälle genügt es, die Transmission für drei Wellenlängen (400, 500 und 600 mμ) anzugeben, um die Strahlungsverhältnisse eines Sees ausreichend zu kennzeichnen. Als weitere Vereinfachung wurde vorgeschlagen, die Prozentzahlen der Transmission für diese drei Wellenlängen, auf Zehner abgerundet, in dreistelligen Kennziffern zusammenzufassen. So würde z. B. für den Lunzer Untersee, dessen Transmission ungefähr für 400 mμ 40%, für 500 mμ 70% und für 500 mμ 60% beträgt, die Kennziffer 476 lauten.

Damit kommen wir zu jener schon von AUFSESS exakt studierten Lichterscheinung, welche auch dem Laien an einem See, an einem

Fluß usw. vor allem auffällt, zu der Farbe der Gewässer. Die reiche Skala der Farbentöne, welche vom tiefen Blau des Mittelmeeres oder eines oberitalienischen Sees über das Smaragdgrün vieler Alpengewässer bis zum dunklen Braun eines Moortümpels führt, wird durch mehrere Ursachen bedingt, unter denen die oben besprochene selektive Durchlässigkeit des betreffenden Wassers wohl eine der wichtigsten, aber keineswegs die alleinbestimmende ist. Die Färbung wird außerdem noch beeinflußt durch die im Wasser enthaltenen Schwebstoffe belebter und unbelebter Natur, ferner in geringem Grad durch die Qualität des einstrahlenden Lichtes, also die Farbe der Umgebung (z. B. grüne Wälder, kahles Gestein) und des sich darüber wölbenden Himmels und schließlich — bei seichteren Gewässern — durch die Farbe des Untergrundes.

Ein Gewässer, das gar keine Schwebstoffe enthält, müßte bei genügender Tiefe, senkrecht von oben gesehen, nahezu schwarz erscheinen, da das unbehindert eindringende Licht zur Gänze absorbiert wird. Ein solches, „optisch leeres“ Wasser kommt jedoch in der Natur kaum vor. Neuere Untersuchungen haben gezeigt, daß auch in einem Wasser, welches keine wie immer gearteten Suspensionen enthält, eine gewisse Zerstreuung des Lichtes eintritt, und zwar infolge von Dichteschwankungen, welche durch unregelmäßige Molekülbewegungen verursacht werden („Fluktuationstheorie“ von Smoluchowski-Einstein). Diese Zerstreuung ist annähernd umgekehrt proportional der 4. Potenz der Wellenlänge, es werden also die kurzwelligen Strahlen viel stärker zerstreut als die langwelligen. Außerdem ist dieses Streulicht, bevor es ins Auge gelangt, der selektiven Absorption des Wassers unterworfen und daher nach Abb. 2 *DW* blau. Sind, wie dies stets zutrifft, Schwebstoffe vorhanden, so wird der Zerstreuungseffekt durch die Reflexion an den schwebenden Teilchen außerordentlich verstärkt. Je klarer das Wasser ist, desto größer wird die mittlere Tiefe, aus der das Streulicht ins Auge gelangt, sein, desto mehr wird infolge der großen Schichtdicke die Lichtfilterwirkung des Wassers sich geltend machen und desto satter und dunkler wird die dadurch bedingte Farbe aussehen. In trüberen Gewässern werden jedoch infolge der geringeren mittleren Reflexionstiefe hellere Färbungen auftreten. So können wir z. B. beobachten, daß sich die dunkelgrüne Farbe eines klaren Alpensees nach einem Hochwasser, das feinste, tonige Trübung eingespült hat, in ein helles, leuchtendes „Seegrün“ verwandelt.

Die im Wasser schwebenden Teilchen sind jedoch nur zum Teil farblos (Ton, Kiesel, Kalk); zum großen Teil sind sie gefärbt, vor allem das pflanzliche Plankton durch seine grünen, gelben, mitunter auch roten Pigmente. Von diesen wird farbiges Licht reflektiert, das zusammen mit der Filterwirkung des Wassers einen Mischton ergibt, in dem bald diese, bald jene Komponente überwiegt. Über ausgesprochene Vegetationsfärbungen des Wassers werden wir im Kapitel „Plankton" noch zu sprechen haben, hier genügt es, auf den Einfluß dieses Faktors hinzuweisen.

Die eigentliche Filterwirkung, also die selektive Durchlässigkeit des Wassers, die wir, wie soeben ausgeführt wurde, als Farbe in tiefen Seen nur infolge der Zerstreuung des Lichtes sehen können, wird durch die gelösten Substanzen, vor allem durch jene, welche eine Eigenfärbung besitzen, beeinflußt. Reines Wasser ist in dicker Schicht, wie schon erwähnt, blau. Aus dem Erdreich, aus verwesendem Laub, aus umliegenden Mooren gelangen jedoch stets braun gefärbte Humusstoffe in wechselnder Menge in unsere Gewässer und bedingen, je nach ihrem Anteil, eine Verschiebung der ursprünglichen Färbung nach Grün, Gelb und Braun. Moorwässer, welche in der Regel die stärkste Beimischung aufweisen, erscheinen schon im Schöpfglas deutlich gelb, in dickerer Schicht mitunter schwarzbraun.

In vielen Fällen ist jedoch die Eigenfarbe des Wassers der Seen im Glase für das Auge gar nicht wahrnehmbar und geschöpfte Proben unterscheiden sich kaum von destilliertem Wasser. Und doch wird die Transmissionskurve durch die kleinsten Beimengungen der das kurzwellige Licht stark absorbierenden Humussubstanzen außerordentlich beeinflußt. Die Unterschiede im Kurvenverlauf (Abb. 2) und in den oben besprochenen Kennziffern sind in der Hauptsache auf Unterschiede im Humusgehalt zurückzuführen. Dagegen haben die ungefärbten, mineralischen Lösungskomponenten auf den Verlauf der Transmissionskurve im sichtbaren Bereich keine nennenswerte Wirkung.

Zur Kennzeichnung der verschiedenen Farbentöne der Seen wurde durch die Mischung geeigneter Lösungen von Kupferoxydammoniak, Kaliumchromat und ammoniakalischem Kobaltsulfat die sogenannte Forel-Ulesche Farbskala in 21 Stufen von Blau bis Braun hergestellt; damit können die Färbungen, wie man sie im tiefen Wasser bei (senkrechter) Beobachtung etwa unter einem, die Spiegelung ausschließenden schwarzen Schirm oder einfach im Bootsschatten sieht, verglichen werden.

Handelt es sich um die Feststellung der Farbe geschöpfter Wasserproben im durchfallenden Licht, so verwendet man nach Standard-Methods allgemein als Vergleichslösung Verdünnungen folgender Stammlösung: 1,245 g Kaliumplatinchlorid (entsprechend 0,5 g Pt) und 1 g kristallisiertes Kobaltchlorid mit 100 ccm Salzsäure in 1 Liter dest. Wasser. Der Gehalt von 1 mg Platin im Liter wird dabei als Einheit der Färbung aufgefaßt. — Ohle verwendet als Vergleichslösung Methylorange. — Diese Bestimmungen sind insbesondere für die Untersuchung von Gewässern mit höherem Humusgehalt von Bedeutung.

Nach dem bisher Gesagten ist es ohne weiteres einleuchtend, daß ein blauer Farbton nur bei Abwesenheit merklicher Mengen von Humusstoffen und von gefärbten Suspensionen, also auch von Phytoplankton, entstehen kann. Blau kann daher nur ein an organischer Produktion armes Gewässer sein: „Blau ist die Wüstenfarbe des Meeres" (SCHÜTT). Wie die tiefblauen tropischen Meere (bei aller Mannigfaltigkeit der Arten!) mengenmäßig eine nur sehr geringe Planktonproduktion aufweisen, so enthalten auch die Binnengewässer um so kleinere Mengen freischwebender Lebewesen, je blauer sie sind. Andererseits werden Seen mit hohem Planktongehalt stets ein gelbgrünes bis gelbes Wasser führen. Es bietet uns daher die Beachtung der Farbe eines Gewässers gewisse Anhaltspunkte für die Beurteilung seiner Produktion, wofern eine erhebliche Beeinflussung durch Humusstoffe ausgeschlossen werden kann[1]).

Von der echten, oder besser gesagt ihm eigenen Färbung eines Gewässers ist seine scheinbare scharf zu unterscheiden, welche nicht durch die im Wasser selbst liegenden Eigenschaften, sondern durch jene seiner Umgebung bedingt wird. Dazu gehört bei seichten Gewässern die Farbe des Untergrundes: weißer Sand wird vor allem ein Hellerwerden des Farbtones bewirken, ein farbiger Untergrund (z. B. grüner oder brauner Bewuchs) im Zusammenwirken mit der selektiven Durchlässigkeit je nach der Wassertiefe eine Mischfarbe entstehen lassen. Hierher gehört ferner die Wirkung der Umgebung des Sees, welche ihm von bewaldeten Höhen, von gefärbtem Gestein spektral verändertes Licht zustrahlen kann. Schließlich ist hier zu nennen die nach Bedeckungsgrad und Tageszeit verschieden zusammengesetzte diffuse Strahlung des Himmelsgewölbes.

Nicht das geringste zu tun mit der Farbe eines Gewässers haben jedoch die Erscheinungen der Spiegelung. Auch der schmutzigste Tümpel kann von der Ferne blau aussehen, wenn sich der wolkenlose Himmel in ihm spiegelt.

Unter Umständen kann es von Wichtigkeit sein, die Lichtdurchlässigkeit einzelner, engbegrenzter Wasserschichten in beliebigen Tiefen eines Sees unabhängig von der eindringenden Sonnenstrahlung zu untersuchen. So wurde der Trübungsgrad geschöpfter Wasserproben von WILLER mit Hilfe von Photoelementen bestimmt. Für Messungen im See selbst dient der ursprünglich von PETTERSSON konstruierte Durchsichtigkeitsmesser, der von SAUBERER für Seenuntersuchungen umgebaut wurde. In einem Gehäuse ist eine in ihrer Lichtstärke konstant gehaltene elektrische Lampe eingebaut, welche ein durch eine Linse annähernd parallel gemachtes, horizontales Lichtbündel auf ein in

[1]) Man kann häufig beobachten, daß insbesondere Gewässer von hohem Kalkgehalt (z. B. Bäche im Kalkgebirge) sich durch eine auffallend blaugrüne Farbe auszeichnen. Diese Erscheinung ist darauf zurückzuführen, daß der gelöste Kalk die Humuskolloide aus dem Wasser ausflockt und auf diese Weise die wahre (blaue) Wasserfarbe zur Geltung bringt.

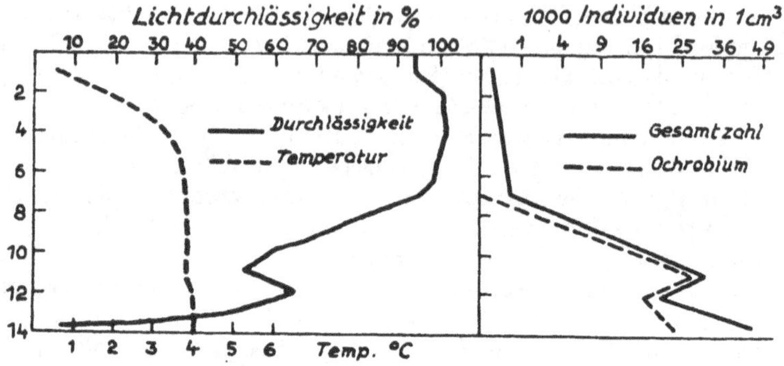

Abb. 5. Lichtdurchlässigkeit und Planktonschichtung im Lunzer Obersee, 25. Februar 1938. — Das Planktonmaximum in 11 m Tiefe wird hauptsächlich durch Eisenbakterien (*Ochrobium tectum*) bewirkt

1 m Entfernung angebrachtes Photoelement wirft. Der entstehende Photostrom ist der Lichtdurchlässigkeit der durchstrahlten Schicht proportional und wird an einem im Boot befindlichen Galvanometer abgelesen. Solche Messungen, die mit einer von Åberg und Rodhe angegebenen Type des Gerätes auch bei Tage ausgeführt werden können, eignen sich besonders zur Beobachtung örtlich begrenzter Trübungen. So zeigt Abb. 5, wie sich im Lunzer Obersee eine scharf geschichtete Massenentwicklung des Phytoplanktons auf die Lichtdurchlässigkeit des Wassers auswirkt.

Durch die Schwebstoffe wird ein Teil des von oben eindringenden Lichtes nach allen Seiten zerstreut. Der Anteil dieser diffusen Strahlung, des „Seitenlichtes“ und des „Unterlichtes“, wächst mit der Tiefe bzw. mit der Trübung. So beträgt das Unterlicht in 1 m Tiefe des klaren Lunzersees 1%, des getrübten Leopoldsteinersees (bei Eisenerz in Steiermark) 9% der in dieser Tiefe auf eine horizontale Fläche von oben kommenden Intensität. — Eine eingehendere Darstellung der Strahlungsverhältnisse in Binnengewässern finden Interessenten in dem Buche von Sauberer und Ruttner.

b) Die Wärmeverteilung

Bisher haben wir uns nur mit jenem Anteil der Strahlung beschäftigt, der, an Intensität ständig abnehmend und in seiner Qualität verändert, in die Tiefe der Gewässer eindringt. Von ebenso großer Bedeutung für das Leben sind jedoch die Auswirkungen der im Wasser absorbierten Strahlung. Bedingt der erstere das Lichtklima einer bestimmten Tiefe und schafft die Voraussetzungen für die Assimilation des Kohlenstoffes durch die grüne Pflanze, so liefert die Absorption im Wasser die Wärme, den wichtigsten Regulator der Lebensvorgänge. Darüber hinaus beherrschen die Temperaturverhältnisse indirekt — durch die Dichteänderung des Wassers —

auch die Schichtung der Wassermassen und die Strömungen in einem Seebecken. Wir können daher die Thermik als den Angelpunkt jeder limnologischen Forschung bezeichnen.

Das thermische Verhalten des Wassers wirkt sich innerhalb des aquatilen Lebensraumes in zweierlei Weise aus: 1. durch seine spezifische Wärme; 2. durch seine Temperatur.

Die spezifische Wärme (Wärmekapazität) — worunter man bekanntlich jene Wärmemenge versteht, welche der Gewichtseinheit eines Stoffes zugeführt werden muß, um seine Temperatur um 1^0 zu erhöhen — ist eine von äußeren Umständen wenig abhängige Größe und wir können uns diesbezüglich kurz fassen. Es genügt, darauf hinzuweisen, daß das Wasser in bezug auf die Wärmekapazität nur von wenigen Stoffen übertroffen wird, z. B. vom verflüssigten Wasserstoffgas (3,4) bzw. Ammoniakgas (1,23). Die spezifische Wärme der übrigen Baustoffe der Erdrinde — wie z. B. der meisten Gesteine — beträgt nur ungefähr 0,2 gegenüber 1,0 des Wassers. Doch nur im flüssigen Zustand hat das Wasser eine so hohe Wärmekapazität; die spezifische Wärme des Eises beträgt nur mehr 0,5.

Die Sonderstellung, die dem Wasser auch in dieser Hinsicht zukommt, bedingt nicht zuletzt seine hervorragende Eignung als Lebensraum. In den Gewässern herrscht ein viel gleichmäßigeres Klima als auf dem Lande. Temperaturänderungen treten nur sehr allmählich auf und die Extreme im Wechsel von Tag und Nacht, im Wandel der Jahreszeiten sind verhältnismäßig gering.

Die Temperatur der Gewässer wird in den meisten Fällen mit Quecksilberthermometern gemessen. Einfache Thermometer sind selbstverständlich nur für die Bestimmung der Oberflächentemperatur geeignet; für Beobachtungen in größeren Tiefen mußten besondere Einrichtungen geschaffen werden, von denen zwei Arten im Gebrauch sind: Schöpfthermometer und Umkippthermometer.

Die erstgenannte Methode beruht auf der großen Wärmekapazität des Wassers, dank deren eine größere Wassermenge beim Aufholen durch verschieden temperierte Schichten ihre Temperatur nicht merklich ändert. Ihre einfache Ausbildungsform ist die sogenannte Meyersche Schöpfflasche, die sich jeder selbst anfertigen kann (Abb. 6). Sie wird, mit einem Bleigewicht oder Stein beschwert, verschlossen hinabgelassen und in der gewünschten Tiefe durch einen Ruck an der Schnur geöffnet. Nach dem Aufholen wird das Thermometer durch den Hals eingeführt und die Messung vorgenommen. Bei einer Abänderung dieser Schöpfflasche ist das Thermometer im Inneren eingebaut. Wegen des mit der Tiefe zunehmenden hydrostatischen Druckes können solche Flaschen nur bis etwa 50 m gebraucht werden.

Vollkommener sind Einrichtungen, bei denen das Schöpfgerät (z. B. ein oben und unten mit eingeschliffenen Deckeln verschließbarer Glaszylinder) geöffnet versenkt wird, wobei das Wasser ungehindert durchströmen kann. Der Verschluß erfolgt in der gewünschten Tiefe durch Fallgewichtsauslösung. Eine seit vielen Jahren an der Biologischen Station in Lunz verwendete Ein-

Abb. 6

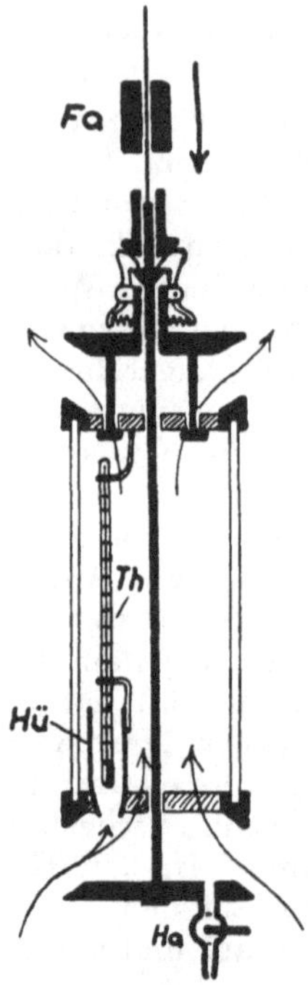

Abb. 7

Abb. 6. Meyersche Schöpfflasche.

Abb. 7. Lunzer Wasserschöpfer zur Entnahme von Wasserproben und zur Temperaturmessung (geöffnet). — *Fa* Fallgewicht, *Th* Thermometer, *Hü* das Quecksilbergefäß umgebende Hülse, *Ha* Ablaßhahn

richtung dieser Art zeigt Abb. 7. Das Quecksilbergefäß des in 0,1° geteilten eingebauten Thermometers ist noch mit einer besonderen kleinen Schutzhülle umgeben, eine Maßnahme, welche es gestattet, auch bei hohen Außentemperaturen verläßliche Messungen mit der Genauigkeit von 0,01° auszuführen. Dieses Gerät wurde (während der Deutschen Limnologischen Sunda-Expedition) bis zu 430 m hinab verwendet und eignet sich außerdem zur Entnahme von Wasserproben für chemische und Plankton-Untersuchungen. Es besteht dabei der Vorteil, daß die Temperaturschichtung, die chemische Analyse und ein wesentlicher Teil der biologischen Untersuchungen auf Grund ein und derselben Schöpfprobe durchgeführt werden können, was insbesondere dort, wo eine scharf ausgeprägte Schichtung vorliegt, von großer Bedeutung für die Beurteilung der kausalen Zusammenhänge ist. — Das Umkippthermometer ist in einem Metallrahmen schwenkbar aufgehängt. Nach einem etwa 5 Minuten langen Verweilen in der zu untersuchenden Tiefe wird durch ein Fallgewicht eine Auslösung betätigt, welche den Rahmen zum Umkippen bringt. Dabei reißt der Quecksilberfaden an einer sinnreich konstruierten Verengung des Kapillarrohres ab und gleitet an das andere, nunmehr untere

Ende des Thermometers, das die Teilung trägt. Später eintretende Temperaturunterschiede können die Länge des vom Quecksilbergefäß abgetrennten Fadens nur mehr wenig beeinflussen und auch diese Fehlerquelle kann durch die „Fadenkorrektur" vollkommen beseitigt werden. Die Meeresforschung verwendet fast ausschließlich Umkippthermometer; der Limnologe wird jedoch in vielen Fällen ein Schöpfthermometer vorziehen.

Für gewisse Untersuchungen, besonders dann, wenn es sich um die fortlaufende Registrierung von Temperaturänderungen handelt oder um Messungen in Abständen von Zentimetern, verwendet man mit Vorteil Thermo-Elemente oder elektrische Widerstandsthermometer, auf deren Konstruktion hier nicht näher eingegangen sei.

Wenn wir uns nun dem Wärmehaushalt der Gewässer und insbesondere der Seen zuwenden, so müssen wir zunächst jene Faktoren festzustellen versuchen, welche diesen Vorgang maßgebend beeinflussen. Die mächtigste Quelle der Wärmezufuhr ist die Strahlung der Sonne. Sie wirkt in weitaus erster Linie unmittelbar durch ihre Absorption im Wasser, in geringerem Ausmaß mittelbar durch die Abgabe der Wärme von der Luft oder dem Boden her an das Wasser. Diese indirekte Erwärmung spielt nur beim Grundwasser und bei den Quellen eine ausschlaggebende Rolle. Die Eigenwärme unserer Erde dagegen ist lediglich bei Thermen und einigen Kraterseen der die Temperatur bestimmende Faktor. Schließlich kann unter Umständen auch die bei der Kondensation des Wasserdampfes an Wasseroberflächen freiwerdende Wärme Bedeutung gewinnen.

Die Wärmeabgabe der Gewässer wird in erster Linie durch die Ausstrahlung bedingt, ferner durch die Verdunstung sowie durch die Ableitung an die Luft und den Untergrund. Von großem Einfluß auf den Wärmehaushalt eines Gewässers ist schließlich das Ausmaß seiner Durchflutung, welche in der Regel den Abtransport der obersten Wasserschichten und damit im Sommer erhebliche Wärmeverluste bedingt.

Wenn also nach dem bisher Gesagten die Erwärmung eines Sees hauptsächlich durch die Sonnenstrahlung erfolgt, so müßten wir erwarten, daß die Verteilung der Wärme in einem durch andere Einwirkungen vollkommen ungestörten Wasserbecken der auf S. 13f. besprochenen Absorption dieser Strahlung entspricht, d. h. die Temperatur dieses hypothetischen Sees müßte schon von der Oberfläche an sehr steil abnehmen. Daß dies für den normalen Sommerzustand der Seen keineswegs zutrifft, das zeigt die in der Abb. 8 wiedergegebene Temperaturkurve (*T*) des Seneca Lake in Nordamerika. Dieser See wurde deshalb als Beispiel gewählt, weil von dort gleichzeitige Messungen der Strahlungsabsorption vorliegen, so daß deren Ergebnisse in dieselbe Abbildung (*S*) eingetragen werden konnten. Wir erkennen sofort, daß innerhalb der obersten Schicht von 10 m, in welcher 99% der Gesamtstrahlung absorbiert wurden, überhaupt keine nennenswerte Temperaturänderung vorliegt. Erst unterhalb 12 m beginnt ziemlich unvermittelt ein rascher Temperaturabfall, dessen Gradient (d. i. der Temperaturunterschied innerhalb einer Schicht von 1 m Höhe) von 20 m an wieder abnimmt und in den größten Tiefen fast unmerklich ist.

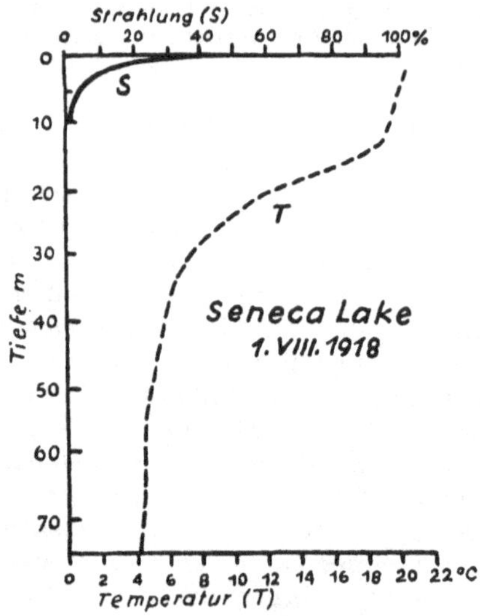

Abb. 8. Die Verteilung der Gesamtstrahlung (S) und der Temperatur (T) nach Birge und Juday

Diese eigentümliche Form der Temperaturkurve, die Gliederung der Wassermasse in drei Teile von verschiedenem thermischen Verhalten ist charakteristisch für den Hochsommerzustand fast aller Seen, wenn auch in bezug auf die Schärfe der Ausprägung und die Mächtigkeiten der einzelnen Schichten von Fall zu Fall beträchtliche Unterschiede auftreten. Mit E. Richter, der diese Erscheinungen im Wörthersee (Kärnten) eingehend beobachtet und beschrieben hat, bezeichnen wir die durch den steilen Temperaturabfall gekennzeichneten Tiefen als Sprungschicht (in Amerika als „thermocline", in England als „diskontinuity layer"). In neuerer Zeit hat sich hiefür der Name Metalimnion eingebürgert. Die darüberliegende, thermisch weniger oder gar nicht geschichtete Wassermasse heißt Epilimnion, der darunterliegende, bis zum Grund des Sees reichende Raum heißt Hypolimnion.

Wie kommt nun diese auffallende Wärmeverteilung, die von der Absorptionskurve der Sonnenstrahlung so stark abweicht, zustande? —

Wir wissen, daß während des Winters die Wassermasse eines Sees unserer Breiten eine Temperatur von höchstens 4° besitzt. Im Sommer zeigen jedoch auch sehr tiefe Schichten, bis zu denen die Sonnenstrahlung nur in einem ganz minimalen Ausmaß vorzudringen vermag, einen beträchtlichen Wärmegewinn. Selbstverständlich tritt überall dort, wo Strahlung absorbiert wird, auch eine Erwärmung des Wassers ein. Und wenn auch die absorbierte Energiemenge sehr gering ist, so wird sich der Effekt in größeren Tiefen, wo eine Wärmeabgabe an die Luft nicht möglich ist, summieren und, wie Ricker gezeigt hat, zu einer merklichen Temperatursteigerung führen. Aber nie könnte durch bloße Absorption der zugestrahlten Energie eine Wärmeverteilung entstehen, wie sie durch die oben geschilderte Temperaturkurve gekennzeichnet ist. Es müssen also Kräfte am Werk sein, welche das an der Oberfläche erwärmte Wasser größeren Tiefen zuführen. Tatsächlich haben Birge und Juday für den oben als Beispiel gewählten Seneca Lake durch sorgfältige Berechnungen festgestellt, daß die unmittelbare Erwärmung der einzelnen Wasserschichten durch an Ort und Stelle absorbierte Sonnenenergie nur zu etwa 10—12% an der Gesamtverteilung der Wärme in diesem See beteiligt ist.

Die Energie, welche die Wärme in einem See verteilt, entstammt, wie wir aus den Untersuchungen von Wedderburn, Birge, Schmidt und anderen wissen, in erster Linie dem Wind. Er verleiht den an der Oberfläche gelegenen Wasserteilchen einen Antrieb und erzeugt eine Strömung, deren Geschwindigkeit von der Windstärke abhängt. Am Ufer angelangt, werden die bewegten Wassermassen entgegen dem Widerstand der kälteren und daher spezifisch schwereren, ruhenden Schichten in die Tiefe abgelenkt. Die Folge davon ist eine in entgegengesetzter Richtung verlaufende Strömung dieser nächsttieferen Wasserschichten. Solche Strömungen schreiten jedoch, wie später noch besprochen werden soll, unter turbulenter Wirbelbildung fort, welche einen Austausch der Wasserteilchen in vertikaler Richtung und damit eine teilweise oder vollständige Durchmischung herbeiführen. Der Austausch wird um so intensiver sein und in um so größere Tiefen vordringen, je größer die Geschwindigkeit der Strömungen, je stärker also der Wind ist und je kleiner die Dichtenunterschiede im See sind. Deshalb wird dieser Wärmetransport in jenen Zeiten am wirksamsten sein, in denen die Temperaturdifferenzen zwischen Oberfläche und Tiefe noch nicht sehr groß sind, also insbesondere im Frühjahr. Bei fortschreitender Wärmezufuhr und zunehmenden Dichtenunterschieden vermag der Austausch nur in geringere Tiefen vorzudringen. Es bildet sich eine Grenze zwischen der turbulenten Oberflächenschicht und den darunterliegenden, ruhenden Wassermassen aus, an der sich das Temperaturgefälle bei zunehmender Erwärmung der ersteren immer mehr verstärken muß. Die jeweilige Sprungschicht bedeutet also die Grenze der Ausbreitung der von der Oberfläche ausgehenden Austauschströme.

Diese Vorgänge sind es also, welche in erster Linie die oben beschriebene Form der Temperaturkurve bedingen. Man kann sich von dem Einfluß der durch den Wind verursachten Wasserbewegungen leicht überzeugen, wenn man Temperaturmessungen an zwei sonnigen Tagen, von denen der eine windstill, der andere windig ist, durchführt. Bei Windstille wird man eine starke Erwärmung der Oberfläche mit einem steilen, unmittelbar darunter einsetzenden Gefälle, wie es auf Grund der Strahlungsabsorption zu erwarten ist, feststellen können. Bei Wind dagegen tritt im Laufe des Tages eine mehr oder weniger gleichmäßige Erwärmung des gesammten Epilimnions ein.

An dem Ausgleich der Temperatur im Epilimnion sind jedoch nicht nur Windströmungen beteiligt. Eine wichtige Rolle spielt dabei auch die Abkühlung der Wasseroberfläche durch Verdunstung, ferner durch Ausstrahlung und Ableitung während der Nacht und bei kaltem Wetter. Da die Wärmestrahlung im Wasser unvergleichlich stärker absorbiert wird als in der Luft, liegt die Oberflächentemperatur unserer Seen im Sommer und Herbst oft beträchtlich über dem Tagesmittel der Lufttemperatur. Der See gibt daher — in der Nacht und an trüben Tagen — erhebliche Wärmemengen an die Umgebung ab. Die abgekühlten und dadurch spezifisch schwerer gewordenen Wasserteilchen sinken von der Oberfläche ab, bis sie in eine Schicht gelangen, die ihrer Temperatur bzw. Dichte entspricht. Dadurch werden vertikale Konvektionsströme ausgelöst, die ebenfalls zu einer mehr oder weniger tief greifenden Durchmischung führen. Selbstverständlich können diese vertikalen Abkühlungsströme bloß die Form der Temperaturkurve durch den Abbau der Schichtung beeinflussen (gewissermaßen durch ein vertikales Beschneiden von oben her), niemals aber eine Wärmezufuhr in die Tiefe bewirken. Besonders vom Spätsommer an führt diese Vertikalkonvektion zu völlig gleichförmigen Temperaturen im Epilimnion, an die sich dann meist eine Sprungschicht mit besonders steilem Gefälle (Gradienten von 3^0 je Meter sind keine Seltenheit! vgl. Abb. 10) anschließt.

Die Sprungschicht gewinnt jedoch nicht nur im mechanischen Getriebe der Strömungen und des Austausches, sondern auch in bezug auf den Stoffwechsel und das Leben im See eine besondere Bedeutung. Sie scheidet die Wassermasse in zwei ihrem Verhalten nach grundsätzlich verschiedene Teile. Das unter dem Einfluß der Atmosphäre stehende Epilimnion wird durch turbulente Strömungen, welche durch jeden Wind hervorgerufen werden, in Bewegung gehalten und Schichtungserscheinungen irgendwelcher Art können sich nur vorübergehend ausbilden. Ein Wasserteilchen bewegt sich zwischen Oberfläche und Sprungschicht in sehr verschiedenen Niveaus und dasselbe gilt von den im Wasser passiv schwebenden Gebilden, insbesondere also vom pflanzlichen Plankton. Im Meta- und Hypolimnion dagegen finden Bewegungen — wenn sie überhaupt auftreten — vorwiegend innerhalb derselben Niveauschicht statt, bleibende vertikale Verlagerungen von Wasserteilchen kommen nur in untergeordnetem Ausmaß vor. Vor allem wirkt die Sprungschicht als Sperre nach oben hin und verhindert jeden Kontakt der hypolimnischen Wassermassen und der in ihnen suspendierten Organismen (soweit sie keine Eigenbewegung besitzen) mit der Oberfläche, mit der atmosphärischen Luft und schließt sie (bei tiefer Lage) vom Lichtgenuß aus.

c) Der Energiegehalt

Angesichts der überragenden Bedeutung, die den Temperaturverhältnissen für fast alle hydrographischen und biologischen Probleme in einem See zukommt, ist es nicht zu umgehen, auch den durch die Wärme- und Dichteschichtung gegebenen Energiegehalt zu berücksichtigen, da oft nur auf diesem Wege ein Verständnis der beobachteten Erscheinungen gewonnen werden kann. Wir wollen daher im folgenden die wichtigsten Gedankengänge dieser Forschungsrichtung kurz besprechen.

Jedes Gewässer besitzt einen Wärmeinhalt, also einen Vorrat an Wärme, den es bei der Abkühlung auf 0^0 an seine Umgebung abgeben kann. Dieser Wärmeinhalt bei der Temperatur von t^0 ist gleichzeitig jene Wärmemenge in Kalorien, die zugeführt werden mußte, um die Wassermasse von 0^0 auf t^0 zu erwärmen.

Da die spezifische Wärme des Wassers gleich 1 gesetzt wurde, gestaltet sich die Berechnung sehr einfach. Betrachten wir zunächst eine von der Seeoberfläche bis zum Grund reichende Wassersäule, so erhalten wir ihren Wärmeinhalt durch Multiplikation ihres in m^3, dm^3 oder cm^3 angegebenen Volumens mit ihrer mittleren Temperatur (wenn wir 0^0 als Ausgangspunkt wählen) in Tonnen-, Kilogramm- oder Gramm-Kalorien. Angenommen, unsere Wassersäule hätte 1 m^2 Querschnitt, so ergibt sich aus dem Produkt: Höhe in m $\times$ mittlere Temperatur in C^0 direkt der Wärmeinhalt in Tonnenkalorien, da ja das Volumen jeder Meterstufe ein Kubikmeter ist. Die mittlere Temperatur der Wassersäule kann als arithmetisches Mittel aus den Temperaturen der einzelnen Meterschichten errechnet oder auf graphischem Wege (durch Planimetrieren der in ein rechtwinkliges Koordinatensystem eingezeichneten Temperaturkurve und entsprechende Umrechnung) ermittelt werden.

Etwas umständlicher gestaltet sich die Berechnung, wenn wir den Wärmeinhalt des ganzen Sees ermitteln wollen. Wir müssen nun berücksichtigen, daß sich das Volumen nach der Tiefe hin verjüngt, daß also den tieferen Schichten ein geringerer Einfluß auf den Gesamtwärmeinhalt zukommt als den oberflächlichen. Aus der durch Lotungen gewonnenen Tiefenschichten-(Isobathen-)Karte eines Sees können wir das Areal jedes beliebigen Horizontalschnittes und damit auch das Volumen jeder einzelnen Meterschicht entnehmen. Multipliziert man diese Teilvolumina mit den zugehörigen Mitteltemperaturen der einzelnen Meterschichten und bildet die Summe aller dieser Produkte, so erhält man den Gesamtwärmeinhalt des Sees. Auch hierfür gibt es ein von W. Schmidt angegebenes graphisches Verfahren, welches diese Berechnung rasch und bequem gestaltet.

Dividieren wir den so gewonnenen Wärmeinhalt durch das Volumen des Sees, so erhalten wir dessen wahre Mitteltemperatur. Bei der Division durch das Oberflächenareal erhalten wir andererseits eine Zahl, die für die Wärmebilanz von Bedeutung ist. Sie gibt uns den durchschnittlichen Wärmeinhalt unter 1 m² der Oberfläche; ihre Veränderungen im Laufe des Jahres zeigen uns an, welche Wärmemengen durch die Flächeneinheit — sei es auf dem Wege der Aufnahme oder Abgabe — in einem bestimmten Zeitraum hindurchgegangen sind.

Die Wintertemperaturen der Seen unseres Klimas sind, wenn wir von der oberflächlichsten Schicht absehen, in der Regel nicht weit von 4⁰ (Dichtemaximum!) entfernt. Wir werden daher bei der Bestimmung des Wärmeinhaltes vielfach besser die Wintertemperatur (anstatt jener von 0⁰) als Ausgangspunkt wählen und erhalten auf diesem Wege jene Wärmemenge, welche der See seit dem Winter gespeichert hat oder den Wärmegewinn.

Die kalorische Energie, welche der Wärmeinhalt eines Sees repräsentiert, ist sehr bedeutend. So beträgt in dem verhältnismäßig kleinen Lunzer Untersee (Oberflächenareal 0,68 km², Volumen 13,6 Millionen m³) der geringste Wärmeinhalt im Winter 40 Millionen Tonnenkalorien, der größte im Sommer rund 160 Millionen Tonnenkalorien. Der Wärmegewinn und gleichzeitig auch die Wärmemenge, die bei der Abkühlung vom Sommer zum Winter abgegeben wird, ist somit etwa 120 Millionen Tonnenkalorien oder gleich der Wärmemenge, die beim Verbrennen von 1500 Eisenbahnwagen hochwertiger Kohle frei würde. Nach diesem Beispiel kann man es verstehen, daß große Seen, wie z. B. der Bodensee, durch ihre Wärmeabgabe das Lokalklima günstig zu beeinflussen vermögen.

Unter den Energieformen, die uns in einem nach Temperatur und Dichte geschichteten See entgegentreten, ist jedoch nicht nur der Wärmeinhalt für den Limnologen von Bedeutung. Noch wichtiger ist in mancher Hinsicht der Inhalt an mechanischer Energie. Wir wollen bei der Betrachtung dieser Verhältnisse zunächst von der kinetischen Energie, welche bewegte Wassermassen verkörpern, absehen und uns lediglich mit der Energie der Lage beschäftigen, wie sie in einem See, in dem spezifisch schwerere Wassermassen von leichteren überlagert werden, gegeben ist. Wir haben nach W. Schmidt ein stabiles System vor uns, welches nicht imstande ist, Arbeit zu leisten, vielmehr erst durch neuerlichen Energieaufwand gestört werden kann. Wenn hier also von „Energie der Lage" oder „potentieller" Energie gesprochen wird, so ist dies nicht im gebräuchlichen Sinn zu verstehen, denn „das Bezeichnende der stabilen Lage ist eben der Mangel an potentieller Energie gegenüber den anderen möglichen Zuständen“ (SCHMIDT).

W. A. BIRGE hat zuerst den Weg gezeigt, die Energiemenge, die zur Erzeugung einer bestimmten Schichtung in einem See aufgewendet werden mußte, exakt zu erfassen. Es ist die Summe jener Arbeitsleistungen, welche der Wind dadurch vollbracht hat, daß er Wasser von der in den einzelnen Tiefenschichten herrschenden Temperatur gegen den Widerstand (Auftrieb) einer im Frühjahr gleichmäßig auf 4° temperierten Wassersäule von der Oberfläche bis zur betreffenden Tiefe herabdrückte.

Auf anderen Voraussetzungen beruhen die von W. SCHMIDT unabhängig von BIRGE verfolgten Gedankengänge. Während BIRGE jene Arbeit berechnet, die notwendig war, um, ausgehend von der Homothermie bei 4°, die sommerliche Verteilung der Temperatur zu erzeugen, bestimmt SCHMIDT den Arbeitsaufwand, der erforderlich ist, eine bestehende Schichtung zu zerstören bzw. zu durchmischen bis zu einem Zustand, in dem die Wassermasse überall die jeweilige mittlere Temperatur angenommen hat. Diesen Arbeitsaufwand bezeichnet SCHMIDT als die Stabilität der Schichtung. Für den Limnologen ist der Begriff der Stabilität von besonderer Wichtigkeit. Bietet er doch ein Maß für den Widerstand, den eine bestehende Dichteschichtung der durchmischenden Kraft des Windes entgegenzusetzen vermag und somit auch ein Maß für den Grad der Absperrung, der die hypolimnischen Wassermassen in einem See unterworfen sind.

Da der Schwerpunkt einer geschichteten (also unten spezifisch schwereren) Wassermasse tiefer liegt als der einer ungeschichteten, so kann man die Stabilität auch definieren als die Arbeit, welche nötig ist, um den Schwerpunkt entsprechend nach oben zu verlagern, also das Gewicht des ganzen Sees um eine Strecke zu heben, die gleich ist der genannten Schwerpunktdifferenz Diese Überlegung bietet nun eine bequeme Handhabe zur Berechnung der Stabilität. Befindet sich der Schwerpunkt eines Sees in geschichtetem Zustand in einer Tiefe von s Metern, in ungeschichtetem Zustand in einer Tiefe von s_0 Metern und setzen wir das Gewicht gleich dem Volumen V (da ja das spezifische Gewicht des Wassers stets sehr nahe bei 1 liegt), so ist die Stabilität (in kgm)

$$S = (s - s_0) \cdot V.$$

Es würde uns zu weit führen, aus diesem einfachen Ansatz eine für die Berechnung aller Verhältnisse brauchbare Formel ableiten zu wollen. Es sei diesbezüglich auf die Arbeiten W. SCHMIDTS sowie auf die kürzlich erschienene von O. ECKEL verwiesen, die auch eine Anleitung zur Ermittlung der Stabilität auf graphischem Wege enthalten. Für unsere Zwecke genügt es, wenn wir unter der Annahme ganz vereinfachter (in der Natur kaum je verwirklichter) Umstände eine Formel aufstellen, die es uns gestattet, die grundlegenden Gesetze der Stabilität in einem See zu erkennen. Wir nehmen an, unser Seebecken hätte vollkommen senkrechte Wände und die Temperaturschichtung in dieser Wassersäule wäre so beschaffen, daß in einer bestimmten Tiefe z ein scharfer

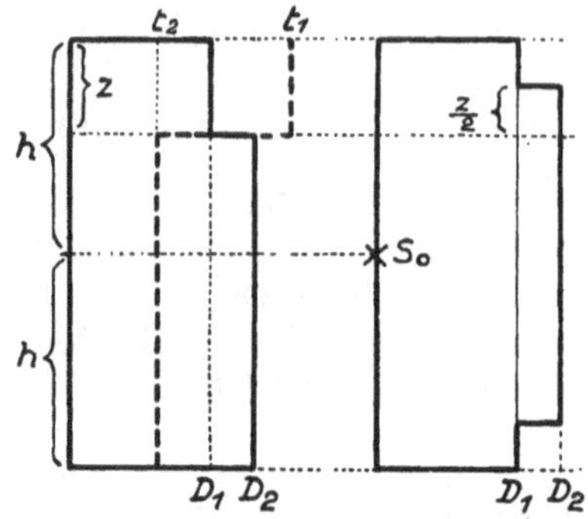

Abb. 9. Schema zur Berechnung der Stabilität (Erklärung im Text)

Temperatursprung, unterhalb und oberhalb dagegen völlig gleichförmige Temperaturen t_1 bzw. t_2 mit den Dichten D_1 und D_2 bestünden (Abb. 9). Der Schwerpunkt s_0 (in durchmischtem Zustand) läge in der Tiefe h, die Gesamttiefe des Beckens wäre somit 2 h. Es ist klar, daß bei Herstellung des Gleichgewichtes, also bei Durchmischung, der Gewichtsüberschuß des unter dem Temperatursprung gelegenen Teiles in das Schwerpunktniveau s_0 gehoben werden muß. Dieser Überschuß ist $(D_2 - D_1)$ mal der Höhe[1]) der unteren, kälteren Schicht, also mal $(2\,h - z)$; die Hebung beträgt $\frac{z}{2}$. Wir erhalten also die Stabilität

$$S = (D_2 - D_1) \cdot (2\,h - z) \cdot \frac{z}{2}.$$

Aus dieser Formel geht zunächst die Abhängigkeit der Stabilität von den durch die Schichtung gegebenen Dichtenunterschieden hervor. Da aber diese Dichtenunterschiede $D_2 - D_1$ bei gleicher Temperatur-Differenz in einem höheren Temperatur-Bereich wesentlich größer sind als in einem niedrigen (vgl. S. 9), so wird es verständlich, daß die Stabilität zu Beginn der Erwärmung, im Frühling, nur ein geringes Maß erreicht und daß um diese Zeit leicht bedeutende Wärmemengen durch Windströmungen der Tiefe zugeführt werden können. Ferner leuchtet es ohne weiteres ein, daß die tropischen Seen, in denen nur geringe Temperaturunterschiede zwischen Oberfläche und Tiefe vorkommen (z. B. Oberfläche 28—30°, Tiefe 24—26°), trotzdem sehr bedeutende Stabilitätswerte erreichen können[2]).

[1]) Wobei hier die Höhe für das Volumen gesetzt ist.

[2]) Zur Veranschaulichung dieser Verhältnisse seien Stabilitätswerte im Altausseersee (Ostalpen) und im Ranu Klindungan (Ostjava) angeführt. In diesen Seen ergab die Beobachtung einen sehr ähnlichen Verlauf der Temperaturkurve, allerdings in ganz verschiedenen Temperaturbereichen. Im Altausseersee: Epilimnion 12,2°, Hypolimnion 5,2° (Diff. 7,0°). Im Ranu Klindungan: 31,4° bzw. 26,2° (Diff. 5,2°); die scharf ausgeprägte Sprungschicht lag in beiden Fällen zwischen 5 und 10 m. Die Stabilität zwischen 0 und 40 m Tiefe betrug im Altausseersee 60 kgm unter 1 m² der Oberfläche. Im Ranu Klindungan jedoch (trotz der geringeren Temperaturdifferenz) 190 kgm!

Weiterhin können wir unserer Formel entnehmen, daß die Stabilität unter sonst gleichen Verhältnissen beim Absinken der Sprungschicht (also bei wachsendem z) zuerst zunimmt, im Schwerpunktniveau s_0 ($z = h$) ihren Höchstwert erreicht, um tiefer wieder bis auf Null ($z = 2h$) abzunehmen. Damit im Einklang steht die Erscheinung, daß hochgelegene Sprungschichten, wie sie im Frühjahr bei starker Erwärmung der Oberfläche häufig vorkommen, nur von kurzem Bestand sind und bald verwischt oder in die Tiefe gedrückt werden, wogegen die tiefgelegenen des Spätsommers ihre Lage oft monatelang unverändert beibehalten. Im Herbst dagegen wird der Abbau der Temperaturschichtung um so rascher erfolgen können, in je größere Tiefen die Sprungschicht herabgedrückt wurde, sobald sie das Schwerpunktniveau unterschritten hat.

Will man die Stabilität der Schichtung eines ganzen Sees berechnen, so muß man, ebenso wie beim Wärmeinhalt, die Verjüngung des Volumens nach der Tiefe hin nach dem von W. Schmidt angegebenen Verfahren berücksichtigen. Als Beispiel für die Größenordnung solcher Gesamtstabilitäten seien wiederum die Verhältnisse in dem kleinen Lunzer Untersee angeführt: Hier werden im Hochsommer häufig Werte von 30 Millionen Kilogrammeter erreicht; es ist dies die Arbeit, die aufgewendet werden müßte, um 30 Eisenbahnwagen von je 10 Tonnen 100 m hoch zu heben.

Es ist vielleicht nicht überflüssig, darauf hinzuweisen, daß Dichteschichtungen und somit auch Stabilitäten in Binnenseen nicht nur durch Temperaturunterschiede bedingt werden. Auch Unterschiede des Salzgehaltes können prinzipiell gleiche Erscheinungen hervorrufen. Sehr häufig ist dies in Brackwasserseen der Fall und hier kann die durch den Salzgehalt bedingte Stabilität jene der Temperaturschichtung bei weitem übertreffen. Solche Fälle hat Hutchinson in seiner Studie über die Limnologie abflußloser Seen in Trockengebieten untersucht und mathematisch behandelt. Aber auch in reinen Süßwasserseen darf man die überall vorkommenden Konzentrationsunterschiede keineswegs vernachlässigen (meromiktische Seen, vgl. S. 37).

d) Der jahreszeitliche Gang der Temperatur

Nach diesen grundsätzlichen Erörterungen können wir nun daran gehen, den jahreszeitlichen Gang der Temperatur in den Seen näher zu betrachten. Wie schon mehrfach erwähnt wurde, besitzt ein See der temperierten Zone zu einem gewissen Zeitpunkt des Frühjahrs in der Regel die von oben bis unten gleichförmige Temperatur des Dichtemaximums (4°). In diesem Zustand ist die Stabilität gleich 0, Windströmungen können sich ohne jedes Hindernis ausbreiten, die ganze Wassermasse des Sees in Bewegung setzen und durchmischen. Es ist dies die Zeit der Frühlings-Vollzirkulation. Wie lange diese währt, hängt von den Witterungsverhältnissen ab. Meist wird ihre Dauer nur kurz sein, da nach dem Auftauen der Eisdecke die oberflächliche Erwärmung rasch einzusetzen pflegt.

Da aber nach dem oben Gesagten bei den anfangs noch niedrigen Temperaturen und ihrem in den obersten Wasserschichten gelegenen Gefälle die Stabilität nur gering ist, werden verhältnismäßig schwache Windstärken ausreichen, um entstandene Schichtungen durch Mischung wieder verschwinden zu lassen. Diese Vorgänge führen zu einer allmählichen, mehr oder weniger gleichmäßigen Erwärmung der Wassermassen bis in beträchtliche Tiefen, mitunter bis zum Grund hinab. Dies trifft besonders für die windexponierten Seen zu, z. B. die des norddeutschen Flachlandes oder Finnlands, wo die Vollzirkulation auch noch zu Beginn der Erwärmungsperiode anzuhalten und einen erheblichen Anstieg der Tiefentemperaturen herbeizuführen pflegt. In windgeschützten Lagen dagegen oder dann, wenn auf den Eisaufbruch unmittelbar eine ruhige Wärmeperiode folgt, wird die Stabilität durch die rasche Erwärmung der oberen Schichten sehr bald so groß, daß eine durchgreifende Mischung durch Windströmungen nicht mehr eintreten kann, der See geht dann fast unvermittelt in den Zustand der Sommerstagnation über. Unter Umständen kann der Frühjahrsaustausch der Wassermassen so unvollkommen sein, daß in der Tiefe die Verhältnisse, welche den Winter über geherrscht haben, erhalten bleiben.

Für die Temperatur der Tiefe sind somit die unmittelbar nach dem Auftauen des Sees herrschenden meteorologischen Verhältnisse von ausschlaggebender Bedeutung. Erfolgt die oberflächliche Erwärmung rasch, ohne eine Zirkulationsperiode von längerer Dauer, dann bleibt die Tiefentemperatur des Sees den ganzen Sommer über nahe bei 4°. Herrscht jedoch zu dieser Zeit wechselndes, windiges Wetter, dann wird mit der ganzen Wassermasse des Sees auch die Tiefe allmählich erwärmt, bevor sich eine widerstandsfähige Schichtung ausbilden kann. Deshalb ist auch die Tiefentemperatur ein und desselben Sees in verschiedenen Jahren keineswegs gleich. Im Lunzer Untersee beträgt die bisher beobachtete Schwankung ungefähr 2°.

Die Sprungschicht zeigt zu Beginn der Sommerstagnation keineswegs gleich jene scharf ausgeprägte, charakteristische Form, welche unsere Abb. 8 wiedergibt. In dieser Zeit der lebhaften Wärmezufuhr tritt uns meist ein sehr hochgelegenes und weniger steiles Gefälle entgegen; erst später nimmt die Temperaturkurve unter dem Einfluß des Wechsels von Erwärmung, Abkühlung und Winddurchmischung die für den Hochsommerzustand typische Form an. Dabei wird die Sprungschicht immer tiefer hinabgedrückt. Die damit verbundene Annäherung derselben an den Schwerpunkt des Sees bedingt jedoch (vgl. S. 31) eine Erhöhung der Stabilität. Es wird daher immer größerer Windstärken bedürfen, um eine weitere Verlagerung der Sprungschicht in die Tiefe herbeizuführen. Schließlich wird ein

Gleichgewichtszustand erreicht, in dem die Lage des Metalimnions annähernd gleich bleibt und Änderungen der thermischen Verhältnisse nur mehr im Epilimnion vorkommen.

Mit der herbstlichen Abkühlung, bzw. der überwiegenden Wärmeabgabe des Sees, beginnt auch der Abbau der Temperaturschichtung. Während dieses Vorganges bleibt zunächst die Lage der Sprungschicht unverändert. Da aber durch die Verringerung der Temperaturunterschiede auch die Stabilität der Schichtung herabgesetzt wird, kommt bald der Augenblick, in dem auch normale Windstärken, bzw. die durch dieselben ausgelösten Strömungen, den Widerstand des Metalimnions überwinden und eine fortschreitende Einbeziehung seiner Wassermassen und später auch der darunterliegenden herbeiführen können. Man bezeichnet diesen Vorgang als herbstliche Teilzirkulation. Während derselben sinkt die Sprungschicht immer weiter ab, der Temperaturunterschied wird kleiner, die Steilheit des Gefälles jedoch — besonders zu Beginn des Durchmischungsprozesses — unter Umständen noch größer.

Diese Teilzirkulation führt allmählich zur gleichförmigen Temperatur (Homothermie) der ganzen Wassermasse und damit zur Aufhebung jeder Stabilität (vgl. die Temperaturkurve in Abb. 37 *b*). Die Strömungen können unbehindert alle Tiefen erfassen und der See tritt in den Zustand der herbstlichen Vollzirkulation. Die Höhe der gleichförmigen Temperatur, welche alle Schichten zu Beginn dieses Stadiums aufweisen, hängt von verschiedenen Umständen ab, vor allem von der Tiefe des Sees. Es sei daran erinnert, daß bei den durch den Wind ausgelösten Durchmischungsvorgängen ein vertikaler Wärmetransport stattfindet. Wir können daher im Spätherbst mitunter einen plötzlichen Anstieg der Tiefentemperatur feststellen, z. B. in einem bestimmten Fall (Lunzer Untersee) von 4,5 auf 6°. Ist der See jedoch sehr tief, so wird diese Wärmezufuhr die Temperatur des sehr mächtigen Hypolimnions nicht wesentlich über seine ursprüngliche Temperatur erhöhen können.

Auch die Dauer der Vollzirkulation ist außer von den meteorologischen Faktoren von der Tiefe des Sees abhängig. Der Abkühlungsvorgang wird um so länger dauern, je mächtiger die abzukühlende Wassermasse ist. In den großen und tiefen Alpenseen dauert deshalb der Zustand der Zirkulation meist den ganzen Winter hindurch an und sie frieren deshalb nur selten zu. In den seichteren Becken jedoch wird früher oder später die ganze Wassermasse von der Oberfläche bis zum Grund auf 4°, d. i. die Temperatur des Dichtemaximums, abgekühlt sein. Eine weitere Wärmeabgabe wird, da ja die abgekühlten Wasserteilchen nun leichter sind als die darunterliegenden, auf die obersten Schichten beschränkt bleiben. Sobald die Temperatur von 4° erreicht ist, kann eine einzige kalte und windstille Nacht zur Bildung einer Eisdecke führen.

Da aber der Dichtenunterschied des Wassers zwischen 0 und 4° sehr gering ist (vgl. Abb. 1) und das Gefälle knapp unter der Oberfläche liegt, können bei dieser winterlichen Schichtung (man nennt sie invers [umgekehrt], da kälteres Wasser über wärmerem liegt, im Gegensatz zur direkten Sommerschichtung) nur minimale Stabilitäten auftreten. Eine sehr schwache Windströmung wird imstande sein, sie auszugleichen. Deshalb können wir sehr häufig beobachten, daß die Abkühlung der ganzen Wassermasse noch weiter fortschreitet, etwa auf 3° und darunter, bevor — beim Eintreten ruhiger Außenbedingungen — endlich der Eisschluß eintritt. Die in diesem Augenblick erreichte Temperatur wird, zumindest in den tieferen Schichten, den ganzen Winter hindurch beibehalten. Die Wintertemperatur eines Sees ist somit — ebenso wie die Sommertemperatur des Tiefenwassers — durch die meteorologischen Verhältnisse bedingt, welche unmittelbar vor der Stabilisierung der Schichtung herrschten.

Die Eisdecke sperrt den See gegen die auf die Oberfläche wirkenden Kräfte, vor allem gegen die Windwirkung, ab. Es kann sich nun wieder eine bleibende Schichtung ausbilden, die durch einen unmittelbar unter dem Eise von 0° beginnenden, steilen Anstieg gekennzeichnet ist und schon in geringen Tiefen die gleichmäßige Temperatur der tieferen Schichten erreicht Diesen nur unter einer Eisdecke beständigen Zustand nennen wir die Winterstagnation (vgl die Temperaturkurven in Abb. 5 und 37 *c*).

e) Schichtungstypen

Sehr häufig bietet die Temperaturschichtung während der Stagnationsperioden nicht jenes einfache Bild, das in den vorstehenden Zeilen skizziert wurde. Es kommen Abweichungen vom normalen Verlauf vor, die sowohl in den meteorologischen Außenbedingungen als auch in der Eigenart des Sees ihre Ursache haben können.

Vielfach findet man im Sommer nicht nur eine Sprungschicht entwickelt, sondern zwei oder mehrere Bereiche eines steileren Temperaturgefälles. Solche Bilder werden durch den Wechsel von Erwärmungsperioden mit tiefgreifenden Durchmischungen verursacht. Wenn im Frühjahr eine Schönwetterperiode die Temperatur der oberen Schichten rasch in die Höhe getrieben hat und danach Schlechtwetter mit starkem Wind und Abkühlung einsetzt, so wird die eben entstandene Sprungschicht — genau so, wie es bei der Teilzirkulation im Herbst die Regel ist — in bedeutende Tiefen herabgedrückt. Eine neuerlich einsetzende Erwärmung führt dann zur Bildung einer zweiten, höher gelegenen Sprungschicht. Dieser Vorgang kann sich natürlich wiederholen und es ist mitunter möglich, aus der Temperaturkurve einer Beobachtung das thermische Schicksal des Sees seit der letzten Vollzirkulation abzulesen.

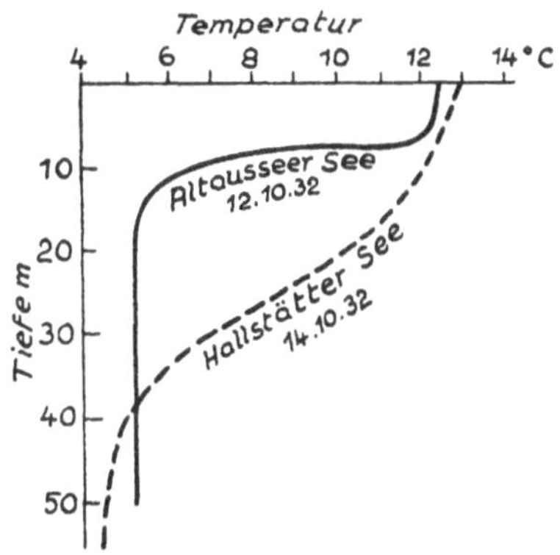

Abb. 10. Einfluß der Durchflutung auf die Mächtigkeit der Sprungschicht zweier benachbarter Seen

Besondere Schichtungsformen können ferner durch das Ausmaß der Durchflutung, durch die Größe, Lage und Gestalt des Seebeckens bedingt sein. Starke Durchflutung erzeugt im See eine Turbulenz, die sich insbesondere dort, wo sich das meist kältere Zuflußwasser einschichtet — also im Metalimnion — geltend machen wird. Die Folge davon ist, daß das Metalimnion sehr an Umfang zunimmt und ein weniger steiles Temperaturgefälle aufweist. Diese Erscheinungen beobachten wir besonders in Flußseen (vgl. die Temperaturkurve des Hallstättersees [Flußsee der Traun] mit der gleichzeitigen des weit weniger durchströmten und daher eine besonders scharfe Sprungschicht aufweisenden Altausseersees in Abb. 10). Der Einfluß des Oberflächenareals äußert sich darin, daß im allgemeinen große Seen mit ihrer starken, von der Oberfläche ausgehenden Turbulenz tiefer gelagerte Sprungschichten haben als kleine; doch kann dieser Einfluß durch die Lage des Sees, bzw. seine Orientierung zur vorherrschenden Windrichtung, verwischt werden. In geschützt gelegenen, kleinen Tümpeln kann man mitunter vorübergehende Temperaturschichtungen beobachten, die in ihrer Form und Gliederung vollkommen jenen in den Seen gleichen, aber in ihrer Tiefenausdehnung auf wenige Dezimeter zusammengedrängt sind.

Im allgemeinen besitzt jeder See — im Durchschnitt der Sommerstagnation betrachtet — seine ihm eigentümliche, durch das Klima, die Lage, Gestalt und Größe sowie durch den Wasserhaushalt geprägte Form der Temperaturkurve.

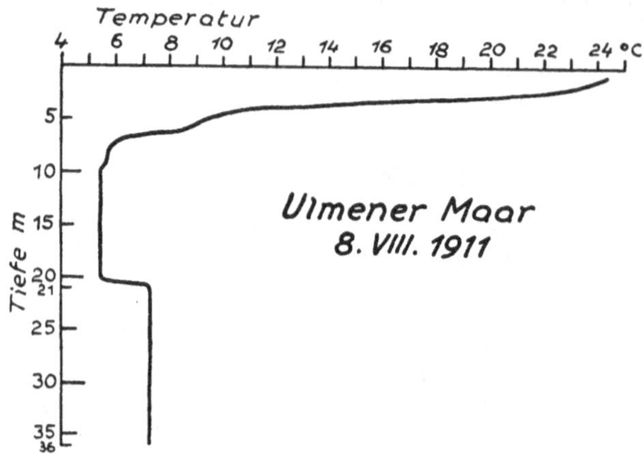

Abb. 11. Temperaturschichtung in einem meromiktischen See, nach Thienemann

In manchen Seen können wir fremdartig anmutende und nicht auf den ersten Blick zu verstehende Schichtungserscheinungen beobachten. Es sind dies jene nicht allzu seltenen Fälle, wo nach einem anfänglich ganz normalen Temperaturverlauf in einer gewissen Tiefe des Hypolimnions ein mitunter beträchtlicher Anstieg der Temperatur eintritt. Als ein recht auffälliges Beispiel sei hier die Temperaturkurve des Ulmener Maares nach Thienemanns Beobachtungen wiedergegeben (Abb. 11). Dieses anscheinend paradoxe Verhalten findet seine Erklärung in einer ebenso scharf ausgeprägten Konzentrationsschichtung. Der Salzgehalt beträgt je Liter 185 mg in den oberen und rund 500 mg in den tiefen Wasserschichten. Die Dichtezunahme, die sich aus diesem Konzentrationsunterschied ergibt, ist um ein Vielfaches größer als die durch den Übergang von 5,4 auf 7,2^0 bedingte Abnahme. Diese Dichtesprungschicht erzeugt eine erhebliche Stabilität, die eine durchgreifende Umschichtung auch zur Zeit der Vollzirkulation verhindert. Der Salzgehalt und die höhere Temperatur des Tiefenwassers in dem vulkanischen Ulmener Maar werden durch Quellen, welche im See austreten, bedingt. Ähnliche, aber noch weit extremere Fälle finden wir im vulkanischen Gebiet Indonesiens, wo in der Tiefe von Kraterseen Temperaturen bis zu 91^0 gemessen wurden, während die oberflächlichen Schichten annähernd Lufttemperatur aufwiesen.

Die Konzentrationsunterschiede müssen jedoch gar nicht so groß sein wie in dem oben besprochenen Fall des Ulmener Maares, um beständige Schichtungen trotz eines Temperaturanstieges in der Tiefe zu ermöglichen. Wie auf S. 6 ausgeführt wurde, erhöht sich das spezifische Gewicht des Wassers bei einem Salzgehalt von 1 g im Liter um rund 0,0008. Der Dichtenunterschied bei einer Temperaturänderung von 4 auf 5^0 beträgt 0,000.008. Um diese Gewichtsdifferenz auszugleichen, genügt also eine Konzentrationserhöhung von nur 10 mg im Liter. Man findet nun — u. a. auch in unseren Alpen — gar nicht selten Seen, in denen der Konzentrationsunterschied zwischen Epi- und Hypolimnion ein Mehrfaches dieses Betrages ausmacht[1]). Ist ein solches Becken genügend tief und windstill gelegen, so können die auf diese Weise erzeugten Stabilitäten die winterliche Vollzirkulation verhindern. Solche Seen werden nur bis zu einer gewissen Tiefe umgeschichtet und wir nennen sie deshalb mit FINDENEGG meromiktisch im Gegensatz zu den holomiktischen normalen Seen. Die von den jährlichen Umschichtungen nicht betroffene Wassermasse bezeichnet man als Monimolimnion (FINDENEGG) und für die Schicht des Konzentrationssprunges hat HUTCHINSON den Ausdruck Chemokline geprägt. Dieser Autor hat auch den Stabilitätsverhältnissen in meromiktischen Seen eine besondere Untersuchung gewidmet. Das dauernd stagnierende (oder durch ganz allmählichen Austausch erst im Verlauf mehrerer Jahre erneuerte) Hypolimnion dieser Seen weist in der Regel einen leichten Temperaturanstieg um einige Zehntelgrade auf, welcher verschiedene Ursachen haben kann. In vielen Fällen wird der Untergrund des Seebodens, dessen Temperatur bekanntlich dem Jahresmittel der Lufttemperatur in der betreffenden Höhenlage annähernd gleichkommt, die Wärmequelle sein, in anderen wiederum die Einschichtung von Grundwasser oder vielleicht auch die Verbrennungswärme oxydierter organischer Substanzen.

In diesem Zusammenhang wären auch die bekannten Siebenbürgischen Salzseen zu erwähnen, in denen eine hochkonzentrierte Salzlösung (24%!)

[1]) Ein Beispiel möge dies veranschaulichen. Der Krottensee (Oberösterreich) hatte am 24. Juni 1933 in 20 m Tiefe eine Temperatur von 4,6^0 und einen (aus dem elektrolytischen Leitvermögen errechneten) Salzgehalt von 218 mg im Liter, in 40 m Tiefe eine Temperatur von 5,0^0 und einen Salzgehalt von 264 mg. Aus der Temperatur allein ergibt sich für 20 m eine Dichte von 0,999.997, für 40 m eine solche von 0,999.992, also scheinbar eine instabile Schichtung. Berücksichtigt man jedoch die Salzkonzentration, so beträgt die wirkliche Dichte bei 20 m 1,000.182 und bei 40 m 1,000.217; die Lagerung ist demnach vollkommen stabil.

von einer wenig mächtigen Süßwasserschicht überlagert wird und die in Tiefen von etwa 1—3 m Temperaturen bis zu 56° erreichen. Innerhalb der Salzschicht wird die eingestrahlte Sonnenenergie gespeichert, weil wegen der Unmöglichkeit einer Zirkulation eine Abgabe von Wärme an die Oberfläche nicht erfolgen kann.

Unsere Ausführungen über die Temperaturschichtung der Seen bezogen sich bisher nur auf Gebiete, die einen regelmäßigen Wechsel von Sommer und Winter aufweisen. Wie verhalten sich nun jene Gewässer, die außerhalb der temperierten Zonen unserer Erde gelegen sind? Wir haben gesehen, daß unsere Seen in ihren Tiefen die winterlichen Temperaturen den Sommer über gewissermaßen konservieren. Nur die Anomalie des Wassers (Dichtemaximum bei 4°) verhindert es, daß die Temperaturen des Hypolimnions nicht noch tiefer sind. In einem Klima, in dem die Lufttemperatur nicht durch längere Zeit unter 4° sinkt, kann es natürlich auch zu keiner Abkühlung der Gewässer unter diesen Wert kommen. In den Seen dieser Breiten gibt es im Winter keine inverse Schichtung und die sommerliche Tiefentemperatur wird höhere Werte aufweisen als bei uns. Ein solcher See ist z. B. schon der Gardasee, dessen Tiefentemperaturen um 7° liegen

Je mehr wir uns dem Tropengürtel nähern, desto geringer wird die jahreszeitliche Schwankung sowohl der Luft- als auch der Seetemperatur und desto geringer auch der Unterschied zwischen Oberfläche und Tiefe. Im gleichförmigen Klima der zwischen den Wendekreisen gelegenen Gebiete müssen wir eine hohe Tiefentemperatur in den Seen erwarten, denn diese kann ja kaum niedriger sein als die mittlere Lufttemperatur der kältesten Zeit des Jahres. Demgemäß haben z. B. die niedrig gelegenen Seen Indonesiens im Hypolimnion bis in die größten Tiefen hinab Temperaturen um 26°. Die Monatsmittel der Oberflächentemperaturen schwankten in einem bestimmten Fall zwischen 26 und 29°, sie sind also nur wenig höher als jene der Tiefe. In höheren Lagen ändern sich diese Verhältnisse nur insofern, als die Temperaturen in allen Schichten niedriger sind. So beobachtete man in dem 3800 m hoch gelegenen Titicacasee Oberflächentemperaturen zwischen 10,1 und 12,5°, Tiefentemperaturen zwischen 9,4 und 11,4°. Für den tropischen See ist somit keineswegs die absolute Höhe der Oberflächentemperaturen charakteristisch, sondern ihre geringe Schwankung im Laufe des Jahres und die kleine Differenz zwischen Oberfläche und Tiefe.

Im übrigen zeigen die Temperaturkurven tropischer Seen (Abb. 17) im Prinzip genau die gleichen Schichtungsverhältnisse, wie wir sie für die temperierten Seen kennengelernt haben. Trotz der geringfügigen Temperaturunterschiede ist wegen der in dem hohen Wärmebereich sehr rasch abnehmenden Dichte die Stabilität kaum geringer als normalerweise in den Seen unserer Breiten (vgl. S. 30). Mit dem soeben erwähnten Verhalten der Dichte des Wassers bei hohen Temperaturen hängt auch die Erscheinung zusammen, daß in den Tropen bei einer Abkühlung um den gleichen Betrag eine viel lebhaftere Vertikalkonvektion ausgelöst wird als in den Seen der gemäßigten Breiten zur Zeit der Herbstzirkulation, wo bei den allgemein niedrigen Temperaturen das Übergewicht und daher die Geschwindigkeit der absinkenden Ströme nur gering sein kann, ja in der Nähe von 4⁰ verschwindend klein wird. In einem tropischen See dagegen verursacht auch die geringste Abkühlung vertikale Strömungen, welche bei längerer Dauer dieses Zustandes sofort auch das hochtemperierte Hypolimnion ergreifen und auch ohne jede Mitwirkung des Windes zu einer völligen Umschichtung des Sees führen müssen.

Da aber in der eigentlichen Tropenzone die Jahresschwankung der Temperatur sehr gering ist, sind die Umschichtungen in den Seen in der Regel nicht wie bei uns an eine bestimmte Jahreszeit gebunden. Sie können sich — bei rasch aufeinander folgenden Abkühlungsperioden — in kurzen Zeiträumen wiederholen oder aber — nach besonders großen Wärmeabgaben und der dadurch bedingten Erniedrigung der Tiefentemperatur — lange Zeit, vielleicht auch Jahre hindurch, ausbleiben. Nur dort, wo Regenzeiten mit ausgeprägten Trockenzeiten abwechseln, wie z. B. im Ostmonsungebiet von Java, scheinen Umschichtungen in den Seen mit der durch starke Ausstrahlung gekennzeichneten Trockenzeit zusammenzufallen.

Dem tropischen steht in den arktischen Gebieten und in der Eisregion der Hochgebirge als anderes Extrem ein Seentypus gegenüber, der fast das ganze Jahr hindurch zugefroren ist und der in der kurzen, eisfreien Zeit sich nicht bis zum Entstehen stabiler, direkter Schichtungen erwärmen kann. Der Zustand dieser Seen bewegt sich somit zwischen Winterstagnation und Vollzirkulation, ihre Oberflächentemperatur erhebt sich nicht oder nur vorübergehend über 4⁰.

Forel hat als erster eine Einteilung der Seen unserer Erde nach ihren thermischen Verhältnissen vorgeschlagen, die allgemein angenommen wurde. Er unterscheidet drei Typen: 1. Temperierte Seen, die einen regelmäßigen Wechsel von Stagnationsperioden mit direkter bzw. inverser Schichtung mit dazwischenliegenden Vollzirkulationen aufweisen. 2. Tropische Seen, die dauernd direkt geschichtet sind, deren Temperatur also nie unter 4⁰ absinkt. 3. Polare Seen mit Temperaturen unter 4⁰ und inverser Schichtung.

Der tropische Typus Forels dürfte nach den Erfahrungen, welche die limnologische Forschung über diese Seen erst in den letzten Jahrzehnten sammeln konnte, etwas zu weit gefaßt sein. Denn nach der gegebenen Definition gehören zahlreiche Seen hierher, welche, wie z. B. der Gardasee und andere oberitalienische Seen, trotz des Fehlens einer inversen Schichtung im Winter dem temperierten Typus in jeder Hinsicht näher stehen als dem eigentlich tropischen. Es dürfte zweckmäßiger sein, als tropische Seen nur jene zu bezeichnen, die zwischen den Wendekreisen gelegen sind und deren Temperatur nur geringe Schwankungen im Laufe des Jahres, sowie nur verhältnismäßig kleine Unterschiede zwischen Epi- und Hypolimnion aufweist. Alle übrigen, immer direkt geschichteten Seen, welche in bezug auf den Jahresgang der Temperatur den temperierten ähneln, wären zu einem 4. Subtropischen Typus zusammenzufassen.

3. Die Wasserbewegungen

Da die Bewegungen innerhalb der Wassermasse eines Sees, soweit sie für den Limnologen von Bedeutung sind, in ihren Auswirkungen weitgehend von der Temperatur- bzw. Dichteschichtung abhängen, möge eine kurze Besprechung derselben gleich im Anschluß an die Thermik Platz finden. Wir können rhythmische und nichtrhythmische Wasserbewegungen unterscheiden. Zu den ersteren gehören die fortschreitenden und stehenden Wellen, zu den letzteren Strömungen verschiedener Art.

a) Wellenbewegungen

Der bekanntesten aller Wasserbewegungen, den fortschreitenden Oberflächenwellen, kommt für unsere Betrachtungen ein nur untergeordnetes Interesse zu, denn ihre Wirkung ist auf die obersten Wasserschichten beschränkt und Verlagerungen größerer Massen treten dabei nicht auf. Beachtet man einen auf der Wasseroberfläche schwimmenden Gegenstand, etwa einen Kork, der von einer Welle getroffen wird, so sieht man, daß dieser in einer annähernd kreisförmigen Bahn (Orbitalbahn) gehoben und gesenkt wird, um nach Ablauf der Welle wiederum in seine anfängliche Lage zurückzukehren. Wie der Kork, so haben auch die Wasserteilchen lediglich eine schwingende Bewegung ausgeführt, ohne dabei eine bleibende Ortsveränderung zu erfahren. Der Impuls zu dieser Schwingung wird durch eine Kraft, etwa einen Schlag oder Windstoß, gegeben, welche die Wasserteilchen aus der Gleichgewichtslage bringt; die Schwerkraft dagegen ist es, welche das Gleichgewicht wieder herzustellen sucht. Die Bewegung muß sich auf die benachbarten Teilchen fortpflanzen, welche nacheinander die gleichen Bewegungen ausführen. Es entsteht eine fortschreitende Welle, deren Querschnitt eine sogenannte Trochoide ist, eine Kurve, die ein Punkt, z. B. des Radumfanges beim Rollen über eine Ebene, beschreibt. Auf die besonders durch die Ozeanographie gründlich durchdachte Theorie der Wasserwellen sei hier nicht näher eingegangen, sondern auf die Darstellungen bei Forel, Aufsess, Thorade und Defant verwiesen.

Uns interessiert hier lediglich die Frage, bis zu welcher Tiefe sich die Oberflächenwellen in unseren Seen merkbar auswirken. Von der Schwingung werden selbstverständlich auch tiefere Wasserteilchen ergriffen, allerdings mit rasch abnehmender Amplitude. Der Durchmesser der Kreise, welche sie beschreiben, wird nach der Tiefe hin immer kleiner. Hiefür besteht nun eine einfache Beziehung: Bei einer Tiefenzunahme um ein Neuntel der Wellenlänge (Entfernung zweier Wellenberge) verringert sich die Amplitude annähernd auf die Hälfte. In einer Tiefe, die gleich ist der Wellenlänge, betrüge somit die Amplitude weniger als $^1/_{500}$ der an der Oberfläche beobachteten. Die Höhe der Wellen (Oberflächenamplitude) steht in keinem festen Verhältnis zu deren Länge. Sie beträgt aber im Durchschnitt nach Forel etwa $^1/_{20}$ der letzteren. Bei einer Wellenlänge von 18 m (die den im Genfersee beobachteten Maximalwerten nahekommt) und einer Höhe von rund 1 m betrüge nach dem oben Gesagten die Amplitude der Schwingung eines Wasserteilchens in 4 m Tiefe (= 2/9) 25 cm, in 8 m Tiefe (= 4/9) 6,25 cm und in 18 m Tiefe nicht ganz 2 mm! Wellen von diesen Dimensionen kommen jedoch nur ganz ausnahmsweise auf unseren größten Seen vor. Die in der Regel viel geringere Oberflächenbewegung der kleinen und mittleren Becken wird schon in geringen Tiefen unmerkbar werden. Diese Beziehungen gelten jedoch nur für Wellen in tiefem Wasser. Im flachen Wasser, wenn die Tiefe viel kleiner ist als die Länge der Wellen, ist „die Bewegung der Wasserteilchen in der ganzen Wasserschicht bis zum Grunde nahezu gleich groß; die Bewegung gleicht mehr einem Hin- und Herschieben von ganzen Wassersäulen" (Defant).

Die mittlere Tiefe der Wellenwirkung ist im Litoral der Seen insofern von Bedeutung, als sie die Sedimentierung der Ablagerungen (Uferbänke) oberhalb dieser Tiefe verhindert. So wachsen die Seekreidebänke, die den Steilufern der Alpenseen angesetzt sind, gleich einer Halde nur mehr horizontal weiter, sobald sie eine gewisse Höhe erreicht haben. Ihre meist ebene Oberfläche liegt in einer von der Wellenwirkung abhängigen Tiefe, im Lunzer Untersee z. B. in ungefähr 1 m.

Stehende Wellen. Neben den fortschreitenden Wellen treten in den Seen auch stehende Wellen auf, die weit größere Massenverlagerungen herbeiführen und daher für die Limnologie wichtiger sind als die fortschreitenden. Während bei den letzteren alle Wasserteilchen genau die gleiche Bewegung ausführen, aber nacheinander und daher mit verschiedener Phase, ist bei der Schaukelbewegung der stehenden Wellen die Phase aller Teilchen gleich, das Ausmaß der Bewegung ist jedoch verschieden. An den Knotenpunkten ist überhaupt keine Vertikalbewegung vorhanden, während diese an den Schwingungsbäuchen ein Maximum erreicht.

Die Vorgänge, die sich bei diesen Schwingungen abspielen, können wir leicht durch einen Modellversuch anschaulich machen, indem wir das mit irgendwelchen schwebenden Partikeln versetzte Wasser in einem Trog in schaukelnde Bewegung bringen. Wenn der Versuch richtig gelingt, so gerät der Wasserspiegel um eine in der Mitte liegende Horizontale, die Knotenlinie, in Schwingungen. Entlang der letzteren findet keine Vertikalbewegung statt, während an den beiden Enden, den Schwingungsbäuchen, das Wasser in einem durch die Länge des Gefäßes und durch die Tiefe bedingten Rhythmus abwechselnd auf- und absteigt. Gleichzeitig sehen wir aber unter der Knotenlinie die schwebenden Partikel im gleichen Rhythmus horizontal hin- und herpendeln, da ja das Wasser, das durch die Schrägstellung der Oberfläche auf der einen Seite verdrängt wird, auf die andere hinüberströmen muß. Ist die Länge des Gefäßes im Verhältnis zu seiner Tiefe sehr groß, so werden auch bei geringer Amplitude der Schwingungsbäuche unterhalb der Knotenlinie Massenverschiebungen auf beträchtlichen Strecken stattfinden. Die Geschwindigkeit dieser horizontalen Strömung ist im Knoten am größten und nimmt gegen die Enden des Gefäßes allmählich bis auf 0 ab.

Die in unserem Versuch entstandene Schwingung war einknotig (uninodal). Wir können aber auch eine zweiknotige (binodale) stehende Welle erzeugen, wenn wir in der Mitte des Gefäßes einen rhythmisch abwechselnden Druck auf die Oberfläche ausüben. Dann entsteht in der Mitte ein ganzer Schwingungsbauch, rechts und links davon zwei Knotenlinien und an den Enden, wie im ersten Versuch, zwei halbe Bäuche. Auch mehrknotige (plurinodale) Schwingungen können beobachtet werden. Ferner unterscheidet man, je nachdem die Schwingung um die Querachse oder um die Längsachse des Troges erfolgt, longitudinale und transversale stehende Wellen.

Die zuerst von Merian berechnete Formel für die Periode t (die Dauer der Auf- und Abbewegung) der einknotigen Schwingung in einem rechteckigen Gefäß mit ebenem Boden lautet vereinfacht: $t = \frac{2l}{\sqrt{gh}}$, worin l die Länge des Gefäßes, h die Wassertiefe und g die Schwerebeschleunigung bedeutet. Hat die Wanne keinen rechteckigen Querschnitt und keinen ebenen Boden, so treten an Stelle dieser Formel recht komplizierte Gleichungen, auf die hier nicht näher eingegangen sei (vgl. Forel, Aufsess, Halbfass, Defant). Da aber in größeren Seen die mittlere Tiefe im Verhältnis zur Länge sehr klein ist, so ergibt auch die einfache Formel immerhin annähernd richtige Ergebnisse.

Diese stehenden Wellen sind eine in allen Seen vorkommende Erscheinung, aber nur in den großen Becken erreicht das periodische Steigen und Sinken des Wasserspiegels ein so bedeutendes Ausmaß, daß es auch ohne Verwendung von Meßinstrumenten offenbar wird. Den Fischern an unseren größten Seen sind sie seit langem wohl bekannt und vom Genfersee stammt auch die in die Wissenschaft eingegangene Bezeichnung „Seiches“ (nach Forel vielleicht vom franz. sèche, da beim Zurückweichen des Wassers flache Uferpartien trockengelegt werden). Vom Genfersee ist auch die größte bisher beobachtete Seiche bekannt geworden mit einer Amplitude von 1,87 m (3. Oktober 1841). In der Regel bleibt jedoch das Ausmaß dieser Seespiegelschwankungen weit unter diesem Höchstwert. Als Beispiel sei die von Forel aus demselben See mitgeteilte Serie von Seiches (März 1891) angeführt, die 7½ Tage dauerte und 147 Schwingungen mit einer Periode von je 73 Minuten hervorbrachte, deren Amplitude allmählich von 20 auf 7 cm sank. Um solche Seiches auch

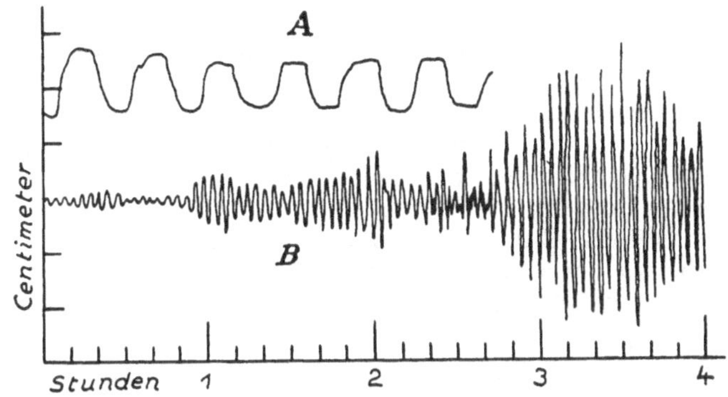

Abb. 12. Registrierung stehender Wellen (Seiches) durch Limnigraphen. *A* im Starnberger See (Schwingungsgdauer 25 Minuten, nach Aufsess), *B* im Lunzer Untersee (Schwingungsdauer etwas mehr als 3 Minuten)

in kleineren Seen exakt zu beobachten, bedient man sich registrierender Pegel (Limnigraphen). Abb. 12 gibt Limnigraphen-Aufzeichnungen aus dem Starnberger See (Würmsee) und aus dem Lunzer Untersee wieder. Da neben den einknotigen Longitudinalschwingungen in den Seen fast immer auch zwei- und mehrknotige sowie Transversalschwingungen vorkommen, welche die Hauptschwingung überlagern, sind die von einem Limnigraphen aufgezeichneten Kurvenbilder mitunter recht kompliziert.

Die Periode der Seiches ist, wie schon aus der oben mitgeteilten Formel hervorgeht, eine für jeden See charakteristische Größe. Sie beträgt z. B. (für die longitudinale Hauptschwingung) abgerundet in Minuten: Beim Genfersee 73, Bodensee 56, Gardasee 43, Attersee 22, Grundlsee 9,5, Altausseersee 5,3. Die Abhängigkeit von der Wassertiefe tritt besonders beim Plattensee klar zutage, der bei einer ungefähr dem Genfersee entsprechenden Länge von 77 km, aber einer mittleren Tiefe von nur 3 m eine Schwingungsdauer von 10—12 Stunden aufweist. Kompliziert gebaute, in Buchten und Arme gegliederte Seebecken zeigen vielfach Unregelmäßigkeiten in der Seiches-Ausbildung. So können z. B. einzelne Buchten unabhängig vom Hauptbecken selbständige Schwingungen ausführen.

Die Kraft, welche stehende Wellen hervorruft, ist ein auf einen Teil des Wasserspiegels vorübergehend wirkender Überdruck. Dieser Druck kann durch lokale Barometerschwankungen, durch den Wind oder durch Regengüsse, die auf einen Teil des Sees beschränkt sind, ausgeübt werden. Die zur Auslösung nötige Energiemenge ist verhältnismäßig klein. So würde z. B. im Würmsee (der eine Schwingungsdauer von 25 Minuten besitzt) nach der Berechnung von Emden (zit. n. Halbfass) ein auf die eine Seehälfte beschränkter Regen, der in der Stunde 2 mm Niederschlag liefert, ausreichen, um eine Schwingung mit der Amplitude von 25 mm hervorzurufen.

Stehende Wellen spielen sich jedoch nicht nur an der Oberfläche ab, an der Grenzschicht zwischen Luft und Wasser, sie kommen auch innerhalb der Flüssigkeitsmasse (ohne sich durch Oberflächenbewegungen zu verraten) dann vor, wenn diese aus zwei oder mehreren übereinandergelagerten Schichten von verschiedenem spezifischem Gewicht besteht. Zum Unterschied von den oben besprochenen Oberflächenseiches nennt man diese Vorgänge interne Seiches.

Wir können die Erscheinung wiederum zuerst an einem Modellversuch studieren. In einen Glastrog, etwa ein Aquarium, das nicht ganz zur Hälfte mit Wasser gefüllt ist, lassen wir mit Hilfe eines Schlauches vorsichtig eine gefärbte und mit schwebenden Partikelchen versetzte Salzlösung knapp über dem Boden einfließen. Sobald Ruhe eingetreten ist, erscheint das ungefärbte Wasser von der darunter liegenden, ungefähr gleich hohen Salzschicht durch eine mehr oder weniger scharf begrenzte Ebene getrennt. Nun erzeugen wir durch Neigen des Gefäßes oder durch einen einseitig ausgeübten Druck stehende Wellen. Dabei geraten sowohl die Oberfläche als auch die Grenzschicht in Schwingungen, jedoch unabhängig voneinander in bezug auf die Schwingungsdauer und die Amplitude. Während die rasche Auf- und Abbewegung der Oberfläche in kurzer Zeit ausklingt, bestehen die langsamen Schwingungen an der Grenzschicht auch dann noch fort, wenn auf dem Wasserspiegel längst Ruhe eingetreten ist. Wenn wir in eine zweite Wanne als untere Schicht eine Lösung von geringerem Salzgehalt, also auch kleinerer Dichte, einfüllen, so werden wir finden, daß in diesem Gefäß die Schwingungen noch langsamer verlaufen als in dem ersteren, also offenbar von dem Dichtenunterschied der beiden übereinander liegenden Lösungen abhängig sind.[1])

Die von WATSON errechnete Formel für die Periode t der einknotigen internen Wellen in Gefäßen mit rechteckigem Querschnitt lautet:

$$t = \frac{2\,l}{\sqrt{\dfrac{g\,(d_1 - d_2)}{\dfrac{d_1}{h_1} + \dfrac{d_2}{h_2}}}}$$

l ist wiederum die Länge des Beckens, h_1 die Höhe der unteren (schwereren) h_2 jene der oberen Schicht, d_1 und d_2 die entsprechenden Dichten, g die Schwerebeschleunigung. Die Abhängigkeit vom Dichtenunterschied der beiden Flüssigkeitsschichten, aber auch von ihrer Höhe ist aus dieser Formel zu erkennen. Wir sehen ferner, daß die auf S. 42 mitgeteilte Formel zur Berechnung der Oberflächenseiches nur einen Spezialfall darstellt, in dem die Dichte des oberen Mediums d_2 (in diesem Falle der Luft) gegenüber jener des unteren (Wasser, $d_1 = 1$) sehr klein ist und daher vernachlässigt werden kann.

Nach dem bisher Gesagten müssen wir in unseren Seen interne Seiches in der Trennungsschicht zwischen der leichteren Wassermasse des Epilimnions und der schwereren des Hypolimnions erwarten.

[1]) Neuerdings hat MORTIMER (1950) ein aus 3 Flüssigkeitsschichten bestehendes System (Wasser-Phenol- verd. Glyzerin) zum Studium der internen Seiches empfohlen.

Wenn solche Schwingungen auftreten, wird somit die Temperatursprungschicht mit einer durch die jeweils gegebenen Verhältnisse festgelegten Periode um eine oder mehrere Knotenlinien auf- und abschwanken. Die Feststellung dieses Vorganges kann deshalb recht bequem durch Temperaturmessungen erfolgen, die (womöglich an zwei oder mehreren, diametral entgegengesetzten Stellen des Sees gleichzeitig) in kurzen Zeitabständen ausgeführt werden. Es zeigt sich, daß die Sprungschicht kaum jemals vollkommen ruhig liegt, sondern daß die gleiche Temperatur bald in größerer, bald in geringerer Tiefe gemessen werden kann. Man hat deshalb diese stehenden Wellen zuerst „Temperaturseiches" genannt.

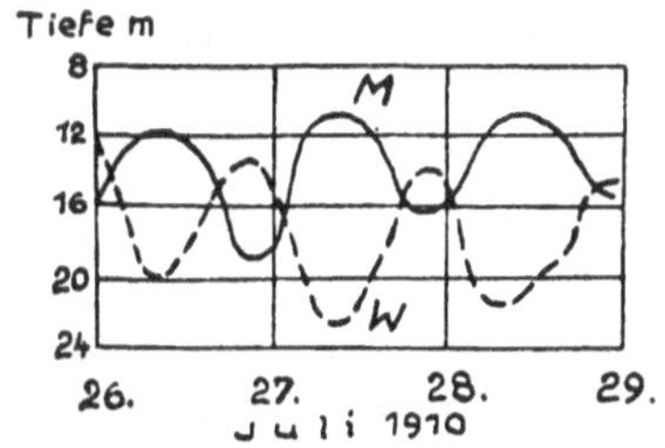

Abb. 13. Vertikalschwingungen der 12°-Schicht an zwei Stellen (*M* und *W*) des Madüsees (interne Seiches), Schwingungsdauer etwa 24 Stunden, nach HALBFASS

Als Beispiel sei das Kurvenbild (Abb. 13) gebracht, welches die wechselnde Lage der Temperatur von 12° am Süd- und Nordende des Madüsees während dreier Tage nach HALBFASS wiedergibt. Die Dauer der ganzen Schwingung betrug hier annähernd 24 Stunden, ihre Amplitude maximal rund 10 m.

Die Energiequelle der internen Seiches in den Seen ist in der Regel der Wind. Man findet deshalb nach abflauenden Stürmen die größten Amplituden. Die Windtrift führt zu einer Stauung der epilimnischen Wassermassen an einem Ende des Sees, wodurch die Sprungschicht lokal herabgedrückt wird. Sobald der Wind aufhört, geraten die Wassermassen bei dem nun folgenden Ausgleich in Schwingungen wie in dem oben beschriebenen Modellversuch. Doch können solche Störungen der Gleichgewichtslage auch durch andere Kräfte herbeigeführt werden, z. B. durch Hochwässer der Zuflüsse.

Die Bedeutung der internen Seiches für die Limnologie liegt einerseits in den beträchtlichen Vertikalverschiebungen der Wassermassen an den Schwingungsbäuchen, andererseits in den recht lebhaften Horizontalbewegungen in der Umgebung der Knoten. Das Auf- und Abschwanken der Wassermassen führt nicht nur bei aufeinander folgenden Temperaturmessungen zu recht verschiedenen Ergebnissen und erschwert dadurch die Feststellung der wahren Lage der Sprungschicht im Ruhestand, sondern es verändert auch dauernd das Bild der chemischen Schichtung und, wie DEMOLL gezeigt hat, der Planktonverteilung, da ja mit dem Wasser auch die darin gelösten und suspendierten Körper rhythmisch gehoben und gesenkt werden. Die Horizontalschwingungen im Knoten führen zu Strömungserscheinungen, die wegen der weit mächtigeren Amplituden ein viel bedeutenderes Ausmaß erreichen als die bei den Oberflächenseiches auftretenden. Es entstehen oberhalb und unterhalb der Sprungschicht zwei rhythmisch, aber entgegengesetzt verlaufende Stromsysteme. Ihre Geschwindigkeit ist — wie bei einem Pendel in der Mittellage — bei horizontaler Stellung der Sprungschicht am größten.

Da die internen Seiches nicht nur von der Morphologie des Sees, sondern vor allem auch vom Dichteunterschied und den Mächtigkeiten der übereinanderlagernden Wasserschichten abhängen, ist ihre Periode in ein und demselben Becken keine konstante Größe. Die Schwingungen werden auf dem Höhepunkt der Sommerstagnation am raschesten ablaufen, während der herbstlichen Zirkulation jedoch immer langsamer werden und schließlich, beim Ausgleich aller Dichteunterschiede, ganz aufhören. Doch betragen auch die kürzesten Perioden in verhältnismäßig kleinen Seen immerhin noch einige Stunden. So beobachtete EXNER in dem 1,6 km langen Lunzer Untersee bei normalen Windverhältnissen eine sommerliche Schwingungsdauer von rund 4 Stunden und Amplituden von ungefähr 1 m. Die maximale Geschwindigkeit der Horizontalströmung im Knoten konnte für diese Bedingungen mit rund 1 cm/sec. errechnet werden.

Es ist vielleicht nicht überflüssig zu betonen, daß auch interne fortschreitende Wellen an der Grenzschicht zwischen Epi- und Hypolimnion auftreten und die Deutung der Beobachtungen mitunter erschweren können.

b) Strömungen, Austausch

Wenn wir uns nunmehr den nichtrhythmischen Wasserbewegungen, den eigentlichen Strömungen, zuwenden, so betreten wir damit ein Wissensgebiet, das wohl in der Meeresforschung einen großartigen Ausbau erfahren hat, in der Limnologie jedoch wegen der Enge der in Betracht kommenden Räume und der sich daraus ergebenden geringen und daher schwer zu messenden Stromgeschwindigkeiten noch wenig erforscht ist. Nur von wenigen großen Becken, wie dem Bodensee und einigen schottischen Seen, liegen Beobachtungen vor, deren Verallgemeinerung noch etwas verfrüht wäre. Wir müssen uns daher großenteils auf Erwägungen beschränken, die aus physikalischen Gesetzen und Laboratoriumsversuchen abgeleitet und — soweit sie den Verlauf der Erscheinungen im einzelnen betreffen — noch nicht in jeder Hinsicht durch Messungen in den Seen selbst bestätigt sind.

Strömungen können sowohl durch innere, d. h. dem See eigene und in seinen Schichtungsverhältnissen begründete, als auch durch äußere Kräfte hervorgerufen werden. Die ersteren beziehen ihre Energie aus Änderungen des spezifischen Gewichtes, welche die stabile Gleichgewichtslage im See stören. Wir haben Bewegungen dieser Art schon in den vertikalen Konvektionsströmungen kennengelernt, welche durch die oberflächliche Abkühlung hervorgerufen werden. Unter den äußeren Einwirkungen ist, wie schon mehrfach erwähnt wurde, der Wind die wichtigste. Er wirkt teils direkt, indem die obersten Wasserteilchen durch die Luftströmung mitgenommen werden und einen oberflächlichen, mit der Windrichtung laufenden Triftstrom erzeugen, teils indirekt dadurch, daß infolge der Stauung des herangetrifteten Oberflächenwassers am Ufer auf die nächst tieferen Schichten ein Druck ausgeübt wird, welcher dort eine dem Oberflächenstrom entgegengesetzt verlaufende Bewegung auslöst.

Wenn wir durch ein Glasrohr, an dessen innerer Wand ein Kriställchen eines Farbstoffes (etwa Fuchsin) angeklebt worden war, langsam Wasser strömen lassen, so können wir beobachten, daß die Farbe in der Gestalt eines gleichmäßigen, der Längsachse des Rohres parallelen Fadens von der Strömung mitgeführt wird. Die Stromlinien verlaufen also in diesem Falle parallel. Steigern wir nun die Geschwindigkeit allmählich, so sehen wir, daß der Farbfaden in seinem Verlauf plötzlich unruhig wird, sich in einzelne Wirbel aufzulösen beginnt und in eine gleichmäßige Färbung des ganzen Rohrinhaltes aufgeht. Die ursprünglich laminare oder geordnete Strömung ist zu einer turbulenten oder ungeordneten geworden, zu einer Bewegung, bei der die einzelnen Stromlinien wirr durcheinander verlaufen und dabei gefärbtes und ungefärbtes Wasser vermischen. Weitere Versuche haben gezeigt, daß die laminare Strömung nur unterhalb einer bestimmten Stromgeschwindigkeit bestehen kann. Diese „kritische" Geschwindigkeit hängt von der Zähigkeit der Flüssigkeit sowie von deren spezifischem Gewicht ab und sie ist vor allem umgekehrt proportional dem Rohrdurchmesser. Bei einem Rohr von 1 cm Weite beträgt sie für Wasser etwa 18 cm in der Sekunde, bei einem Gerinne von 1 m Durchmesser demnach weniger als 2 mm! Unter diesen Umständen ist es ohne weiteres klar, daß in natürlichen Gewässern angesichts der Dimensionen ihrer Gerinne und Stromsysteme laminare Strömungen kaum zu erwarten sind. In jedem Bach oder Fluß bietet sich uns die Gelegenheit, die Turbulenzerscheinungen zu beobachten. Die Wirbel entstehen meist an kleinen Unebenheiten des Bettes, lösen sich, von der Strömung mitgenommen, als „Walzen“ mit horizontaler Achse ab, vergrößern sich beim Aufsteigen und enden schließlich an der Wasseroberfläche in flachen, aufquellenden Erhebungen. Dort, wo weder die Wasseroberfläche noch das Bett die kinetische Energie dieser Wirbelströme abbremsen, etwa im freien Wasser eines Sees, breiten sie sich senkrecht zur ursprünglichen Stromrichtung in die Umgebung aus und mischen die erfaßten Wassermassen. Diese Durchmischungserscheinungen, oder besser gesagt der Austausch benachbarter Massen mit allen ihren Eigenschaften, wie z. B. der Temperatur, den gelösten Stoffen und Suspensionen (Plankton), übertreffen in ihrer Bedeutung für das gesamte Getriebe eines Gewässers bei weitem den bloßen Transport des Wassers durch eine geordnete Strömung. In einem See wird jede wie immer geartete Strömung, mag es sich um die auf S. 25 besprochenen Windströmungen oder um die Massenverschiebungen der internen Seiches handeln, eine sich senkrecht zur Stromrichtung fortpflanzende Turbulenz auslösen. Da diese Strömungen im allgemeinen horizontal verlaufen und ihre Geschwindigkeit in den einzelnen Schichten verschieden ist, wird die Turbulenz vertikal, aber mit einer von Schicht zu Schicht verschiedenen Intensität wirksam sein, Tatsachen, die sowohl für den Stoffaustausch als auch für das Schweben der Planktonorganismen von oft ausschlaggebender Wirksamkeit sind. Wir müssen deshalb den besonders von W. Schmidt erforschten Gesetzmäßigkeiten der Turbulenz einige Worte widmen.

Da es nahezu unmöglich ist, den Weg der einzelnen Wirbelströme messend zu verfolgen, werden wir zweckmäßig den Gedankengängen Schmidts folgen und aus den Wirkungen der Turbulenz, dem Austausch, allgemeine Beziehungen abzuleiten versuchen. Die Möglichkeit dazu ergibt sich aus der Tatsache, daß die Austauschvorgänge in ihrem Effekt eine große Ähnlichkeit mit einer anderen physikalischen Erscheinung, der Wärmeleitung, besitzen, so daß wir berechtigt sind, die für die letztere abgeleiteten Formeln auch in unserem Fall anzuwenden. Besteht in einem Körper zwischen zwei um 1 cm voneinander entfernten Flächen ein Temperaturunterschied von s' °C (also ein Temperaturgefälle s'), so ist der „Wärmefluß“, welcher durch je 1 cm² einer senkrecht zur Richtung des Gefälles stehenden Fläche in einer Sekunde hindurchströmt, $S = k \cdot s'$, wobei k den Koeffizienten der Wärmeleitung des betreffenden Körpers bedeutet.

In einer ruhenden Wassermasse, die ein Wärmegefälle von oben nach unten aufweist, kann ohne äußere Einwirkung ein Ausgleich der Temperaturunterschiede nur durch Wärmeleitung erfolgen. Befindet sich jedoch dieselbe Wassermasse in einer die kritische Geschwindigkeit überschreitenden Strömung, so tritt durch den turbulenten Transport von warmem Wasser nach unten und kaltem nach oben ebenfalls ein Ausgleich der Unterschiede ein, nur in wesentlich kürzerer Zeit. Auf dem Wege dieser „Scheinleitung“ wird ebenfalls in der Zeiteinheit durch eine senkrecht zum Gefälle stehende Fläche Wärme verfrachtet und wir können ihre sekundliche Menge, je cm², ähnlich wie bei der einfachen Wärmeleitung, durch die Formel

$$S = A \cdot s'$$

ausdrücken. Dabei bedeutet s' wiederum das Gefälle in 1 cm Abstand; A ist ein Proportionalitätsfaktor, der vom Grade der Durchmischung, also der Intensität der turbulenten Austauschströme, abhängt. Wir nennen ihn die Austauschgröße (SCHMIDT), die nun nicht, wie bei der Wärmeleitung, dem betreffenden Stoff, in unserem Falle also dem Wasser, eigentümlich ist, sondern mit dem Bewegungszustand wechselt.

Aus unserer einfachen Formel ist zu ersehen, daß die Austauschgröße A ohne weiteres berechnet werden kann, wenn das Gefälle s' und die durch einen bestimmten Querschnitt je Sekunde hindurchgegangene Wärmemenge S bekannt sind. Letztere ergibt sich unschwer aus dem Zuwachs des Wärmeinhaltes, der in einem bestimmten Zeitabschnitt unterhalb der in Betracht gezogenen Tiefe eingetreten ist.

Als Beispiel für solche Berechnungen seien die Austauschgrößen angeführt, welche W. SCHMIDT für vier Tiefen des Lunzer Untersees in fünf Zeitabschnitten des Jahres ermittelt hat:

Tiefe, m	9. IV. bis 15. IV.	bis 8. V.	bis 20. VI.	bis 30. VII.
5	A = 2,02	0,73	0,57	0,18
10	2,41	0,55	0,38	0,06
15	2,24	0,32	0,21	0,04
20	—	0,20	0,04	0,01

Die Betrachtung dieser Zahlen ist in mehrfacher Hinsicht lehrreich. Zunächst ist zu ersehen, welch verschiedene Werte die durchschnittliche Austauschgröße im Verlaufe des Jahres und in vertikaler Richtung annimmt. Nur in dem ersten Zeitabschnitt, der mit der Frühjahrszirkulation des Sees zusammenfällt, ist A in allen untersuchten Tiefen gleichmäßig hoch. Nach der Ausbildung einer Temperaturschichtung nimmt sie allgemein ab und zeigt gleichzeitig große Unterschiede nach der Tiefe, die bei voll ausgebildeter Sommerstagnation ganz besonders hervortreten. Man sieht, wie sehr eine ausgebildete Temperatursprungschicht den Austausch hemmt; trotzdem ist er auch im Hypolimnion in geringem Ausmaß noch zu erkennen. Über die Austauschwerte des eigentlichen Epilimnions im Lunzer Untersee sagen die oben mitgeteilten Zahlen nichts aus, da die Sprungschicht meist schon oberhalb 5 m beginnt. Sie sind zweifellos wesentlich höher als die für 5 m angegebenen. In großen, der Windwirkung sehr ausgesetzten Seen, vor allem aber im Meere, erreicht A sehr hohe Werte. So berechnet SCHMIDT auf Grund von Beobachtungen im Mittelmeer A = 50 für eine Tiefe von 28 m. Auch für die Verhältnisse im Hypolimnion konnte MORTIMER eine Zunahme von A mit der Größe und Tiefe des Sees nachweisen.

Da vom Austausch nicht nur der Gehalt an Wärme, sondern auch jener an gelösten Stoffen (wie z. B. an Sauerstoff) erfaßt wird, gewinnen diese Vorgänge eine überragende Bedeutung für die Zufuhr und Verteilung der lebenswichtigen Substanzen in einem See, eine Bedeutung, die in immer steigendem Ausmaß von der limnologischen Forschung betont wird (vgl. GROTE). Sie sind auch von großer Wichtigkeit für die Fragen der vertikalen Verteilung des Planktons und anderer Suspensionen.

Bisher haben wir von zeitlichen Veränderungen der dem Austausch unterworfenen Eigenschaften abgesehen. In der Natur sind jedoch solche Veränderungen die Regel. So schwankt z. B. der Wärmegehalt der Oberflächenschichten eines Sees periodisch im Laufe des Tages und des Jahres. Wie pflanzt sich nun diese tägliche und jährliche Erwärmungswelle durch den Austausch nach der Tiefe hin fort? Zunächst ist es klar, daß ihre Phase eine zeitliche Verschiebung erfahren muß, daß also das Maximum der Erwärmung in einer bestimmten Tiefe später eintreten wird als an der Oberfläche, genau so, wie dies bei der einfachen Wärmeleitung der Fall ist. Ferner nimmt auch das Ausmaß der Schwankung, die Amplitude, nach unten hin ab. Es würde zu weit führen, die zur Berechnung dieser Verhältnisse dienenden Formeln hier zu erläutern und es sei diesbezüglich auf das Buch W. Schmidts verwiesen. Wir wollen uns lediglich damit begnügen, die Verzögerung der Welle und die Abnahme des Ausmaßes der Schwankung nach der Tiefe hin bei einfacher Wärmeleitung einerseits und der durch den Austausch bewirkten Scheinleitung andererseits an einem Beispiel zu vergleichen: Bei bloßer Wärmeleitung würde sich die Jahreswelle der Wassertemperatur in einer Tiefe von 7,7 m um ein Jahr verzögern und die Schwankung würde in 2,8 m Tiefe auf ein Zehntel abnehmen. Durch turbulente Scheinleitung dagegen würde dieselbe Jahreswelle bei einem Austauschwert $A = 1$ eine Verzögerung um ein Jahr erst in einer Tiefe von 199 m erfahren und das Ausmaß der Schwankung bei 73 m auf ein Zehntel abnehmen. Bei $A = 0{,}1$ (ein Wert, der unterhalb einer wohlausgebildeten Sprungschicht vorzukommen pflegt) wären die entsprechenden Zahlen 63 und 23 m. Wie sich diese Verhältnisse im Jahresgang der Temperatur verschiedener Tiefen eines Sees auswirken, zeigt die Abb. 14, welche die Verspätung der Maxima in 10, 15 und 20 m Tiefe sowie die Abnahme der Amplituden klar erkennen läßt (Schmidt). Der Gleichlauf im Steilabfall der Kurven während der herbstlichen Abkühlungsperiode ist darauf zurückzuführen, daß die normale Fortpflanzung der Temperaturwelle durch den weitaus größeren Austausch der Vertikalkonvektion überlagert und unterbrochen wurde.

Gegen die Berechnung der Austauschgrößen auf Grund von Temperaturmessungen könnte man einwenden, daß die in größeren Tiefen festgestellten Temperaturzunahmen nicht durch den Austausch, sondern durch Absorption der bis in diese Tiefen vordringenden Strahlung verursacht sein könnten (vgl. S. 25), daß also auf diesem Wege das Vordringen eines (wenn auch sehr gehemmten) Austausches durch die Sprungschicht hindurch nicht exakt nachgewiesen werden kann. Dieser Einwand ist unter Umständen berechtigt. Man kann aber den Vorgang des Austausches nicht nur an Änderungen der Temperatur, sondern auch an solchen des Salzgehaltes erkennen. So berechnete Mortimer sowohl auf Grund der Verteilung verschiedener Lösungsbestandteile

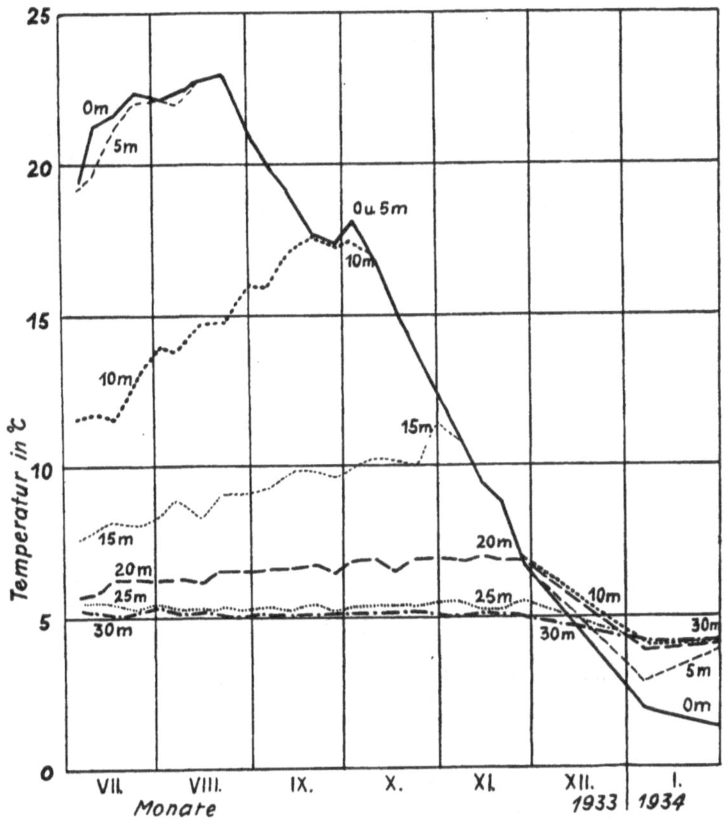

Abb. 14. Temperaturgang verschiedener Tiefen vom Sommer bis zum Winter im Klopeiner See (Kärnten), nach W. SCHMIDT

als auch auf Grund jener der Temperatur nahe übereinstimmende Werte von A für das Hypolimnion eines 13 m tiefen, nordenglischen Sees. Ferner konnten in einem großen, durch die Einleitung salzhältiger Industrie-Abwässer meromiktisch gewordenen Alpensee, dem nahezu 200 m tiefen Traunsee, die im Wechsel der Jahreszeiten in den oberen Schichten aufgetretenen Konzentrationsschwankungen mit einer gewissen Verspätung bis in die größten Tiefen verfolgt werden. Dabei gelang es (durch entsprechende Veränderungen der Einleitung der Abwässer) die Austauschbedingungen so weit zu verbessern, daß der in der Tiefe schon begonnene Sauerstoffschwund aufgehalten und ein allmählicher Anstieg des O_2-Gehaltes herbeigeführt wurde (RUTTNER 1937).

Im Vergleich zu ihren Austauschwirkungen ist, wie schon erwähnt wurde, die Kenntnis der Richtung und Lage der h o r i z o n t a l e n S t r ö m u n g e n für den Limnologen nicht von der gleichen Bedeutung wie für den Meeresforscher. Während die großen Meeresströme, weltenumspannend und das Klima von Kontinenten bestimmend, mit erheblicher Geschwindigkeit ungeheuere Räume durcheilen, sind im Vergleich dazu die entsprechenden Erscheinungen in den Binnengewässern nur schwächliche und innerhalb der Uferschranken gebundene Vorgänge, denen vielfach nur örtliches Interesse zu-

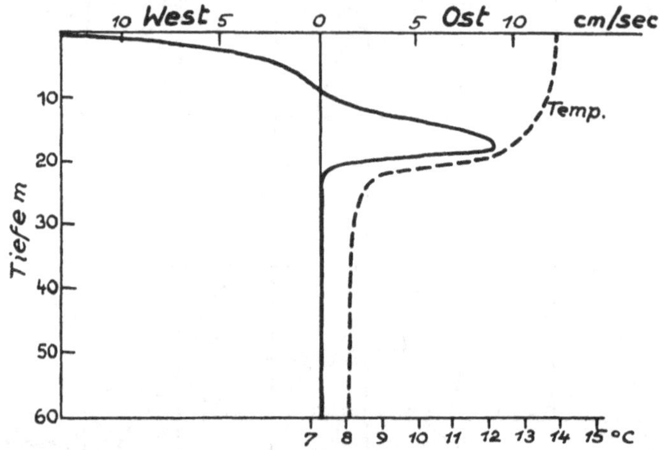

Abb. 15. Richtung und Intensität der horizontalen Strömungen in den einzelnen Tiefen des Loch Garry (Schottland) bei Westwind, nach Wedderburn (26. August 1909)

kommt. Wir können uns bei ihrer Besprechung um so kürzer fassen, als nur wenige exakte Messungen vorliegen. Solche sind z. B. die Untersuchungen Wedderburns über die Windtrift im Loch Garry (Schottland), deren Geschwindigkeiten so groß sind, daß sie mit dem in der Ozeanographie gebrauchten Ekmanschen Strömungsmesser bestimmt werden konnten. Abb. 15 zeigt ein Diagramm der Stromverteilung (nach Richtung und Stärke) in verschiedenen Tiefen. Die Umkehr der Stromrichtung erfolgt in einer Tiefe von rund 10 m und der Gegenstrom erreicht bei 18 m ein sehr erhebliches Maximum, um unmittelbar oberhalb der Temperatursprungschicht bis auf 0 abzufallen. Diese windbewirkte Rotation entspricht also in ihrem Verlauf und in ihrer Abhängigkeit von der Temperaturverteilung vollkommen dem auf S. 25 besprochenen Schema. Es ist aber ohne weiteres klar, daß bei der Ausbildung dieser Ströme die Gestaltung des Beckens sowie die Lage zum Wind eine erhebliche Rolle spielen und bei Auflösung in einzelne „Teil-Walzen“ ein kompliziertes

Bewegungssystem mit verschiedenen und wechselnden Richtungen verursachen kann. — In großen Seen erfolgt, wie im Meere, eine Beeinflussung der Strömungsvorgänge und der damit verbundenen Erscheinungen durch die Erdrotation (Coriolis-Effekt). Beobachtungen, die in diese Richtung deuten, wurden von Elster im Bodensee gewonnen und analysiert.

Strömungen von anderer Art sind jene, welche durch den Zu- und Abfluß bewirkt werden und insbesondere in den Fluß-Seen größere Bedeutung gewinnen. Sie wurden durch Auerbach und seine Mitarbeiter, ferner durch Wasmund und später durch Elster im Bodensee, wo das einströmende Rheinwasser entlang des Nordufers schon wegen seiner anderen Färbung oft auf weite Strecken verfolgt werden kann, genauer studiert. Wird der Weg, den dieser Zuflußstrom nimmt, durch die primäre Richtung des Einrinnes, durch die Morphologie des Beckens und auch durch die Erdrotation bestimmt, so hängt die Tiefe, in der er verläuft, ganz allgemein vom Schwereverhältnis der Wassermassen ab. In den meisten Fällen wird (während des Sommers) der Einrinn kälter, also schwerer sein als das Oberflächenwasser des Sees und deshalb absinken. Bekannt ist der „unterseeische Wasserfall" an der Einmündung des Rheins in den Bodensee („Rheinbrech"). Sobald das Einrinnwasser bis zu den Schichten größerer Dichte vorgedrungen ist, wird sein Absinken abgebremst und der Strom horizontal werden. Ähnlich, wie beim Gegenstrom der Windtrift, ist also auch hier die Temperatursprungschicht für den Strömungsverlauf ausschlaggebend. Daraus ergibt sich die für den Stoffhaushalt des Sees schwerwiegende Tatsache, daß die sommerliche Durchflutung, also die Wassererneuerung, nur die oberhalb des Dichtesprunges gelegenen Schichten betrifft und das Hypolimnion unberührt läßt. Der Beweis dafür wurde durch Beobachtungen im Lunzersee erbracht. Im Wechsel der Jahreszeiten ändert sich naturgemäß die Einschichtungstiefe und im Winter fließt das unter 4^0 abgekühlte Zuflußwasser, wofern ihm nicht ein höherer Salzgehalt oder die Beladung mit Sinkstoffen ein Übergewicht verleiht, oberflächlich. Der Abfluß saugt normalerweise das Oberflächenwasser bis zu geringen Tiefen hinab an und bewirkt dadurch während des Sommers erhebliche Wärmeverluste. Dieser Wärmeentzug und damit auch die Oberflächentemperatur des Sees wird von der Gestalt des Abflußprofiles beeinflußt (Brückner): ist dieses breit und flach, so ist der Verlust größer als bei einem schmalen und tiefen Profil. Seen, die einen unterirdischen Abfluß besitzen, sei es von Natur aus oder durch künstliche Abzapfung (Talsperren), zeigen vielfach besonders hohe Oberflächentemperaturen.

II. Die gelösten Stoffe und ihr Umsatz

Vollkommen reines Wasser kommt in der Natur nicht vor. Es sind stets Stoffe verschiedener Art darin gelöst, welche aus dem Boden, aus der Luft und aus dem Stoffwechsel der Organismen stammen. Auch das Regenwasser enthält, außer einer im Lösungsgleichgewicht mit der atmosphärischen Luft stehenden Gasmenge, zwar geringe, aber keineswegs bedeutungslose Mengen lebenswichtiger Stoffe. Von dem minimalen Gehalt des Regenwassers bis zu den gesättigten Lösungen der Salzseen, deren Ufer und Oberflächen sich mit auskristallisierenden Krusten bedecken, sind in den natürlichen Gewässern alle Konzentrationsstufen vertreten. Alle — auch die extremsten — sind von Organismen bewohnt, wofern nicht giftige Stoffe und zu hohe Temperaturen das Leben ausschließen. Allerdings ist die Zusammensetzung der Lebensgemeinschaften in hohem Maße vom Salzgehalt des Milieus abhängig. Eine Begrenzung der Artenzahl tritt jedoch im allgemeinen erst bei Konzentrationen auf, welche jene des Meerwassers (3—4%) übersteigen. Darüber hinaus wird es den Pflanzen und Tieren immer schwerer, das osmotische Gleichgewicht aufrechtzuhalten, und die Artenzahl nimmt ab. Lehrreiche Beispiele hiefür haben die Untersuchungen THIENEMANNS über die Salzgewässer Westfalens erbracht. Bei einem Salzgehalt bis zu 3% leben dort 64 Arten von Tieren, von 3—10% 38, 10—16% 12 und 16—20% nur mehr eine Art, diese aber mitunter in riesiger Individuenzahl.

Jedes Gewässer, mag es nun — wie es bei der überwiegenden Mehrzahl der Bäche, Flüsse und Seen des Binnenlandes der Fall ist — eine sehr verdünnte Lösung von wenigen Hundertstelprozenten sein oder hohe Konzentrationen aufweisen, muß für die darin lebenden Pflanzen, soweit sie nicht im Schlamm wurzeln, als Nährlösung dienen, muß ihnen jene Elemente in geeigneter Form vermitteln können, die sie zum Aufbau ihres Körpers unbedingt brauchen. Es werden also überall dort, wo Pflanzen gedeihen, Nährstoffe dem umgebenden Wasser entzogen, andererseits aber auch durch die Abgabe von Stoffwechselprodukten einschneidende Veränderungen in der chemischen Beschaffenheit des Lebensraumes verursacht. Führen die Lebensvorgänge in den oberen gut durchleuchteten Schichten zu einem Verbrauch an gelösten Nährstoffen, so ist ihre Wirkung in jenen Tiefen der Seen, wo infolge des Lichtmangels ein produktives Pflanzenleben unmöglich ist und der bakterielle Abbau der absinkenden organischen Substanz überwiegt, gerade entgegengesetzt. Hier fällt das, was unter der Oberfläche unter Ausnützung der Lichtenergie aufgebaut wurde, der Spaltung in seine anorganischen

Bausteine anheim, die wiederum in Lösung gehen und den Gehalt des Tiefenwassers an Nährstoffen erhöhen.

So gliedert sich auch in produktionsbiologischer Hinsicht ein See vertikal in zwei grundverschiedene Räume, in denen sich gegenläufige Prozesse abspielen: den Raum des lichtbedingten Aufbaues, die Nährschicht (trophogene Schicht), und den darunterliegenden Raum des Abbaues, die Zehrschicht (tropholytische Schicht). Von besonderer Wichtigkeit ist die Tatsache, daß während der Sommerstagnation die erstere im wesentlichen mit dem Epilimnion (vielfach zuzüglich des Metalimnions), die letztere mit dem auch statisch abgesonderten Hypolimnion zusammenfällt.

Die durch diese Lebensvorgänge in der Verteilung der Stoffe verursachten Unterschiede bezeichnen wir als biochemische Schichtung. Es ist ganz unmöglich, den Chemismus eines Gewässer-Biotopes zu verstehen, ohne die kausalen Zusammenhänge mit dem Stoffwechsel seiner Lebensgemeinschaft zu berücksichtigen. Nur jene gelösten Stoffe, die entweder für das Leben bedeutungslos oder in einer im Verhältnis zum Bedarf übergroßen Menge vorhanden sind, werden durch die Lebensvorgänge in ihrer Menge und Beschaffenheit keine merkliche Veränderung erfahren.

Der Gesamtgehalt des Wassers an gelösten, festen Stoffen, den wir leicht durch Abdampfen etwa eines Liters gewinnen und wägen (Abdampfrückstand) oder auch durch andere Methoden, z. T. durch die einfache Messung des elektrolytischen Leitvermögens, bestimmen können, besteht bei normalen „süßen" Gewässern in der Hauptsache aus einigen wenigen Salzen: aus Karbonaten, Sulfaten, Chloriden des Kalziums, Magnesiums, Natriums und Kaliums, ferner aus Eisen- und Manganverbindungen, welche nur unter besonderen Umständen nennenswert auftreten, aus Kieselsäure und aus geringen Mengen von Stickstoff- und Phosphorverbindungen. Dazu kommen noch organische Substanzen in wechselndem, aber selten bedeutendem Ausmaß. Außer diesen „festen Substanzen" enthält jedes Wasser noch eine gewisse Menge von Gasen in Lösung, welche in den Fällen, wo eine Berührung mit Luft besteht, annähernd durch das Lösungsgleichgewicht bestimmt wird. Es ist mit Sicherheit anzunehmen, daß in allen Gewässern außer den genannten noch viele andere Elemente vorkommen, wenn auch in so großer Verdünnung, daß sie sich den üblichen chemischen Nachweismethoden entziehen. Die Bedeutung dieser „Spurenelemente" für das Leben darf jedoch keineswegs unterschätzt werden. Die pflanzenphysiologische Forschung der letzten Jahre hat gelehrt, daß außer den zehn bekannten, für den Pflanzenaufbau unerläßlichen Grundstoffen C, H, O, N, P,

S, Ca, Mg, K, Fe eine erhebliche Anzahl anderer für das Gedeihen nicht nur förderlich, sondern sogar notwendig ist, wenn auch zum Teil in unvorstellbar kleinen Mengen.

Als Beispiele für die Größenordnung des Abdampfrückstandes in normalen Süßwasserseen seien angeführt: die Mehrzahl der Alpenseen mit 100—200 mg im Liter, baltische Seen mit 200—400 mg und schließlich die besonders in Skandinavien verbreiteten salzarmen Seen mit weniger als 50 mg.

Wie im Meere die Chloride, so übertreffen im Süßwasser die Karbonate, und zwar in den meisten Fällen der doppelkohlensaure Kalk, alle anderen anorganischen Bestandteile bei weitem an Menge.

Es gibt ein einfaches Verfahren, den Prozentanteil der Karbonate am Gesamtsalzgehalt zu ermitteln. Der Gehalt des Wassers an Karbonaten wird nach der üblichen Methode durch Titrieren von 100 ccm mit einer zehntelnormalen Salzsäure gegen Methylorange als Indikator bestimmt („Alkalinität“ = Säurebindungsvermögen, SBV).

Das elektrolytische Leitvermögen von Kalziumbikarbonatlösungen ist bekannt und kann für die Konzentrationen bis Alkalinität 5 einem mit Hilfe der folgenden Daten konstruierten Diagramm entnommen werden:

Alkalinität (Milliäquivalente)	Leitvermögen ($K_{18} \cdot 10^3$ = reziproke Megohm)
1	85
2	166
3	244
4	320
5	394

Vergleicht man diesen für ein bestimmtes Wasser ermittelten Wert (Karbonatleitvermögen) mit dem direkt gemessenen Gesamtleitvermögen des Wassers, so erhält man den Anteil der Karbonate an der Gesamtkonzentration mit großer Annäherung, denn das elektrolytische Leitvermögen ist bei verdünnten Lösungen direkt proportional dem Gehalt an gelösten Elektrolyten und bei gleichem Äquivalentgehalt für die in Betracht kommenden Salze nicht sehr verschieden. Der Anteil der Karbonate am Salzgehalt unserer Seen beträgt in sehr vielen Fällen um 90% [1]). — Es ist üblich, den Gehalt eines Wassers an Karbonaten als Karbonathärte zu bezeichnen und, auf CaO umgerechnet, in Härtegraden anzugeben (1 deutscher Härtegrad = 10 mg CaO in 1 Liter Wasser, 1 französischer H. G. = 10 mg $CaCO_3$ im Liter; man erhält die Anzahl der Härtegrade, indem man die Alkalinität, d. i. die Anzahl von ccm n/10

[1]) In Gebieten, wo die Gewässer aus geologischen Gründen einen sehr geringen Salzgehalt aufweisen, ist der Karbonatanteil meist geringer. So ergab die Untersuchung von 530 Seen des nordöstlichen Wisconsin (Juday und Birge 1933), deren $K_{18} \cdot 10^6$ zwischen 5 und 124 lag, bei 131 Seen einen Karbonatanteil bis 50%, bei 186 Seen von 50—75% und nur bei 159 Seen (also bei 30%) mehr als 90%. Ähnliche Verhältnisse dürften in Skandinavien vorliegen. In einigen Seen Schwedens fanden Åberg und Rodhe Karbonatanteile von nur 16% (bei einem Gesamtleitvermögen von 50 10^{-}). Auch hochkonzentrierte Wässer, die aus irgendwelchen Gründen reichlich Sulfate oder Chloride enthalten, werden selbstverständlich einen geringen Karbonatanteil aufweisen.

HCL, die man beim Titrieren von 100 ccm Wasser verbraucht hat, mit 2,8 bzw. mit 5 multipliziert). Neben der Karbonathärte unterscheidet man die Gesamthärte, d. i. die wiederum in Härtegraden ausgedrückte Gesamtmenge der Erdalkalien, ohne Rücksicht darauf, an welches Anion sie gebunden sind. Damit werden also neben den Karbonaten auch die Sulfate und Chloride des Kalziums und Magnesiums erfaßt. Unter bleibender (d. h. durch Kochen nicht zerstörbarer) Härte versteht man in der Hauptsache die als Sulfat oder Chlorid vorhandenen Erdalkalien.

1. Der Kreislauf der Kohlensäure

Schon mit Rücksicht auf das unbedingte Vorherrschen der Karbonate, dann aber auch in Erwägung der Tatsache, daß der Kohlenstoff das Grundelement im organischen Aufbau ist, werden wir unsere Betrachtungen über den Stoffumsatz in den Gewässern mit dem Kreislauf der Kohlensäure beginnen. Das zur Erde niederfallende Regenwasser enthält eine geringe, durch das Lösungsgleichgewicht mit der atmosphärischen Luft bestimmte Menge von Kohlendioxyd in Lösung. Da der Absorptionskoeffizient des Wassers bei 15° C für $CO_2 = 1$ und der Gehalt der Luft rund 0,03 Volumprozente ist, wird diese im Regenwasser enthaltene Menge ungefähr 0,3 ccm bzw. 0,6 mg im Liter betragen. Dieses CO_2 geht jedoch mit dem Wasser zum Teil in eine Bindung ein und es entsteht H_2CO_3, die eigentliche Kohlensäure, welche durch eine (allerdings schwache) Dissoziation in H^+ und HCO_3^--Ionen ihren Säurecharakter verrät. Beim Eindringen in den Boden kommt das Regenwasser mit der Bodenluft der Humusschicht in Berührung. Da diese infolge der Atmung der Pflanzenwurzeln und Mikroorganismen wesentlich CO_2-reicher ist als die Atmosphäre, belädt es sich um so mehr mit CO_2, je länger es durch diese Vegetationsschicht sickert. Außerdem trifft es, insbesondere in den tieferen, mineralischen Bodenschichten, meist auf Kalk, der, an sich wohl sehr wenig wasserlöslich, bei Anwesenheit von H_2CO_3 reichlich in Lösung geht, und zwar als $Ca(HCO_3)_2$ (doppelkohlensaurer Kalk, Kalziumbikarbonat). Der Bikarbonat-Gehalt des schließlich irgendwo wieder austretenden Quellwassers wird also in der Hauptsache von zwei Faktoren abhängen: Vom Kalkgehalt des Untergrundes und vom Kohlensäuregehalt des Wassers. Da der erstere auch außerhalb der Kalkgebiete, wo kristallines Gestein den Untergrund bildet, in den Verwitterungsprodukten von Feldspaten usw. oft reichlich vorhanden ist, wird in vielen Fällen der Kohlensäuregehalt der ausschlaggebende Faktor sein. So kann es z. B. vorkommen, daß die Quellen der kalkarmen, aber undurchlässigen Flysch- und Keuperböden des Alpenvorlandes wesentlich kalkreicher sind als jene des Kalkgebirges, in dessen klüftigem Gestein das Regenwasser rasch versickert und wenig

Möglichkeit hat, sich in den oberen Bodenschichten mit CO_2 zu beladen.

Aber nicht der g a n z e CO_2-Gehalt des Wassers wird zur Auflösung des Kalkes verwendet, bzw. geht in der Bindung $Ca(HCO_3)_2$ auf. Soll das Kalziumbikarbonat beständig sein, so muß eine gewisse ü b e r s c h ü s s i g e Menge von CO_2 frei in der Lösung verbleiben, eine

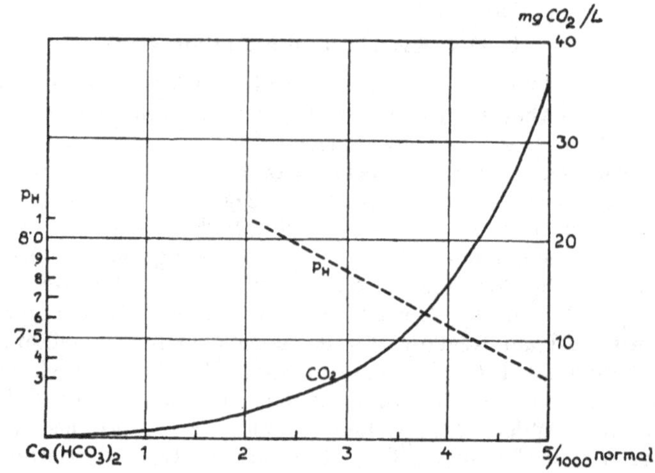

Abb. 16. Gleichgewichtskohlensäure und p_H in Lösungen von doppelkohlensaurem Kalk von verschiedenem Gehalt, nach TILLMANS und SCHÄPERCLAUS. $^1/_{1000}$ normal $Ca(HCO_3)_2$ = 20 mg Ca im Liter = Alkalinität 1

Menge, die mit wachsendem Kalkgehalt sehr rasch ansteigt (vgl. Abb. 16). Man nennt diese freie Kohlensäure, welche notwendig ist, um den Kalk in Lösung zu erhalten, die G l e i c h g e w i c h t s - k o h l e n s ä u r e. Sie ist selbstverständlich auch unfähig, weiteren Kalk aufzulösen; dies vermag erst eine den Gleichgewichtswert übersteigende Menge, die sogenannte a g g r e s s i v e K o h l e n s ä u r e. Wird einer Lösung von Kalzizumbikarbonat durch irgendeinen Vorgang die Gleichgewichtskohlensäure entzogen, so tritt Zerfall nach der Formel ein:

$$Ca(HCO_3)_2 = CaCO_3 + H_2O + CO_2.$$

Dieser Vorgang schreitet unter dem Ausfallen des schwer löslichen $CaCO_3$ so lange fort, bis wiederum so viel freie CO_2 sich in Lösung befindet, als den Gleichgewichtsverhältnissen entspricht. Das Entweichen der Gleichgewichts-CO_2 in die Luft beginnt schon beim Austritt der Quelle aus dem Boden. Ist ihr Wasser sehr kalkreich, so finden wir, und zwar nicht unmittelbar am Quellmund, sondern etwas unterhalb, das Bachbett und die darinliegenden Steine, Blätter, Moose usw. mit dicken Krusten von ausgefallenem Kalkkarbonat bedeckt. Bei niedrigerem Kalkgehalt erfolgt jedoch der Zerfall sehr langsam und deshalb ist das Wasser vieler Bäche und Seen „übersättigt", d. h. es enthält mehr Kalk, als es bei seinem CO_2-Gehalt haben sollte.

Als Salz ist das Kalziumbikarbonat in sehr verdünnter Lösung nahezu vollständig dissoziiert:

$$Ca(HCO_3)_2 \rightleftharpoons Ca^{++} + 2\, HCO_3^-.$$

Außerdem tritt, da die Kohlensäure eine schwache Säure ist, Hydrolyse ein:

$$HCO_3^- + H_2O \rightleftharpoons H_2CO_3 + OH^-.$$

Wir haben also in einer Lösung von doppelkohlensaurem Kalk ein recht kompliziertes System vor uns: freies Kohlendioxyd (CO_2); teils undissoziierte, teils dissoziierte Kohlensäure (H_2CO_3, HCO_3^-, H^+); dissoziiertes Kalziumbikarbonat (Ca^{++}, HCO_3^-); schließlich Hydroxyl-Ionen (OH^-) als Ergebnis der Hydrolyse. Da die Menge dieser OH^- größer ist als jene der bei der Dissoziation der H_2CO_3 entstehenden H^+-Ionen, reagiert eine Lösung von Kalziumbikarbonat schwach alkalisch.

Die Reaktion des Wassers gehört zu jenen Umweltbedingungen, welche die Zusammensetzung der Biozönosen und ihr Lebensgetriebe sehr auffällig lenken; daher gewinnt der Bikarbonatgehalt durch seinen Einfluß auf diese Eigenschaft (ganz abgesehen von seinem Wert als Quelle des wichtigsten Nährstoffes) eine überragende Bedeutung für viele Probleme der Limnologie. Wir müssen daher auf diese Verhältnisse und die Rolle, welche dem Lösungssystem der Bikarbonate dabei zukommt, etwas näher eingehen.

Bekanntlich ist auch absolut reines, unter allen Vorsichtsmaßregeln und Ausschluß der Luft destilliertes Wasser selbst schwach dissoziiert. Das Produkt der jeweils vorhandenen $[H^+]$- und $[OH^-]$-Ionen ist eine Konstante (die Dissoziationskonstante des Wassers, kw); sie ist ein sehr kleiner Wert und beträgt rund 10^{-14}. Vollkommen reines Wasser reagiert neutral, d. h. H^+ und OH^- sind in genau gleicher Menge, und zwar, da $H^+ \cdot OH^- = kw$, also 10^{-14} ist, je in der Größenordnung 10^{-7} vorhanden. (Ein Liter neutrales Wasser enthält somit ein zehnmillionstel Gramm-Ion H^+ bzw. OH^-.)

Befindet sich ein Salz, eine Säure oder eine Base in Lösung, deren Dissoziation H^+ bzw. OH^- ergibt, so werden die entsprechenden Ionen des reinen Wassers um ein bestimmtes Vielfaches vermehrt. Da aber kw nach der oben angeführten Gleichung unter allen Umständen konstant ist, muß gleichzeitig die Konzentration der anderen Ionen-Art um das gleiche Vielfache abnehmen. Man braucht also nur die Menge der einen Ionen-Art zu bestimmen und ist übereingekommen, zur Charakterisierung der Reaktion einer Lösung die Wasserstoffionenkonzentration ($[H^+]$, Wasserstoffzahl) zu wählen. Der Bequemlichkeit halber schreibt man hierfür lediglich den Logarithmus (ohne das negative Vorzeichen) der Wasserstoffzahl. Dieser Wasserstoffexponent wird mit p_H bezeichnet. Bei neutraler Reaktion ist somit $[H^+] = 10^{-7}$ und $p_H = 7$; bei sauerer Reaktion ist $[H^+]$ größer als 10^{-7} (z. B. 10^{-5} und $p_H = 5$); bei alkalischer Reaktion ist $[H^+]$ kleiner als 10^{-7} (z. B. 10^{-9} und $p_H = 9$).

Destilliertes Wasser, das der Berührung mit der Luft ausgesetzt war, oder auch das Regenwasser in der Natur sind niemals neutral, sondern reagieren sauer wegen der gelösten und H^+-Ionen abgebenden Kohlensäure. Der p_H beträgt meist 4—5. Treibt man die Kohlensäure aus, z. B. durch Kochen, so steigt der p_H-Wert bis nahe an 7. Wenn in dem Wasser Salze starker Säuren mit starken Basen, „Neutralsalze", wie z. B. Kochsalz, gelöst sind, wird die Reaktion durch diese nicht beeinflußt, sondern lediglich durch die absorbierte Kohlensäure bestimmt. Jedes Hinzufügen auch nur von Spuren einer Säure oder Base bewirkt sowohl im destillierten Wasser wie auch in Neutralsalzlösungen gewaltige Schwankungen des p_H-Wertes.

Wesentlich anders liegen die Verhältnisse dann, wenn das Wasser doppelkohlensauren Kalk gelöst enthält. Hier wird, wie schon oben gesagt wurde, die Reaktion durch das Verhältnis von CO_2 und Karbonat, genauer der aus der Dissoziation von H_2CO_3 entstandenen H^+ und der von der Hydrolyse des Bikarbonates stammenden OH^-, bedingt (vgl. Abb. 16). Fügt man dieser Lösung etwas Säure zu, so wird ein Teil des Bikarbonates gespalten, die Säure jedoch gleichzeitig gebunden. Die an ihrer Stelle freiwerdende CO_2 vermag bei ihrer schwachen Dissoziation die Menge der H^+-Ionen nur geringfügig zu vermehren und daher das oben erwähnte, maßgebende Verhältnis und damit auch die Reaktion nur wenig zu verändern. Die auftretende Abnahme des p_H-Wertes steht in gar keinem Verhältnis zu der Menge der zugesetzten Säure. Erst wenn bei weiterem Zufügen das Bikarbonat restlos verbraucht ist, wird die Reaktion plötzlich stark sauer. Wir beobachten diesen Vorgang an dem unvermittelten Farbumschlag von Methylorange beim Bestimmen des Bikarbonatgehaltes durch Titrieren mit Salzsäure. Wenn wir andererseits etwas Lauge hinzufügen oder die CO_2 austreiben, so bleibt ebenfalls die Verschiebung der Reaktion (nach der alkalischen Seite) in mäßigen Grenzen, denn aus dem verbleibenden Bikarbonat wird wiederum Gleichgewichts-CO_2 abgespalten, während die Hydroxylionen der etwa zugesetzten Lauge unter Kalkausfällung gebunden werden: $Ca(HCO_3)_2 + KOH = CaCO_3 + KHCO_3 + H_2O$. — Die in Seen mit normalem Kalkgehalt beobachteten Reaktionsschwankungen überschreiten nur selten die Grenzen von p_H 7—9. Größer können sie einerseits in Quellen von sehr hohem

CO_2-Gehalt (Säuerlingen), andererseits in von Pflanzen durchwucherten Tümpeln werden.

Die bemerkenswerte und lebenswichtige Eigenschaft, Reaktionsschwankungen weitgehend zu bremsen und auszugleichen, teilen die Karbonat-Kohlensäuregemische mit anderen Säure-Salzkombinationen. Man nennt diese Gemische schwacher Säuren mit ihren Salzen Puffer oder Regulatoren. Die Reaktion ihrer Lösungen wird, um noch einmal zusammenzufassen, nicht von der Höhe der Konzentration, sondern von dem Verhältnis Säure : Salz bestimmt und daher durch Verdünnung kaum geändert. Ferner sind sie in bezug auf ihre Wasserstoffzahl widerstandsfähiger gegen saure oder alkalische Verunreinigungen als nicht gepufferte Lösungen von gleichem p_H. Durch Verdünnung mit Wasser wird allerdings diese Widerstandsfähigkeit, der Pufferungsgrad, herabgesetzt, was nach dem oben Gesagten ohne weiteres verständlich ist. Vom Bikarbonatgehalt hängt es ab, ob ein Wasser gut oder schlecht gepuffert ist. Puffergemische spielen im Leben der Organismen eine außerordentlich wichtige Rolle. Alle Körperflüssigkeiten sind mehr oder weniger gepuffert; Blut ist ein Karbonat-Puffer, Harn ein Phosphat-Puffer.

Unter diesen Umständen ist es ohne weiteres klar, daß das Fehlen oder Vorhandensein von Bikarbonaten darüber entscheidet, ob ein Gewässer sauer oder alkalisch reagiert. Da der Neutralpunkt innerhalb der Lebewelt eine scharfe Scheidung bewirkt, in dem Sinne, daß viele (aber keineswegs alle!) Arten entweder nur im alkalischen oder nur im sauren Bereich gedeihen, wird der Gehalt an kohlensaurem Kalk zu einem maßgebenden Faktor für die Zusammensetzung der Lebensgemeinschaften. Bei Algenproben genügt oft ein flüchtiger Blick ins Mikroskop, um festzustellen, ob sie aus sauren oder alkalischen Gewässern stammen. Dabei ist der Pufferungsgrad von großer Bedeutung. Er entscheidet über das Ausmaß und den Bereich der in den Gewässern vorkommenden p_H-Schwankungen. Sehr schwach gepufferte Wässer können je nach den Umständen sauer oder alkalisch reagieren. Die Bestimmung des Bikarbonatgehaltes (welche in der oben angegebenen Weise sehr einfach durchzuführen ist) muß also bei limnologischen Untersuchungen die p_H-Messung ergänzen[1]). Für die letztere gibt bei natürlichen Wässern

[1]) Wegen der Wichtigkeit, welche der Beziehung Bikarbonat — freies Kohlendioxyd — p_H in Bikarbonatlösungen für viele limnologische Fragen zukommt, sei eine Hilfstabelle gebracht, welche es gestattet, einen der 3 Faktoren zu ermitteln, wenn die beiden anderen bekannt sind. Diese Beziehung ergibt sich aus der Formel: mg CO_2/Liter $= \frac{44}{3{,}72 \cdot 10^{-7}}\ 10^{-p_H} \cdot A$ (44: Äquivalentgewicht

das kolorimetrische Verfahren bei entsprechender Verfeinerung die sichersten Ergebnisse.

Die natürlichen Lösungen von doppelkohlensaurem Kalk, als welche wir ja die Mehrzahl der Binnengewässer auffassen können, stehen überall unter dem Einfluß des pflanzlichen und tierischen Stoffwechsels, der durch die Aufnahme und Abgabe von CO_2 das Puffergemisch verändert und das Gleichgewicht stört. Diese Eingriffe sind sehr tief und nachhaltig. Sie treten in jedem belebten Gewässer mehr oder weniger in Erscheinung, besonders auffällig aber in der biochemischen Schichtung der Seen.

Wenn wir nun dieses Geschehen näher betrachten wollen, so müssen wir mit dem Fundamentalprozeß des aufbauenden Lebens, der Kohlensäureassimilation oder der Photosynthese der Pflanzen, beginnen. Bekanntlich läuft dieser verwickelte Vorgang, von dem wir nur die Ausgangs- und Endprodukte sicher kennen, unter Ausnützung der Lichtenergie nach der folgenden Grundformel ab:

$$6\,H_2O + 6\,CO_2 = C_6H_{12}O_6 + 6\,O_2.$$

Durch den Aufbau der Kohlehydrate (Zucker, Stärke) greift also der Assimilationsprozeß in zweifacher Weise in den Stoffhaushalt der Gewässer ein: durch den Entzug von Kohlensäure und durch die Abgabe des gleichen Volumens Sauerstoff. Mit der Wirkung der letzteren wollen wir uns später beschäftigen und vorderhand nur die CO_2-Aufnahme betrachten. Hiefür steht den Wasserpflanzen das gelöste freie CO_2 und darüber hinaus noch der in den Bikarbonaten gespeicherte Vorrat zur Verfügung. Da beim Entzug des CO_2 das Bikarbonat unter Abscheidung von $CaCO_3$ zerfällt, könnte die Hälfte des chemisch gebundenen CO_2 (die „halbgebundene" Kohlensäure) nutzbar gemacht werden. Die Kalkkrusten, welche die Oberseiten der Blätter vieler untergetauchter Wasserpflanzen, z. B. der Laich-

d. CO_2; 3,72 10^{-7}: erste Dissoziationskonstante d. Kohlensäure bei 15° C)

p_H	Faktor	p_H	Faktor
6,0	118	7,0	12
6,1	94	7,1	9,4
6,2	75	7,2	7,5
6,3	59	7,3	5,9
6,4	47	7,4	4,7
6,5	37	7,5	3,7
6,6	30	7,6	3,0
6,7	24	7,7	2,4
6,8	19	7,8	1,9
6,9	15	7,9	1,5
7,0	12	8,0	1,2

Alkalinität × Faktor = Milligramm CO_2 im Liter. bei 15° C.

kräuter und der Wasserpest, bedecken, sind ein offensichtlicher Beweis für die Kalkausfällung durch den Assimilationsprozeß.

Anfangs nahm man an, daß die Wasserpflanzen lediglich die Fähigkeit hätten, das freie Kohlendioxyd aufzunehmen und die Kalkausfällung automatisch durch Störung des Gleichgewichts erfolge, daß also die Assimilation der submersen Gewächse sich in keiner Weise von jener der Landpflanzen unterscheide. Spätere Untersuchungen (Ruttner 1921) haben aber gezeigt, daß die Verhältnisse keineswegs so einfach liegen. Die Entkalkung des Wassers durch assimilierende Pflanzen erfolgt viel rascher und vor allem vollständiger als dies auch bei gänzlichem Entzug des freien CO_2 der Fall ist. Ferner beweist das Auftreten einer stark alkalischen Reaktion (bis $p_H = 11$) im Versuchsgefäß sowie große Veränderungen des Äquivalentleitvermögens[1]), daß noch andere Vorgänge mitspielen müssen. Es ergab sich, daß die echten Wasserpflanzen auch die bei der Dissoziation des Bikarbonats auftretenden HCO_3^--Ionen aufzunehmen und diese durch OH^- zu ersetzen vermögen. Durch diesen Ionen-Austausch entstehen zum größten Teil ausfallendes $CaCO_3$ und H_2O. Es wird also das Bikarbonat von der Pflanze aktiv gespalten und im Assimilationsprozeß verwertet. Dieser Vorgang steht aber auch dann noch nicht still, wenn alles Bikarbonat gespalten und nur mehr Monokarbonat, $CaCO_3$, vorhanden ist. Auch dieses ergibt bei der Hydrolyse HCO_3^--Ionen ($CaCO_3 + H_2O = Ca^{++} + HCO_3^- + OH^-$), die gegen OH^- ausgetauscht werden können. Das Ergebnis ist das Auftreten von Kalziumhydroxyd, welches die stark alkalische Reaktion am Endpunkt der Versuche erklärt. Das gleiche tritt ein, wenn man Lösungen von K- oder Na-Bikarbonat benützt; ja, die Ergebnisse sind noch klarer, weil hier keine Konzentrationsabnahme durch Fällung stattfindet.

Man kann diese Verhältnisse, wenigstens zum Teil, anschaulich machen, wenn man 1—2 fingerlange Sprosse der Wasserpest mit Leitungswasser in zwei kleine Kölbchen füllt, wenige Tropfen einer Phenolphthalein-Lösung zufügt und ein Kölbchen dem Licht aussetzt, das andere verdunkelt. Sehr bald sieht man in dem belichteten Gefäß an der Oberseite der Blätter rote Wölkchen auftreten und nach einigen Stunden nimmt das ganze Gefäß infolge der eingetretenen, stark alkalischen Reaktion eine tiefrote Farbe an, während das verdunkelte farblos bleibt. Durch Einblasen von Atemluft (CO_2) kann man die rote Färbung wieder zum Verschwinden bringen. Mißt man das elektrolytische Leitvermögen oder bestimmt die Alkalinität am Beginn und am Ende des Versuches, so kann man eine sehr bedeutende Verringerung der Konzentration durch den Kalkausfall feststellen. Auf diese Weise kann man auch die Menge des ausgefällten Kalkes und der assimilierten CO_2 messen.

Aber nicht alle Wasserpflanzen besitzen die Fähigkeit des aktiven Bikarbonatabbaues, wie sie bei den submersen Phanerogamen und bei vielen, wenn nicht

---

[1]) Das „Äquivalentleitvermögen" (Λ) ist der Quotient des elektrolytischen Leitvermögens (K_{18}) einer Lösung geteilt durch deren Äquivalentkonzentration. Es ist bei Lösungen, welche H^+ oder OH^--Ionen enthalten, wesentlich höher als in solchen von Neutralsalzen. So ist z. B. Λ von $NaHCO_3 = 80$, von $Na_2CO_3 = 112$ und von $NaOH = 208$ (in einer Lösung der Alkalinität 1). Man kann somit, wenn die Konzentration einer Lösung bekannt ist, aus dem Leitvermögen feststellen, wieviel Prozent Karbonat bzw. Hydroxyd sie enthält (Ruttner 1948). Man verwendet hierzu ein Nomogramm, in das die Leitfähigkeitskurven von Bikarbonat-Karbonat-Hydroxyd-Gemischen bei verschiedenen Äquivalentkonzentrationen (Alkalinitäten) eingetragen sind.

allen Algen festzustellen ist. Sie fehlt z. B. den Wassermoosen. Diese vermögen nur freies Kohlendioxyd auszunützen und dementsprechend bleibt auch im Versuch der p_H relativ niedrig (um p_H 9) und eine wesentliche Erhöhung des Äquivalentleitvermögens tritt nicht ein (RUTTNER 1947, STEEMANN-NIELSEN 1947). Diesem physiologischen Verhalten entspricht auch das Auftreten der Wassermoose in der Natur: wir finden sie nur dort, wo freies Kohlendioxyd im Wasser vorhanden ist, wie z. B. in Grundwasseraustritten, Gebirgsbächen, in Moortümpeln; in Seen nur in dem mit der Luft im Austausch stehenden Eulitoral, sowie wieder in größeren Tiefen, wo, wie weiter unten gezeigt werden wird, der CO_2-Gehalt wieder zunimmt. Dagegen können sich submerse Phanerogamen und Algen, welche Bikarbonat abbauen, auch in der alkalischen, meist kohlensäurefreien Uferregion üppig entwickeln.

Die Berücksichtigung aller dieser mit der CO_2-Assimilation verknüpften Vorgänge sowie auch des gegenläufigen Prozesses, der pflanzlichen und tierischen Atmung, ist unerläßlich, wenn wir die in den Gewässern auftretenden Veränderungen des Kohlensäure- und Bikarbonatgehaltes sowie der Reaktion verstehen wollen. Am klarsten erkennen wir diese Beziehungen wiederum an der Stoffverteilung in den Seen. Zur Zeit der Frühjahrszirkulation, nach dem Auftauen der Eisdecke, ist infolge der durchgreifenden Mischung der Gehalt an CO_2 und Bikarbonat sowie die Reaktion in allen (von der Umschichtung ergriffenen) Tiefen annähernd gleich. Der Zustand wird in vielen Fällen dem einer im CO_2-Gleichgewicht stehenden Bikarbonat-Lösung ähnlich sein, wie wir ihn auch im Quell- und Leitungswasser in der Regel vorfinden. In kalkreichen Seen wird man allerdings häufig auch schon zu dieser Zeit ein CO_2-Defizit feststellen können, wenn das Wasser (etwa in den Zuflüssen) Gelegenheit hatte, mit der Luft in Austausch zu treten. Diese Verluste setzen sich an der Oberfläche des eisfreien Sees selbstverständlich fort, mit der Tendenz, das Lösungsgleichgewicht mit dem CO_2-Gehalt der Luft herzustellen und haben auch eine gewisse Verarmung an Kalk zur Folge. Aber diese nur physikalisch bedingten Veränderungen sind besonders bei tieferen Gewässern gering und treten völlig zurück gegenüber den biogenen. Sobald sich im Frühjahr das pflanzliche Leben zu regen beginnt, wird sowohl von den untergetauchten Pflanzen der Uferregion, als auch von den mikroskopisch kleinen Algen des Planktons im freien Wasser innerhalb der durchleuchteten Schicht während des Tages CO_2 bzw. HCO_3^- verbraucht. Die Folgen hiervon sind:

1. Abnahme des freien CO_2.

2. Abnahme des Gehaltes an doppelkohlensaurem Kalk (durch Ausfällung von $CaCO_3$).

3. Verschiebung der Reaktion nach der alkalischen Seite hin, also Erhöhung der p_H-Werte.

4. In besonderen Fällen, und zwar in besonnten Kleingewässern mit üppigem, submersen Pflanzenwuchs, kann der Bikarbonat-Abbau bis zur Bildung von Hydroxyd fortschreiten und den p_H bis auf etwa 11[1]) erhöhen. In größeren Gewässern geht der Abbau deshalb nicht so weit, weil die Wassermasse im Verhältnis zur assimilierenden Pflanzensubstanz zu groß ist.

Da die Assimilationsgröße von der Lichtintensität abhängt, so sollte man nach dem auf S. 11ff. über die Strahlungsabsorption Gesagten erwarten, daß diese Veränderungen sich besonders in den obersten, gut durchleuchteten Wasserschichten auswirken und hier scharf ausgeprägte Schichtungen erzeugen. Dies ist jedoch wegen des im Epilimnion herrschenden, turbulenten Austausches nicht möglich. Die entstandenen Unterschiede werden dort immer wieder ausgeglichen und wir finden meist bis an die obere Grenze des Metalimnions eine mehr oder weniger gleichförmige Verteilung von CO_2, Bikarbonat und p_H. Nachts steht die Photosynthese still und durch die pflanzliche und tierische Atmung wird CO_2 an das Wasser abgegeben. Ihre Menge ist jedoch meist geringer als die tagsüber aufgenommene, die Tagesbilanz der Assimilation bleibt positiv und führt zu einer allmählichen Summierung der Effekte. Wir finden also auf der Höhe der Sommerstagnation in der Regel folgenden Zustand: Das Epilimnion ist an CO_2 verarmt, der Gehalt erreicht nicht selten den Wert Null, ja, er wird mitunter sogar „negativ", d.h der Entzug der HCO_3^--Ionen ist dem Ausfallen des Kalkes vorausgeeilt, es liegt ein „übersättigtes" Lösungsgemisch Bikarbonat-Monokarbonat vor. Die p_H-Werte sind hoch, wie dies bei weitgehendem Entzug des CO_2 zu erwarten ist. Während im Gleichgewicht befindliches Quell- oder Leitungswasser von mittlerem Kalkgehalt einen p_H von etwa 7,6 aufweist, sind in den oberen Schichten der Seen von derselben Konzentration Werte über 8, mitunter bis 9 und in seichten, von Pflanzen durchwucherten Gewässern noch höhere die Regel. Auch in jenen Seen, deren p_H im uferfernen Wasser unter 8,5, dem Umschlagspunkt des Phenolphthaleins, beträgt, treten beim Eintropfen dieses Indikators über dichten Beständen der Uferregion rote Schlieren auf, welche den Ursprung der alkalischen Reaktion verraten. Der Bikarbonat-Gehalt ist in den oberen Schichten infolge der Kalk-

[1]) p_H 11 kommt einer n/1000 Hydroxydlösung (Alkalinität = 1) zu. Höhere p_H-Werte können unter normalen Verhältnissen selbst bei vollständigem Abbau von $CaCO_3$-Lösungen auch dann nicht entstehen, wenn diese übersättigt waren, da der Kalk stets ausfällt, bevor die OH-Konzentration die entsprechende Höhe erreicht hat. Dagegen wären höhere p_H-Werte in Lösungen von Alkalikarbonaten möglich, doch wird auch hier im Experiment p_H 11 nicht wesentlich überschritten. Vermutlich wird bei so stark alkalischer Reaktion der Assimilation eine Grenze gesetzt.

ausfällung stets niedriger als in der Tiefe[1]). Über das Ausmaß der Kalkausfällung liegen in Lunz durchgeführte Messungen an der Wasserpest (*Elodea canadensis*) vor: 100 kg frische *Elodea* können während eines Tages (von 10 Stunden Sonnenscheindauer) 2 kg $CaCO_3$ ausfällen. Wenn man bedenkt, welche Massen von untergetauchten Pflanzen die Böschungen unserer Seebecken bekleiden

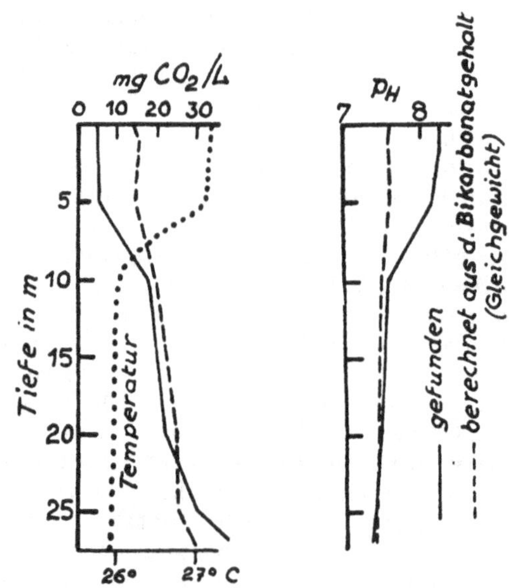

Abb. 17. Die Schichtung der Temperatur, der Kohlensäure und des p_H im Ranu Lamongan in Ostjava, nach Ruttner

und daß ferner unter jedem Hektar der Oberfläche einige hundert Kilogramm von Planktonalgen (welche infolge ihrer großen Oberfläche als besonders aktiv anzunehmen sind) im freien Wasser schweben, so kann man sich eine ungefähre Vorstellung bilden, welche Mengen von Kalk aus dem Wasser eines größeren Seebeckens alljährlich ausgeschieden werden. In den weißschimmernden „Seekreide"-Bänken der Alpenseen wird der Effekt der „biogenen Ent-

[1]) Diese Erscheinung muß allerdings nicht immer die oben besprochene biologische Ursache haben. In Seen, bei denen die Frühjahrs-Hochwässer erst nach der Ausbildung einer Sprungschicht einsetzen, wie dies im Gebirge häufig der Fall ist, werden, wie auf S. 53 ausgeführt ist, nur die Wassermassen des Epilimnions durch die salzarmen Schmelzwässer erneuert und auf diese Weise ausgeprägte Konzentrationsschichtungen erzeugt.

kalkung“ (diese treffende Bezeichnung rührt von MINDER her) offenkundlich. Die oft viele Meter mächtigen Ablagerungen von fast reinem kohlensaurem Kalk verdanken ihre Entstehung dem meist hinter einem Vorsprung des Ufers, im Strömungsschatten, erfolgenden Absatz der im Wasser flottierenden Kalkteilchen (vgl. auch S. 165).

Im Metalimnion, also unterhalb der Zone des intensiven Austausches, wird das Gefälle in der Regel sofort deutlich: der Gehalt an CO_2 nimmt zu, der p_H ab. In einer bestimmten Tiefe erreichen diese Größen einen Wert, der ungefähr dem Gleichgewichtszustand des betreffenden Bikarbonat-Gehaltes entspricht (Abb. 17). Wenn keine Störung durch Austauschvorgänge vorliegt, kann man diese Tiefe als die untere Grenze der wirksamen CO_2-Assimilation betrachten, als jene Tiefe, in der das aufgenommene und das (durch Atmung bzw. den Abbau) abgegebene CO_2 im Rhythmus eines vollen Tages sich die Waage halten. Dies ist die Grenze zwischen trophogener und tropholytischer Schicht. Abwärts von dieser Tiefe verhalten sich die Seen verschieden. Dort, wo der Kalkgehalt bedeutend ist, bleibt, wie z. B. in dem in Abb. 17 wiedergegebenen Fall, der Gleichgewichtszustand über eine erhebliche Strecke erhalten. Das freie CO_2 nimmt — von den bodennahen Schichten abgesehen — nicht mehr zu, als es dem steigenden Bikarbonatgehalt entspricht und demgemäß verhält sich auch der p_H. Die Erklärung dafür ist unschwer zu finden: der in der trophogenen Schicht ausgefällte Kalk rieselt allmählich zu Boden und bindet das in der tropholytischen Schicht freiwerdende CO_2, wobei er in Lösung geht und die Konzentration des Tiefenwassers erhöht. In Seen mit geringem Kalkgehalt dagegen wird die Menge des ausgefällten Kalkes zur Festlegung der Kohlensäure nicht ausreichen, der Gleichgewichtswert wird unterhalb der Sprungschicht bald überschritten, es kommt zu einem erheblichen Überschuß von (aggressivem) CO_2 und zu niedrigen p_H-Werten.

2. Der Sauerstoffgehalt

In engem Zusammenhang mit dem CO_2-Umsatz steht der Sauerstoffgehalt der Gewässer, über den wir — seit der Einführung der ebenso einfachen wie genauen (jodometrischen) WINKLERschen Bestimmungsmethode[1]) in die limnologische Forschung — eingehend unterrichtet sind. Sauerstoff und Kohlensäure sind bekannt-

[1]) Bei limnologischen Untersuchungen sollte man stets die von ALSTERBERG angegebene Modifikation der WINKLER-Methode mit Vorbromierung der Proben anwenden; denn in Gewässern, welche in der Tiefe Sauerstoffschwund aufweisen, erhält man ohne Vorbromierung (wegen des Vorhandenseins reduzierender, Jod-bindender Substanzen) gerade in dem biologisch wichtigen Bereich unter 1 mg/Liter stets zu niedrige O_2-Werte.

lich die beiden großen Gegenspieler im Stoffwechsel des Lebens. Wenn irgendwo in der Natur ein biogenes Gefälle der chemischen Beschaffenheit auftritt, so verhalten sich diese beiden Stoffe in ihrer Verteilung gerade entgegengesetzt. Wir müssen daher in den Seen eine Schichtung des Sauerstoffes erwarten, die jener der Kohlensäure entgegenläuft: wenn in der trophogenen Schicht infolge der Photosynthese der CO_2-Gehalt abnimmt, wächst in gleichem Maße der Gehalt an O_2. Dagegen verarmt die tropholytische Tiefenschicht durch den Verbrennungsprozeß des Abbaues ebenso an Sauerstoff, wie sie sich mit Kohlensäure (bzw. mit deren Salzen) anreichert. Während aber das abgegebene CO_2 unterhalb der Sprungschicht frei oder chemisch gebunden im Wasser verbleibt, d. h. weder an die Luft austreten noch durch physiologische Vorgänge einen wesentlichen Verlust erfahren kann, steht der im Epilimnion abgegebene Sauerstoff im Austausch mit der Atmosphäre und wird zum Teil im Atmungsprozeß verbraucht. Bei einigermaßen lebhafter CO_2-Assimilation wird eine Übersättigung des Wassers mit einem gegen die Oberfläche gerichteten Diffusionsgefälle auftreten und ein erheblicher Teil des Sauerstoffüberschusses wird entweichen. Es verhält sich also ein See wie die assimilierende Pflanze: er gibt im Licht Sauerstoff ab. Andererseits können die durch die Atmung und den Abbau (nachts oder bei trübem Wetter) bedingten O_2-Verluste von der Oberfläche her wieder ersetzt werden.

Auch für den CO_2-Haushalt ist, wie schon früher erörtert wurde, der Austausch mit der Luft von Bedeutung. Doch spielt er, angesichts des großen in den Bikarbonaten enthaltenen Vorrates der meisten Gewässer, nicht jene wesentliche Rolle wie für den Sauerstoffgehalt in den oberen Schichten eines Sees.

Ein Liter Luft enthält (in runden Zahlen) 210 ccm Sauerstoff und 790 ccm Stickstoff (einschließlich kleiner Mengen von Edelgasen). Da der (temperaturabhängige) Absorptionskoeffizient bei 20° für den ersteren rund $^1/_{32}$, für den letzteren $^1/_{65}$ beträgt, enthält 1 Liter Wasser im Lösungsgleichgewicht mit der Luft bei 20° 6,4 ccm Sauerstoff und 12,3 ccm Stickstoff. Weil der Absorptionskoeffizient bei sinkender Temperatur zunimmt, ändern sich die Zahlen bei z. B. 5° auf 8,9 bzw. 16,8 ccm.

Während der Zirkulationsperioden im Herbst und im Frühjahr werden nicht nur alle Schichtungsunterschiede ausgeglichen, sondern unter normalen Verhältnissen tritt die ganze Wassermasse des Sees durch die Oberfläche nach und nach in Austausch mit der Atmosphäre. Es wird in den meisten Fällen das Lösungsgleichgewicht gegen Luft erreicht werden, das Wasser ist dann von oben bis unten „gesättigt“ mit den Gasen der Luft. Wenn die Wassertemperatur um diese Zeit 4° beträgt, ist der Sauerstoffgehalt bei einem Barometerstand von 760 mm gleichmäßig 9,1 ccm oder (für viele Zwecke bequemer ausgedrückt) 13,1 mg je Liter. Wenn nun mit fortschreitender Jahreszeit eine Erwärmung der oberen Wasserschichten eintritt und die normale Temperaturverteilung sich ausbildet, so sind schon aus physikalischen Gründen Änderungen im O_2-Gehalt zu erwarten: Im warmen Epilimnion bei Fortdauer der „Sättigung" eine Abnahme (wegen der geringeren Löslichkeit), im Hypolimnion dagegen annähernd unveränderte Verhältnisse. Beträgt die Temperatur im Epilimnion 20°, im Hypolimnion noch 4°, so müßte (wiederum bei Sättigung) ein spiegelbildlich zur Temperaturkurve verlaufender Anstieg nach der Tiefe hin von 9 auf 13 mg je Liter erfolgen. Eine derartige Sommerkurve des O_2-Gehaltes werden wir jedoch nur in seltenen Fällen nachweisen können. In der Regel treten uns folgende Schichtungstypen entgegen: Entweder ist der O_2-Gehalt in der ganzen Wassersäule nahezu gleich („orthograde" O_2-Kurve n. Åberg u. Rodhe), oder er nimmt — im Meta- und Hypolimnion annähernd parallel der Temperaturkurve ab („klinograde" O_2-Kurve), in extremen Fällen bis auf Null. Es muß somit (da ja im Epilimnion wegen des andauernden Austausches mit der Luft der Sättigungszustand nur vorübergehende Störungen erfahren kann) bei beiden Typen der Sommerschichtung, also auch bei jenem mit gleichförmiger Verteilung, eine allmähliche Abnahme des O_2-Gehaltes im Hypolimnion eingetreten sein. Diese Abnahme wird durch Oxydationsprozesse bedingt, welche sich sowohl im freien Wasser, als auch an den Wandungen des Sees im Schlamm-Wasser-Kontakt (näheres darüber S. 182) abspielen. Das Ausmaß dieser Vorgänge, unter denen der bakterielle und fermentative Abbau der aus der Nährschicht stammenden organischen Stoffe sowie die Atmung der Organismen die wichtigsten sind, hängt von verschiedenen Umständen ab:

Unter diesen ist die Menge der oxydierbaren Substanzen, welche in der Regel der Eigenproduktion des Sees ihre Entstehung verdanken, zweifellos der wichtigste. Unter sonst gleichen Verhältnissen wird ein an organischem Leben reicher See einen stärkeren Sauerstoffschwund des Tiefenwassers aufweisen als ein armer. Man ist also in vielen Fällen in der Lage, aus dem Verlauf der Sauerstoffkurve die Produktion eines Sees zu beurteilen, die Intensität des Abbaues innerhalb der Zehrschicht als Maß für den Aufbau in der Nährschicht zu verwenden. Diese schon 1892 von dem bekannten Physiologen Hoppe-Seyler geahnten, 1911 von Birge und Juday durch zahlreiche Beobachtungen in amerikanischen Seen nachgewiesenen und seit 1915 besonders von A. Thienemann in ihrer vollen Tragweite erforschten und gewürdigten Beziehungen haben eine große Bedeutung für die fischereibiologische

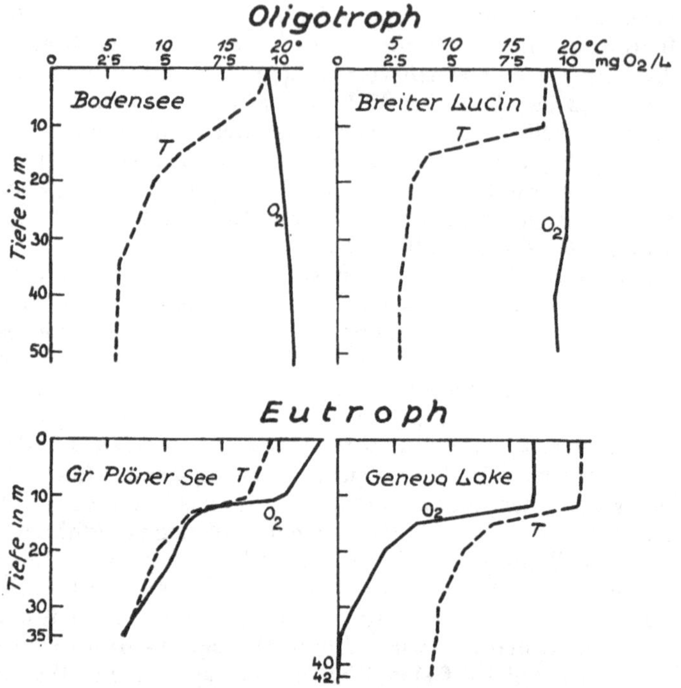

Abb. 18. Beispiele oligotropher und eutropher Sauerstoffschichtung. Orthograd: Bodensee (Alpenrand), Breiter Lucin (Mecklenburg); klinograd: Gr. Plöner See (Holstein), Geneva Lake (USA, Wisconsin). Nach AUERBACH-MERKER-SCHMALZ, THIENEMANN, BIRGE und JUDAY

Beurteilung der Seen erlangt. Dem Schichtungstypus des eutrophen (nahrungsreichen) Sees steht jener des oligotrophen (nahrungsarmen) gegenüber. Ein Blick auf unsere Abb. 18 veranschaulicht diese Verhältnisse ohne weiteres. Die eingetragene Temperaturkurve läßt auch hier wieder den Einfluß der Dichteschichtung auf das biochemische Geschehen deutlich erkennen.

Ein weiterer Umstand, welcher die Sauerstoffzehrung im Hypolimnion beeinflußt, ist die Temperatur. Wir wissen, daß die Atmung sowie die anderen hier in Betracht kommenden Oxydationsvorgänge temperaturabhängig sind, und zwar wird nach der VAN T'HOFF'schen RGT-Regel (Reaktionsgeschwindigkeit-Temperatur-Regel) der Umsatz in der Zeiteinheit bei einer Temperatursteigerung um 10^0 verdoppelt bis verdreifacht. In unseren Breiten, wo die Tiefentemperaturen der Seen meist nicht sehr voneinander verschieden sind, kann dieser Umstand bei vergleichenden Untersuchungen (wenn auch nicht immer!) außer acht gelassen werden. In den tropischen kommt ihm jedoch eine ausschlaggebende Bedeutung bei der Gestaltung der O_2-Kurve zu. In der äquatorialen Region sind die Tiefentemperaturen der Seen um rund 20° höher als in der gemäßigten Zone. Der Umsatz verläuft dort vier- bis neunmal rascher, d. h. in der Zeiteinheit wird im tropischen See unter sonst gleichen Verhältnissen vier- bis neunmal mehr O_2 verbraucht werden als im temperierten. Während in letzterem die niedrige Tiefentemperatur wie in einem Eisschrank konservierend wirkt und ein großer Teil der aus der Nährschicht absinkenden organischen Stoffe unzersetzt im Sediment abgelagert wird, fällt bei der „Bruttemperatur" des tropischen Sees weit mehr schon während des Absinkens dem Abbau anheim, eine Tatsache, die u. a. auch durch die viel stärkere Mineralisierung der Ablagerungen in diesen Gewässern bewiesen wird. Wir finden daher in allen tropischen Seen, die bisher untersucht wurden, im Hypolimnion einen mehr oder weniger ausgeprägten Sauerstoffschwund, gleichgültig, ob sie in bezug auf ihre Produktion eutroph oder oligotroph sind. Im tropischen See wird die Temperatur zum bestimmenden Faktor und die O_2-Kurve verliert ihre Bedeutung als Indikator für die Größe der organischen Produktion.

Ferner ist anzunehmen, daß die Sauerstoffschichtung auch durch die in erster Linie von der Teilchengröße abhängige Sinkgeschwindigkeit der organischen Reste beeinflußt wird, also von der Dauer ihres Aufenthalts im Hypolimnion. Schließlich spielen auch die Gestaltung des Bodenreliefs und vor allem die Tiefe des Sees (bzw. das Verhältnis des Volumens der tropholytischen Schicht zu jenem der trophogenen) eine maßgebende Rolle, da ja in einem sehr mächtigen Hypolimnion die Abbauprodukte stärker verdünnt werden als in einem weniger mächtigen.

Für produktionsbiologische Erwägungen wäre es von großer Bedeutung, das Ausmaß der während der Sommerstagnation im Hypolimnion eingetretenen O_2-Zehrung exakt zu erfassen (vgl. S. 149). Dieser Absicht dient die Bestimmung des „Sauerstoffdefizites", der Differenz zwischen der am Beginn und der am Ende der Stagnation unterhalb einer bestimmten Tiefe (z. B. der Sprungschicht) vorhandenen O_2-Menge. Ist der während der Frühjahrszirkulation erreichte Gehalt nicht bekannt, so geht man vielfach von der nicht immer zutreffenden Annahme aus, daß der Anfangswert dem bei der jeweiligen Tiefentemperatur herrschenden Sättigungsgleichgewicht entsprach, und errechnet das Defizit gegenüber diesem „Sollwert". Solche Überlegungen werden aber von einer schwer zu erfassenden Fehlerquelle beeinträchtigt, nämlich durch die meist unbekannte und im Laufe der Zeit wechselnde Austauschgröße A (vgl. S. 49), welche das Ausmaß der O_2-Zufuhr aus der trophogenen Schicht oder aus den sich einschichtenden Zuflüssen ins Hypolimnion bestimmt. Deshalb sind Berechnungen auf Grund des „Sauerstoffdefizites" nur bei größter Vorsicht zulässig.

Die bisher geschilderte Art der Sauerstoffverteilung, die sich in zahllosen Übergängen zwischen die Extreme des oligotrophen und eutrophen Schichtungstypus zwanglos einreihen läßt, weist nicht selten Störungen auf, deren sichere Deutung mitunter Schwierigkeiten bereitet. Am häufigsten treten sie im Bereiche der Sprungschicht als metalimnische O_2-Maxima oder -Minima auf („heterograder" Kurvenverlauf Abb. 19). Die Beschränkung auf

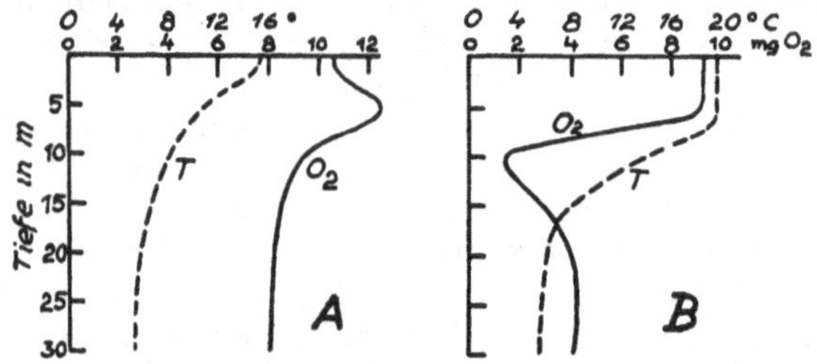

Abb. 19. Metalimnisches Sauerstoff-Maximum (*A*, 14. Mai 1932) und -Minimum (*B*, 25. September 1932) im Ossiacher See (Kärnten), nach FINDENEGG

die Sprungschicht läßt von vornherein vermuten, daß diese Erscheinungen, für welche unsere Abbildung Beispiele zeigt, mit der dort herrschenden stabilen Schichtung bzw. mit dem Mangel an Austausch zusammenhängen. Beim metalimnischen O_2-Maximum ist die Erklärung in der Regel einfach. Wenn innerhalb eines hoch gelegenen Metalimnions noch eine lebhafte CO_2-Assimilation auftritt, bei der die O_2-Abgabe die Zehrung überwiegt, so muß es dort zu einer Sauerstoffanreicherung kommen, da eine Abgabe nach oben oder unten wegen des sehr gehemmten Austausches im Metalimnion $\pm$ unmöglich ist. Der Sauerstoff wird in den Schichten seiner Entstehung festgehalten und es treten scheinbare Übersättigungen von beträchtlichem Ausmaß auf. Sie sind deshalb nur scheinbar, weil der dort herrschende Wasserdruck eine weit größere Löslichkeit bedingt[1]). Die Entstehung der Minima ist nicht immer so einfach zu deuten. Sie können durch metalimnisch gelagerte Anhäufungen oxydier-

[1]) Diese Maxima müssen nicht immer durch die Assimilationstätigkeit des Phytoplanktons verursacht sein. Sie können in kleinen Seen mit klarem Wasser und hochgelegener Sprungschicht auch dann auftreten, wenn die Steilufer mit dichten Rasen von Unterwasserpflanzen bekleidet sind, da das am Ufer mit O_2 angereicherte Wasser sich nur horizontal, innerhalb der Schichten gleicher Dichte, ausbreiten kann. So traten im Lunzer Obersee metalimnische Sauerstoffmaxima erst nach der Einschleppung der Wasserpest auf.

barer Massen (welche nicht nur im freien Wasser als atmendes oder im Abbau begriffenes Plankton, sondern auch als ausgedehnte Schlammbänke dargeboten sein mögen) verursacht oder auch nur durch das Temperaturgefälle bedingt sein. Voraussetzung bleibt jedoch in beiden Fällen, daß die Sprungschicht unterhalb der Tiefe der wirksamen Assimilation gelegen ist.

Den Einfluß der Temperatur kann man sich in folgender Weise vergegenwärtigen: angenommen, wir könnten in einem See mit normaler Temperaturschichtung und in allen Tiefen gleichförmigem Gehalt an oxydierbaren Stoffen den Austausch mit der Atmosphäre sowie den Einfluß der CO_2-Assimilation ausschalten, so würde nach der RGT-Regel der Sauerstoff in der oberen, warmen Schicht wesentlich früher aufgezehrt werden als in der kalten Tiefe. Ein O_2-Gehalt würde erst im Metalimnion auftreten und — dem Abfall der Temperatur entsprechend — nach der Tiefe hin zunehmen. Lassen wir nun die CO_2-Assimilation wirken, so wird die von oben her einsetzende O_2-Produktion, die ja mit dem Licht nach der Tiefe hin abnimmt, unter bestimmten Verhältnissen ebenfalls im Metalimnion den Nullwert erreichen. Die endgültige Sauerstoffverteilung, die sich aus der Summierung der O_2-Zehrungs- und O_2-Produktionskurve ergibt, muß zwangsläufig ein mehr oder weniger ausgeprägtes Minimum im Metalimnion aufweisen. — Verschiebt sich die untere Grenze der CO_2-Assimilation nach der Tiefe hin, so geht das O_2-Minimum allmählich in ein Maximum über, wie man leicht durch eine entsprechende Konstruktion nachweisen kann.

Eine weitere Störung weist die Sauerstoffkurve in der Nähe des Schlammgrundes auf. Hier wird ihr Gefälle im Bereich von einem bis wenigen Metern gegen den Bodenkontakt hin immer steiler. Wir wissen aus den Untersuchungen von Alsterberg, daß der Schlamm der Seen schon in ganz geringen Tiefen frei ist von O_2. In den darüberliegenden, an Sauerstoff reicheren Wasserschichten muß somit ein O_2-Gefälle gegen die Schlammoberfläche entstehen, da Sauerstoff aus dem Wasser im Sediment absorbiert, bzw. durch herausdiffundierende reduzierende Substanzen aufgezehrt wird. Dieses Gefälle wird zunächst als Mikroschichtung auf minimale Abstandsunterschiede an der Schlammoberfläche zusammengedrängt sein, aber durch den Austausch allmählich auch den darüberliegenden, mächtigeren Schichten mitgeteilt werden.

Es liegt auf der Hand, daß diese Zehrung am Bodenkontakt, von den Wandungen des Seebeckens ausgehend, durch Horizontalströmungen auch den O_2-Gehalt der freien Wassermasse beeinflussen kann, ähnlich, wie wir dies bei der metalimnischen O_2-Anreicherung durch submerse Pflanzenbestände, z. B. im Lunzer Obersee, gesehen haben.

So können wir besonders in kleineren Seen, auch dann, wenn sie an sich oligotroph sind, eine Sauerstoffkurve beobachten, deren Abfall annähernd dem Profil des Seebodens folgt. Es beginnt z. B. im oligotrophen Lunzer Untersee (Oberflächenareal 0,67 km²) die

Abnahme des O_2-Gehaltes erst erheblich unterhalb der Sprungschicht und das Gefälle wird nach unten um so steiler, je flacher das Seebodenprofil, bzw. je größer die relative Oberfläche des Schlammkontaktes im Verhältnis zur Wassermasse unterhalb der betreffenden Tiefe wird (Abb. 20). Der Unterschied dieser durch die Morphologie bedingten O_2-Kurve gegenüber der eines eutrophen Sees (Abb. 18) tritt deutlich hervor.

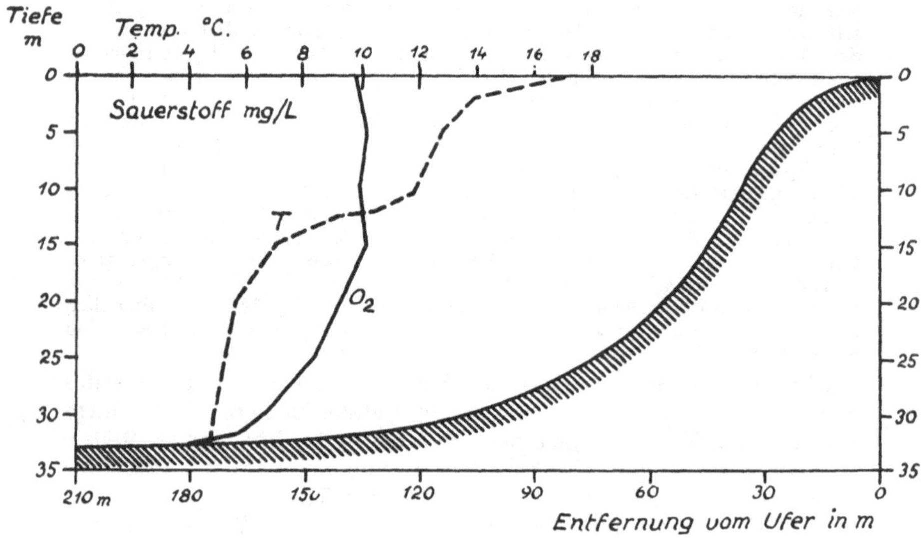

Abb. 20. Sauerstoffschichtung im oligotrophen Lunzer Untersee in Abhängigkeit vom Bodenprofil (11. 8. 1924)

Einen besonderen Fall stellen die auf S. 37 besprochenen meromiktischen Seen dar, also jene mit dauernd stagnierendem, nicht alljährlich umgeschichtetem Tiefenwasser. Diese zeigen (ähnlich den oben erörterten tropischen Seen) einen hochgradigen, oft bis zum völligen Verlust führenden O_2-Schwund im Hypolimnion auch dann, wenn sie in ihren sonstigen Eigenschaften dem oligotrophen Typus angehören. Nach dem oben Gesagten ist dies wohl ohne weiteres verständlich. Infolge des Ausbleibens der herbstlichen Umschichtung summiert sich hier die Zehrung im Laufe der Jahre.

Wird die Sauerstoffkurve im normalen temperierten See durch die Menge der oxydierbaren Substanz, im tropischen See durch die Temperatur hauptsächlich bestimmt, so ist im meromiktischen See die Dauer der Stagnation, also die Zeit, der ausschlaggebende Faktor.

Es möge noch erwähnt werden, daß die organischen Stoffe, deren Oxydation der Sauerstoffkurve ihr Gepräge gibt, keineswegs immer und ausschließlich der Eigenproduktion des Sees entstammen. Oft sind es Substanzen, welche gelöst oder als Suspension von außen her, aus der näheren und weiteren Umgebung dem See zugeführt werden. Vielfach trägt der Mensch durch seine Kulturen sowie die Abwässer der Siedlungen und Industriebetriebe dazu bei. Unter natürlichen Verhältnissen sind es besonders die Moore, welche den aus ihnen gespeisten, meist an sich armen Seen reduzierende Stoffe zuführen und im Hypolimnion einen O_2-Schwund verursachen.

3. Eisen und Mangan

Diese beiden, in ihrem chemischen Verhalten nahe verwandten Elemente stehen hinsichtlich ihres Auftretens und ihrer Verteilung in engster Beziehung zum Umsatz der Kohlensäure und des Sauerstoffs. Wir wollen zunächst ihr Verhalten am Eisen näher kennenlernen und anschließend die — im allgemeinen unwesentlichen — Unterschiede, welche beim Mangan zutage treten, hervorheben. Beide Elemente sind für den pflanzlichen Stoffwechsel wichtig und gewinnen ein besonderes limnologisches Interesse als Voraussetzung für das Auftreten der interessanten Lebensgemeinschaft der „Eisenorganismen".

Das Eisen ist einer der verbreitetsten Stoffe der Erdrinde. Wenn es trotzdem nur unter besonderen Verhältnissen als Lösungsbestandteil des Wassers erscheint, so liegt das an seinen eigenartigen Lösungsbedingungen, vor allem an dem Umstand, daß es zwei- und dreiwertig auftritt, in der Ferro- und Ferri-Form, wobei die Ferro-Form nur bei Abwesenheit von Sauerstoff beständig, die Ferri-Form aber (in den in Betracht kommenden Verbindungen) nahezu unlöslich ist. Die Verhältnisse in natürlichen Gewässern sind in letzter Zeit von Ohle und besonders eingehend von Einsele untersucht worden, welch letzterem wir in unserer Darstellung hauptsächlich folgen.

Verhältnismäßig einfach liegen die Dinge dort, wo CO_2-hältiges Wasser mit Eisen in der Ferro-Form in Berührung kommt; es wird Ferrobikarbonat in Lösung gehen. Eine solche Lösung ist aber nur dann beständig, wenn das Wasser nahezu frei ist von gelöstem Sauerstoff. Ist O_2 vorhanden, so tritt Oxydation zu unlöslichem Ferrihydroxyd ein:

$$4\,Fe(HCO_3)_2 + 2\,H_2O + O_2 = 4\,Fe(OH)_3 + 8\,CO_2.$$

Wichtig für das Verständnis der Vorgänge in den Gewässern ist die Tatsache, daß der Verlauf der Oxydation von anderen Faktoren beeinflußt wird, und zwar in erster Linie vom p_H. Beim Neutralpunkt ($p_H = 7$) ist nach EINSELE eine Ferrobikarbonatlösung dann beständig, wenn sie nicht mehr als 0,5 mg/Liter O_2 enthält. Ist der Sauerstoffgehalt höher oder die Reaktion alkalischer, so fällt nahezu augenblicklich $Fe(OH)_3$ aus. Bei niedrigeren p_H-Werten verläuft jedoch die Oxydation viel langsamer und daher finden wir in saueren Gewässern selbst bei Sauerstoffsättigung meist nachweisbare Mengen von Eisen.

Kommt das CO_2-hältige Wasser jedoch mit den in den oberen Boden- und Gesteinspartien viel häufigeren Ferri-Verbindungen (z. B. mit Limonit) in Berührung, so tritt auch bei Abwesenheit von Sauerstoff zunächst keine Lösung ein. Es muß zuerst eine Reduktion in die Ferro-Form stattfinden und dafür ist die Anwesenheit eines Reduktionsmittels (z. B. faulende organische Substanzen, die auch in geringer Menge sehr wirksam sind) nötig. Das Optimum dieser Reduktion liegt bei p_H 6,5, doch sind organische Substanzen auch noch im alkalischen Bereich, bis etwa p_H 7,5, wirksam.

Wir können somit zusammenfassen: Wasser wird dann Eisen in größerer Menge als Ferrobikarbonat lösen können, wenn es 1. nahezu frei ist von Sauerstoff, 2. eine ausreichende Menge von Kohlensäure enthält, 3. wenn der p_H 7,5 nicht überschreitet und 4. wenn in Zersetzung begriffene organische Substanzen zur Reduktion des Ferrihydroxyds vorhanden sind.

Damit sind aber noch nicht alle Möglichkeiten des Eisenvorkommens im Süßwasser erschöpft. Es kann auch in organischer Bindung („maskiert") und als Kolloid auftreten. Die in den sogenannten „Braunwässern" der Moorgebiete reichlich vorhandenen Huminsäuren bilden nach SVEN ODÉN mit Eisen kolloidal gelöste Humate. Diese organischen Eisensole sind viel beständiger als anorganische Bikarbonatlösungen, und Humuswässer enthalten deshalb auch bei Anwesenheit von Sauerstoff in der Regel erhebliche Mengen Eisen.

Kommt eisenhaltiges Grundwasser mit der Luft in Berührung, so scheidet sich $Fe(OH)_3$ ab und es kommt — besonders deutlich bei Sumpf- und Sickerquellen — zu den bekannten Ablagerungen von Eisenocker. Erfolgt der Austritt unter dem Wasserspiegel eines Sees, so führt das Zusammentreffen mit dem O_2-reichen und meist alkalischen Seewasser ebenfalls zu Fällungen. Die zunächst entstehende „Ockergyttja" verfestigt sich im Laufe der Zeit zu „See-Erz", über dessen Entstehung wir insbesondere durch die Arbeiten E. NAUMANNS unterrichtet sind und das bis vor kurzem in Skandinavien in großem Ausmaß technisch gewonnen und verhüttet wurde.

Im Epilimnion der Seen (mit Ausnahme saurer Humusgewässer) sind die Verhältnisse (hoher Sauerstoffgehalt und alkalische Reaktion) den oben gekennzeichneten Lösungsbedingungen des Eisens gerade entgegengesetzt. Theoretisch dürfte somit das Oberflächenwasser eines alkalischen Sees überhaupt kein nachweisbares Eisen enthalten. Wenn trotzdem geringe Mengen, in der Größenordnung einiger Tausendstelmilligramme, im Liter festzustellen sind, so kann nur entweder kolloidales Eisen oder eine „übersättigte" Lösung (infolge unvollständiger Ausfällung) vorliegen.

Im Hypolimnion sind die Verhältnisse je nach der Sauerstoffschichtung verschieden. Im oligotrophen See läßt auch in der Tiefe der hohe Sauerstoffgehalt und die meist alkalische Reaktion eine Lösung des Eisens nicht zu. Wenn dagegen im Tiefenwasser eines eutroph geschichteten Sees der O_2-Gehalt bis nahe auf Null absinkt, dann sind alle Vorbedingungen für die Reduktion des Ferrihydroxyds und die Auflösung von Ferrobikarbonat verwirklicht, denn es sind sowohl in Zersetzung befindliche organische Stoffe, als auch aggressive CO_2 vorhanden. Aus dem mineralischen Anteil der Suspensionen sowie auch aus den Sedimenten des Seebodens wird im Bereich des Hypolimnions das Eisen reduziert und als Ferrobikarbonat gelöst. Während der Dauer der Stagnation nimmt der Eisengehalt des Tiefenwassers ständig zu und erreicht insbesondere in einigen meromiktischen Seen sehr hohe Werte, z. B. im Krottensee 18 mg (vgl. Abb. 22) und im Zellersee (EINSELE) sogar 41 mg im Liter. Dies sind aber Ausnahmen, in der Regel werden in eutrophen Seen Litergehalte von einigen wenigen Milligrammen festgestellt.

Sobald im Herbst die Zirkulation einsetzt und beim Abbau der Schichtung der Sauerstoffgehalt in die Tiefe vordringt, muß Ferrihydroxyd ausgefällt werden. Da dies, wie oben besprochen wurde, schon bei sehr niedrigen O_2-Gehalten erfolgt, genügt der dem eigentlichen Zirkulationsstrom vorauseilende Austausch, um dem Tiefenwasser die nötige O_2-Menge zuzuführen und die Fällung einzuleiten. Das abgeschiedene $Fe(OH)_3$ setzt sich zu Boden, bevor es von der Zirkulation erfaßt und den oberen Wasserschichten als Suspension mitgeteilt werden kann. Dadurch treten keine nennenswerten Verluste durch den See-Abfluß ein und der gesamte Eisengehalt wird auf dem Seeboden sedimentiert. Sobald die nächste Stagnationsperiode beginnt und der Sauerstoff im Tiefenwasser verschwindet, werden am Schlammkontakt die Bedingungen für die Reduktion in die Ferro-Form wieder hergestellt und zumindest ein Teil des ausgefällten Eisens geht wieder in Lösung. In Seen, die vom Grundwasser gespeist werden oder einen nur geringen oberirdischen Zufluß haben, kann, wie EINSELE am Schleinsee nachgewiesen hat, der gesamte Eisenumsatz auf diesen intralakustrischen Kreislauf der Auflösung aus dem Schlammkontakt und der Wiederausfällung beschränkt bleiben, da von außen kaum neues Eisen in den See gelangt.

Das Wechselspiel der Fällung und Lösung im Zusammenhang mit der Sauerstoffschichtung ist in Abb. 21 am Beispiel des Lunzer Obersees, eines Alpensees mit O_2-Schwund und verhältnismäßig reichlicher Eisenzufuhr aus der Umgebung, veranschaulicht. Die

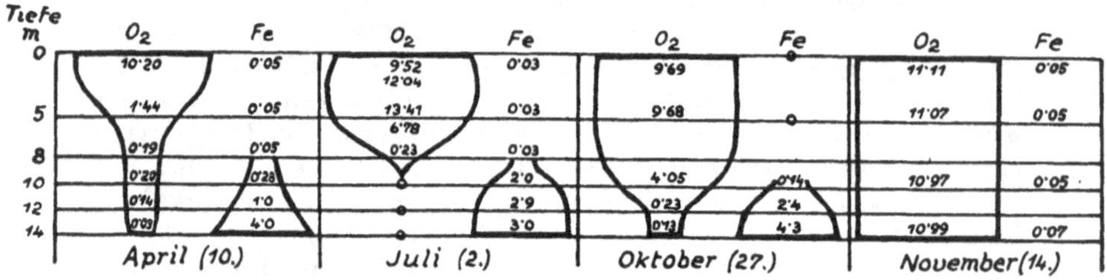

Abb. 21. Schichtung des Sauerstoffs und des Eisens im Lunzer Obersee vom Frühjahr bis zum Herbst n. Müller. (Darstellungsweise wie in Abb. 22)

Verteilung im April (noch unter der winterlichen Eisdecke) läßt deutlich erkennen, daß der Eisengehalt des Tiefenwassers während der Winterstagnation vorwiegend aus dem Schlammkontakt stammt. Im Juli ist die gleichmäßig hohe Fe-Menge im Hypolimnion offensichtlich vorwiegend durch die Auflösung absinkender Suspensionen bedingt. Die Beobachtung vom Oktober zeigt die beginnende Fällung und im November ist bei eingetretener Vollzirkulation der Fe-Gehalt aus der ganzen Wassersäule durch Sedimentierung des ausgefällten $Fe(OH)_3$ bis auf geringe Spuren verschwunden. In Übereinstimmung damit stehen die (unveröffentlichten) Beobachtungen F. Bergers über das Ausmaß und die Zusammensetzung der Sedimentation im Obersee:

Monatlich sedimentierte Menge in mg je dm² Seeboden:

	Winter	Frühjahr	Sommer	Herbst
Gesamt-Sediment	76	257	184	225
Anorganisches	41	131	103	116
Eisen (Fe) mg u. % d. Anorg.	4,2 (10%)	21,2 (16%)	12,6 (12%)	24,2 (21%)

Man sieht, daß die größte Menge des Eisens (absolut und prozentual) während der Zirkulationsperioden sedimentiert wird. Aber auch während der Sommerstagnation findet eine nicht unbedeutende

Sedimentierung statt, welche zum großen Teil auf die Fällung des Eisens durch Organismen an der Sauerstoffgrenze zurückzuführen sein dürfte.

Die Folge dieser Vorgänge ist eine fortschreitende Anreicherung des Eisens im Sediment des eutrophen Sees. Denn in seinem Hypolimnion werden ja durch die aggressive Kohlensäure auch andere mineralische Bestandteile, vor allem der Kalk, aus der Suspension oder dem Sediment herausgelöst. Da diese aber bei Sauerstoff-Zutritt nicht ausgefällt werden, sondern in Lösung bleiben, gehen sie — im Gegensatz zum Eisen und Mangan — durch den Abfluß dem See allmählich verloren. Das Hypolimnion eines eutrophen Sees wirkt somit als Eisen-Falle.

Enthält das Tiefenwasser Schwefelwasserstoff, so kann es, bei alkalischer Reaktion, zur Ausfällung von Ferrosulfid kommen. Bei p_H 7 sind nach Einsele 1 mg Fe und 1 mg H_2S im Liter nebeneinander beständig, bei höheren p_H-Werten weniger, bei niedrigeren mehr. Da der Schwefelwasserstoffgehalt auch in den verhältnismäßig seltenen Fällen, wo ein solcher im freien Wasser überhaupt nachweisbar ist, nur ausnahmsweise wenige Milligramm übersteigt, so wird es kaum je zu einer vollständigen sulfidischen Fällung des Eisens kommen. Doch kann man in Seen, deren Hypolimnion H_2S enthält, meist eine Abnahme des Fe-Gehaltes gegen den Boden feststellen.

Mangan verhält sich in allen wesentlichen Punkten sehr ähnlich wie das Eisen, doch treten in den Schichtungsbildern gewisse Unterschiede auf, welche darauf zurückzuführen sind, daß Mangan leichter reduzierbar und schwerer oxydierbar ist als Eisen. So ist Manganobikarbonat bei p_H 7 noch bei 1 mg O_2 im Liter beständig, und unterhalb p_H 6 findet keine Oxydation statt. Infolge dieser Eigenschaft reicht der Mangangehalt im Sauerstoffgefälle etwas weiter nach oben als das Eisen (vgl. Abb. 22). Besonders in tropischen Seen wurden mitunter sehr scharf ausgeprägte Mn-Gipfel im obersten Hypolimnion beobachtet, welche in der Weise zu deuten sein dürften, daß (bei fortschreitendem Austausch) das ausgefällte Manganihydroxyd in der nächst tieferen, O_2-armen Schicht wieder reduziert und in gelöstem Zustand angereichert wird. Beim Eisen tritt infolge seiner schwereren Reduzierbarkeit diese Erscheinung nicht auf. — Mangansulfid wird bei den normaler Weise vorkommenden p_H-Werten nicht gefällt.

Über die Beteiligung der Organismen an der Eisen- und Manganfällung vgl. S. 134.

Mit der vorstehenden Übersicht sind jedoch die vielgestaltigen Probleme des Eisen- und Mangankreislaufes in den Gewässern keineswegs erschöpft.

Die Tendenz der unlöslichen Feri- und Mangani-Hydroxyde, Sole zu bilden, die adsorptiven Eigenschaften dieser Kolloide, ihre Beziehungen zu den Humussubstanzen, welche mit ihnen teils in chemische Bindung eingehen, teils als Schutzkolloide wirken, schließlich die besondere Rolle, welche den Eisenorganismen zukommt, führen oft zu verwickelten und schwer übersehbaren Verhältnissen.

4. Stickstoff und Phosphor

N und P sind neben dem Kohlenstoff und Wasserstoff bekanntlich die wichtigsten Bausteine der lebenden Substanz, des Protoplasmas der Zelle, und deshalb Nährstoffe von überragender Bedeutung. In älteren Analysen von nicht verunreinigtem Quell- oder Seewasser wird man jedoch oft vergebens nach Mengenangaben dieser beiden Elemente suchen. Die Verdünnung, in der sie in natürlichen Wässern auftreten, ist so groß, daß sie sich den früher geübten Nachweisverfahren meist entzogen. Erst die Verfeinerung der Analysentechnik (besonders der Kolorimetrie) in den letzten Jahrzehnten hat uns in den Stand versetzt, auch diese „Spuren" einwandfrei zu erfassen und damit die Verteilung dieser beiden Elemente aufzuklären.

Anorganische Stickstoffverbindungen, und zwar vorwiegend Salpetersäure und Ammoniak, kommen in geringen Mengen schon im Regenwasser vor. Sie stammen aus der Atmosphäre, in der sie (wenn wir von den aus Industrieabgasen herrührenden Verunreinigungen absehen) als Produkte elektrischer Entladungen, terrestrischer Fäulnis und der Vulkanausbrüche enthalten sind. So führt z. B. das Regenwasser in Lunz durchschnittlich etwa 0,36 mg Nitrat- und Ammoniumstickstoff im Liter. Das ergibt bei einem mittleren Jahresniederschlag von 1650 mm eine Zufuhr aus der Atmosphäre von fast 600 mg je Quadratmeter oder von 6 kg N je Hektar.

Im Boden werden erhebliche Mengen von elementarem Stickstoff durch die Tätigkeit der stickstoffassimilierenden Bakterien gebunden[1]) und dem pflanzlichen Stoffwechsel zugeführt. Bei der Verwesung pflanzlicher und tierischer Eiweißstoffe entsteht vor allem Ammonium. Dieses wird jedoch (bei Gegenwart von Sauerstoff) sofort von nitrifizierenden Bakterien (vgl. S. 172) in Nitrat um-

[1]) Es kann kaum ein Zweifel darüber bestehen, daß stickstoffbindende Organismen, und zwar sowohl Bakterien als auch Blaualgen (vgl. Fritsch und De 1938) auch in den Gewässern wirksam sind, doch ist darüber noch wenig bekannt. In Teichen ist Stickstoffbindung eindeutig nachgewiesen worden (vgl. Demoll 1925), und neuerdings hat Einsele eine nach der Phosphatdüngung im Schleinsee eingetretene Stickstoffzunahme auf die Stickstoffbindung am Schlammkontakt der Uferregion zurückgeführt. Hutchinson konnte die Bindung erheblicher Mengen von N im Linsley Pond mit großer Wahrscheinlichkeit auf eine planktische *Anabaena* zurückführen.

gewandelt, das an das eindringende Wasser abgegeben werden kann. Deshalb enthalten die durch menschliche Einflüsse nicht verunreinigten Grund- und Quellwässer in der Regel nur Nitrat, und zwar meist in der Größenordnung von Zehntelmilligrammen bis Milligrammen im Liter.

Auch im oligotrophen See ist das Nitrat, außer gelegentlichen Spuren von Nitrit und Ammonium, von der Oberfläche bis zum Grunde die weitaus vorherrschende anorganische Stickstoffverbindung. Während der Sommerstagnation ist, wie zuerst MINDER nachwies, eine Schichtung deutlich erkennbar, und zwar infolge eines allmählichen Verbrauches im Epilimnion, der mitunter bis zum völligen Schwund führen kann.

Ein wesentlich anderes Bild bietet die Schichtung der Stickstoffverbindungen im extrem eutrophen (und ebenso auch im meromiktischen) See. Im Epilimnion tritt auch hier Nitrat auf und unterliegt dem gleichen Verbrauch durch das Phytoplankton wie dort. Doch sind die feststellbaren Mengen wegen der stärkeren Zehrung während der Sommermonate meist geringer als im oligotrophen See und nicht selten tritt völliger Schwund ein. An der unteren Grenze des Sauerstoffgehaltes im Hypolimnion dagegen, dort, wo die O_2-Menge wenige Zehntelmilligramme im Liter beträgt, verschwindet das Nitrat plötzlich und wird mit zunehmender Tiefe von allmählich steigenden Ammonium-Mengen abgelöst (Abb. 22, Nitrat- bzw. Ammoniumstickstoff). Zwischen das Nitrat und das Ammonium schaltet sich, wie MÜLLER gezeigt hat, mitunter noch ein begrenztes Auftreten von Nitrit ein, so daß alle drei Oxydationsstufen des Stickstoffs in den Verlauf der Sauerstoffkurve eingegliedert sind. Das Verschwinden des Nitrates an der Sauerstoffgrenze wird sehr wahrscheinlich durch denitrifizierende Bakterien bewirkt, welche es über Nitrit und Stickoxydul zu elementarem Stickstoff reduzieren. Das im Hypolimnion auftretende Ammonium stammt ganz oder zum größten Teil[1]) aus dem Abbau der Eiweißkörper im Wasser und im Schlamm.

Phosphate gehören zu jenen Nährstoffen, die in unseren Gewässern in den geringsten, ja oft unvorstellbar kleinen Mengen vorkommen. Enthält doch das Wasser der oligotrophen Seen oft

[1]) Es ist nicht bekannt, ob die in der Natur sonst verbreitete Reduktion der Nitrate über Nitrit zu Ammonium auch in den Gewässern eine wesentliche Rolle spielt. Sollte dies zutreffen, dann könnte ein Teil des im Hypolimnion auftretenden Ammoniums auf diesen Vorgang zurückzuführen sein. Versuche, die mit dem Tiefenwasser des Lunzer Obersees, dem Nitrat zugesetzt worden war, angestellt wurden, ergaben jedoch keine Bildung von Ammonium, sondern lediglich eine solche von Nitrit und elementarem Stickstoff.

weniger als ein Tausendstel Milligramm (1 γ) anorganischen P im Liter, ja, der Gehalt sinkt nicht selten unter die Erfassungsgrenze der überaus empfindlichen Molybdänblau-Methode. Noch mehr als die Möglichkeit des Nachweises solch geringer Mengen muß die Fähigkeit der Planktonalgen, auch diese Spuren eines lebenswichtigen Nährstoffes zu verwerten, Staunen erregen. Phosphat wird aber nicht nur nach Maßgabe des Verbrauches (zum Stoffaufbau für das Wachstum und die Vermehrung) von den Planktonalgen aufgenommen, sondern darüber hinaus in großer Menge gespeichert, wenn das Angebot es zuläßt. Diese höchst bemerkenswerte Tatsache konnte EINSELE bei Düngungsversuchen im Schleinsee feststellen, wo das zugefügte Phosphat in wenigen Tagen aus dem Wasser verschwand und vom Phytoplankton aufgenommen wurde. An diese Beobachtung geknüpfte Versuche ergaben, daß Planktonalgen mehr als das Zehnfache des in ihnen normalerweise vorhandenen P zu speichern vermögen.

Während, wie oben gesagt wurde, die Stickstoffverbindungen den Gewässern mittelbar oder unmittelbar in nicht zu unterschätzender Menge auch aus der Atmosphäre zugeführt werden, entstammt der im Wasser gelöste Phosphor ausschließlich direkt oder indirekt (auf dem Umweg über Organismen) der Verwitterung phosphathältiger Gesteine (Apatit), dem Boden, und ist (in anorganischer Form) als Phosphat gelöst. Im Gegensatz zum Nitrat wird das Phosphat vom Boden gierig festgehalten und daher vom Regenwasser nicht so leicht herausgeschwemmt wie das erstere. Dies ist ebenfalls einer der Gründe, weshalb schon unsere Quellwässer um so viel weniger Phosphat enthalten als Nitrat. So enthalten z. B. die Wässer von Lunzer Gebirgsquellen (Kalkgebiet) etwa 0,1—0,8 mg/Liter Nitrat—N und nur 0—3 γ Phosphat—P. Dagegen enthält das Regenwasser in Lunz besonders zu Beginn des Regens immerhin bis zu 10 γ/Liter (vermutlich aus dem Staub stammenden) P. — Die in den meisten Seen während der Stagnationsperioden erkennbare Phosphat-Schichtung ist naturgemäß beim oligotrophen Typus viel schwächer ausgeprägt als im eutrophen. Im Hypolimnion des letzteren treten oft erhebliche Phosphatmengen in der Größenordnung von Zehntelmilligrammen auf.

EINSELE hat 1936 eine interessante Beziehung des Phosphat-Umsatzes mit dem Eisenkreislauf in eutrophen Seen nachgewiesen. Wenn im Hypolimnion eines solchen Sees (Ferro-)Eisen und Phosphat nebeneinander vorhanden sind, so fällt bei Sauerstoffzutritt und alkalischer Reaktion unlösliches Ferriphosphat aus, während das meist überschüssig vorhandene Eisen, wie oben geschildert wurde, als Ferrihydroxyd ausgeflockt wird. Beides wird im Sediment des Sees abgelagert. Daraus ergibt sich, daß während der herbstlichen Umschichtung nahezu der ganze Phosphatgehalt eines Sees zu Boden gerissen werden kann. Im Sediment tritt unter O_2-freien Bedingungen eine

Reduktion des Eisens aus der Ferri- in die Ferro-Form ein, wobei das Phosphat wieder frei wird und in Lösung geht. Auf diese Weise kann insbesondere in kleinen und nicht zu tiefen Seen, in denen die Wechselwirkung zwischen Bodenkontakt und Wassermasse ein erhebliches Ausmaß erlangt, das einmal vorhandene Phosphat im Hypolimnion einem dauernden Kreislauf (Ausfällung während der Zirkulation und Auflösung während der Stagnation) unterliegen (vgl. auch S. 185).

Phosphat wird, wie Untersuchungen STEINERS gezeigt haben, innerhalb der Zehrschicht nicht nur durch die zersetzende Tätigkeit der Bakterien aus den organischen Substanzen freigemacht; das absinkende Plankton fällt auch einer teilweisen Selbstzersetzung (Autolyse) anheim, bei der bestimmte Fermente (Phosphatasen) die Phosphate aus den P-haltigen Eiweißkörpern (Nukleoproteiden) abspalten.

5. Andere mineralische Stoffe

Ein weiteres Element, das am Aufbau der Eiweißstoffe teilnimmt, ist der Schwefel. Er ist in der „Nährlösung" unserer Gewässer als Sulfat, meist in der Form von Gips ($CaSO_4$) oder (unter bestimmten Umständen) als Schwefelwasserstoff (H_2S) vertreten. Da der letztere leicht oxydierbar ist (zu Schwefelsäure), so kann er nur bei Ausschluß von Sauerstoff von Bestand sein. Wir finden ihn daher nie im Epilimnion der Seen, sondern im O_2-freien Hypolimnion, im Schlamm oder am Austritt vulkanischer Quellen.

Sulfate sind in fast allen Gewässern in größerer oder geringerer Menge enthalten. Über ihre Schichtung im See ist in Ermangelung einer genügend empfindlichen analytischen Schnellmethode noch wenig bekannt. Sie dürfte jedoch, da der Verbrauch durch die Pflanzen im Vergleich zu der vorhandenen Menge meist gering ist, nur wenig ausgeprägt sein. Der Sulfatgehalt ist jedoch in anderer Hinsicht bedeutungsvoll. Es zeigte sich, daß in der Regel nur jene eutrophen Seen im Hypolimnion größere Mengen von Schwefelwasserstoff enthalten, die gleichzeitig reich an Sulfaten sind. Es gibt eine Anzahl von Bakterienarten, welche befähigt sind, Sulfate zu H_2S zu reduzieren (vgl. S.172). Der weitaus größte Teil des Schwefelwasserstoffes, den wir, oft mehrere Milligramme im Liter, in der O_2-freien Tiefe gewisser Seen antreffen, stammt von dieser Sulfatreduktion, denn die im Eiweißmolekül enthaltene Menge von S ist zu gering, um unter normalen Verhältnissen bei der Fäulnis zu einer erheblichen Anreicherung des Wassers mit diesem Gas zu führen. In Übereinstimmung damit konnte MORTIMER eine bedeutende Abnahme des Sulfates im O_2-freien Hypolimnion eines nordenglischen Sees (Esthwaite Water) feststellen. Besonders das Meerwasser und seine Verdünnungen (Brackwasser) sowie Salzgewässer und solche in vulkanischen Gebieten neigen wegen ihres hohen Sulfatgehaltes zur Schwefelwasserstoffbildung bei Abwesenheit von O_2. Bekannt ist der hohe H_2S-Gehalt des Schwarzen Meeres, dessen unterhalb 200 m gelegene Tiefen durch dieses giftige Gas für höhere Tiere unbewohnbar gemacht werden. In der Tiefe von Talsperren, welche durch die an Sulfaten reichen Abwässer von Zellstoff-Fabriken verunreinigt werden, kommt es durch Sulfatreduktion zur Bildung großer Mengen von H_2S und bei Umschichtungen können in solchen Fällen katastrophale Fischsterben eintreten. Ein berüchtigtes Beispiel ist die von LIEBMANN (1938) eingehend untersuchte „Bleiloch"-Sperre in Thüringen. Daß H_2S nicht für alle Organismen giftig ist, sondern für eine hochinteressante Bakteriengruppe eine unerläßliche Lebensgrundlage bildet, wird in einem späteren Kapitel (S. 34, 172) erörtert werden.

Die Kieselsäure ist wohl kein Baustoff der lebenden Substanz, aber sie bildet das Gerüst im Schalenaufbau der wichtigsten Algengruppe der Gewässer, der Diatomeen oder Kieselalgen, welche ohne Kieselsäure nicht gedeihen, und spielt auch sonst bei der Verfestigung von Organen eine bedeutende Rolle, so bei den Zystenumhüllungen und Stacheln der Chrysomonaden, bei gewissen Heliozoen, den Kieselschwämmen usw. In ihrem chemischen Verhalten ähnelt sie der Kohlensäure. Da sie aber viel schwächer dissoziiert ist als diese, wird sie bei Anwesenheit von CO_2 bzw. von Bikarbonaten aus ihren (stark hydrolysierten) Verbindungen, den Silikaten, verdrängt und ist dann im Wasser in gelöster (oder kolloidaler) Form als freie Kieselsäure enthalten. Die Mengen, in denen sie auftritt, sind sehr verschieden und liegen in der Regel in der Größenordnung von Milli- bis Zentigrammen im Liter. Moorwässer enthalten meist weniger als 1 mg/Liter. Die Schichtung ist stets deutlich ausgeprägt, da der Verbrauch durch die Diatomeen sehr erheblich ist. Regelmäßig findet man nach einem Massenauftreten der Kieselalgen im Plankton eine starke Abnahme der gelösten SiO_2 im Epilimnion.

Über den Umsatz des Magnesiums, Kaliums, Natriums und Aluminiums ist nur wenig bekannt, da die chemische Methodik uns die für limnologische Untersuchungen notwendigen, genügend empfindlichen und doch schnell durchführbaren Analysenverfahren zum Nachweis dieser Elemente noch nicht in die Hand gegeben hat. Wir wissen jedoch aus den in großer Zahl vorliegenden Gesamtanalysen von vorwiegend Oberflächenwässern, daß sie in sehr wechselnder Menge auftreten können. Am geringsten dürfte in normalen Wässern jene des Aluminiums sein (Zehntelmilligramme), am größten, besonders in Kalkgebieten mit dolomitischem Einschlag, die des Magnesiums. Eine biochemische Schichtung ist besonders beim Kalium und Magnesium zu erwarten, da sie zu den lebensnotwendigen Grundstoffen gehören. Kalium kommt nach Collet (1925), Järnefelt (1935), Kuisel (1935), den Wisconsin-Forschungen (Lohuis etc. 1938), Lohammar (1938) und Ohle (1940) meist in der Größenordnung bis zu wenigen Milligrammen im Liter vor. Ohle stellte in baltischen Seen eine immerhin deutliche Zunahme mit der Tiefe fest. Das Magnesium ist meist als Bikarbonat in Lösung, dessen Verhalten im Wasser jenem des doppelkohlensaueren Kalkes ähnelt. Ein Unterschied liegt darin, daß das Monokarbonat des Magnesiums ($MgCO_3$) weit mehr löslich ist als $CaCO_3$ und daher bei der Abspaltung von CO_2 aus dem Bikarbonat (z. B. durch die Assimilationstätigkeit der Pflanzen) nicht so leicht ausfällt wie dieses. — Daß Natrium in sehr wechselnder Menge überall auftritt und im Brackwasser zum vorherrschenden Kation wird, braucht nicht besonders betont zu werden.

Schließlich wäre als regelmäßiger Lösungsbestandteil der Gewässer noch das Chlor-Ion zu erwähnen, welches bei der großen Verbreitung der Chloride in der Natur kaum irgendwo fehlt, aber nur in den Salz- und Brackwässern in großer bis sehr großer Menge auftritt. Da es nicht lebenswichtig ist, treten Unterschiede in der Vertikalverteilung nur dann auf, wenn sie hydrographisch bedingt sind.

6. Organische Stoffe

Lange Zeit hindurch setzte man in der limnologischen Forschung voraus, daß das sogenannte „reine" Wasser der Seen, Bäche und Flüsse, solange es nicht mit den Exkreten des menschlichen und tierischen Stoffwechsels oder mit den Sielwässern gewisser Industrien (z. B. der Zucker-, Spiritus- und Zellulosefabriken) vermischt ist, als anorganische Lösung aufgefaßt werden kann und daß die darin enthaltene organische Substanz sich vorwiegend auf die Lebewesen und auf organischen Detritus, also auf geformtes Material, beschränke. Man nahm an, daß die Pflanzen dieser Lebensgemeinschaften sich absolut autotroph, durch die Assimilation anorganischer Nährstoffe, ernährten. Eine heterotrophe oder besser gesagt mixotrophe Lebensweise, also die Assimilation sowohl von anorganischem, als auch von organischem Kohlenstoff, erschien nur in Abwässern und deren Verdünnungen möglich, wo sie, wie später noch besprochen werden soll, auch für zahlreiche Organismen nachgewiesen wurde.

Für die Zwecke der praktischen Wasserbeurteilung versucht man den Gehalt an organischen Substanzen durch die „Oxydierbarkeit" mittels Kaliumpermanganat auszudrücken. Man darf jedoch nicht vergessen, daß der $KMnO_4$-Verbrauch (der außerdem nur eine teilweise Verbrennung bedeutet!) keineswegs ein Maß für den Gehalt an organischem Kohlenstoff sein kann, da er vom Oxydationszustand der gelösten Stoffe abhängt. Das gleiche gilt von der bakteriellen O_2-Zehrung von Wasserproben bei verschiedenen Temperaturen und in gewissem Sinn auch vom Glühverlust der Abdampfrückstände. Diese Methoden haben für manche Fragen der hygienischen Wasser- und Abwasseruntersuchung ihre Bedeutung, können aber für limnologische Forschungen nur sehr bedingt von Nutzen sein.

Die Untersuchungen der letzten Jahrzehnte, insbesondere jene des unter der Leitung von Birge und Juday geführten Wisconsin Lake Survey, haben den Nachweis erbracht, daß auch das „reine" Wasser der Seen erhebliche Mengen organischer Stoffe in Lösung enthält, und es ergab sich dabei die überraschende Tatsache, daß die Menge des Gelösten jene des Geformten (also in der Hauptsache des Planktons) um ein Mehrfaches übertrifft. So enthält z. B. der eutrophe Lake Mendota an organischer Substanz 12,5 mg je Liter in Lösung und nur 1,5 mg im Plankton. Aber auch in ausgesprochen oligotrophen Seen des Gebietes waren immerhin noch rund 5 mg Organisches gelöst und weniger als 1 mg im Plankton enthalten. Ferner haben übereinstimmende Befunde in den Seen Nordamerikas, Mitteleuropas und Skandinaviens gezeigt, daß neben den auf S. 80 besprochenen anorganischen Stickstoff- und Phosphorverbindungen stets auch organische, und zwar in wesentlich größerer Menge, vorkommen. Besonders auffallend tritt dieses Verhältnis beim P zutage, wo der „Gesamtphosphor" den in den Phosphaten gebundenen in der Regel um mehr als das Zehnfache übertrifft (im Epilimnion der Alpenseen 0,01—0,05 mg je Liter).

Dieser „Gesamtphosphor" sowie auch der „Gesamtstickstoff" setzen sich aus 3 Komponenten zusammen: 1. dem anorganischen, 2. dem organisch gelösten, „kolloidalen" und 3. den geformten, d. h. in den lebenden und unbelebten Suspensionen gebundenen Anteil. Das Verhältnis dieser Anteile zueinander kann erhebliche Schwankungen aufweisen. So betrugen z. B. die 3 Anteile des Gesamtphosphors in der oben angeführten Reihenfolge im Linsley Pond 8%, 29% und 63%, während sich in einigen Wisconsin-Seen das Verhältnis des kolloidalen : geformten P gerade umgekehrt gestaltete (61% : 28%). Beim Phosphor ist in dieser Hinsicht auch das verschiedene Ausmaß der Speicherung durch Planktonalgen in Betracht zu ziehen.

Der organisch gelöste Anteil des Gesamtstickstoffs zeigt in verschiedenen Seentypen Europas und Amerikas sowie auch in verschiedenen Tiefen oligotropher und eutropher Seen eine bemerkenswerte Übereinstimmung und liegt in der Regel um 0,5 mg/Liter. Dieses Verhalten legt den Gedanken nahe, daß es sich hier (und dies gilt vermutlich auch vom kolloidalen Phosphor) größtenteils um Verbindungen handelt, welche im Stoffwechsel der Organismen unter normalen Verhältnissen wenig verwertet werden (vgl. Nümann,

EINSELE) und ein schwer angreifbares Endglied des Abbaues bilden. Nur in meromiktischen Seen finden wir eine mitunter bis zum Nullwert führende Abnahme des organisch gelösten N, was darauf hindeuten könnte, daß der Abbau dieses Anteiles unter völlig anaeroben Verhältnissen nach langer Zeit doch eintritt. Doch ist die Zahl der vorliegenden Beobachtungen noch zu gering, um ein abschließendes Urteil zu gestatten. Die dem See von außen zugeführten und in seinem eigenen Stoffwechsel dauernd gebildeten organischen Substanzen werden, so weit sie als Nährstoffe brauchbar sind, offenbar sofort verwertet und treten daher in den Analysen nicht in Erscheinung.

Schon aus diesen Angaben ist zu ersehen, daß der Gehalt des Wassers an gelöster organischer Substanz bei produktions-biologischen Erwägungen keineswegs vernachlässigt werden darf. Allerdings wird durch diesen Umstand das ganze Problem wesentlich schwieriger. Während sich die chlorophyllführenden Pflanzen gegenüber den anorganischen Nährstoffen insofern ähnlich verhalten, als z. B. die Kohlensäure von allen assimiliert wird, bzw. die auf S. 55 angeführten Elemente für das Gedeihen unerläßlich sind (wenn auch die quantitativen Ansprüche an die Zusammensetzung der optimalen Nährlösung recht verschieden sein können), so sind viele von ihnen in bezug auf organische Stoffe Spezialisten. Es gibt Algen, die neben ihrer autotrophen Ernährung organischen Kohlenstoff nur in Form von Kohlehydraten verwerten, während andere dies nur aus organischen Säuren vermögen und wieder andere gedeihen am besten, wenn man ihnen Pepton bietet. Dies sind nur einige bekannte Beispiele aus der großen Zahl der mixotrophen Organismen, deren Stoffwechsel zum größten Teil noch völlig unbekannt ist. Ganz besonders gilt dies vom pflanzlichen Plankton, dessen Kultivierung im Laboratorium große Schwierigkeiten bereitet. So wenig wir wissen, ob und welche organische Stoffe die einzelnen Arten zu assimilieren vermögen, ebensowenig ist uns auch bekannt, welche Verbindungen unter dem Sammelbegriff der im Wasser gelösten „organischen Substanz“ in jedem einzelnen Falle tatsächlich vorliegen.

Trotz der beschränkten Kenntnisse auf diesem Gebiet hat die bloße Erfassung einiger Zusammenhänge schon vor Jahren zu wertvollen praktischen Ergebnissen geführt. Auf Grund der Beobachtung, daß das Auftreten bestimmter Arten an bestimmte Verunreinigungsgrade gebunden ist, hat man gelernt, den Verschmutzungsgrad des Wassers aus dem Auftreten eben dieser Organismen zu beurteilen, ebenso wie man auf anorganischem Gebiet aus dem Gedeihen von Schwefelbakterien auf das Vorhandensein von H_2S, aus jenem der Eisenorganismen auf Fe schließen kann (biologische Wasserbeurteilung nach Kolkwitz und Marsson). Man unterscheidet die Bewohner des reinen Wassers als „Katharobien" von jenen des verschmutzten, den „Saprobien", und gliedert die letzteren je nach ihrer Vorliebe für organischen Gehalt in Untergruppen (oligosaprobe, mesosaprobe, polysaprobe Organismen). Durch die Tätigkeit aller dieser Lebewesen, der Bakterien, Pilze, der grünen Algen und der Tiere, wird der organische Gehalt des Wassers allmählich abgebaut, bzw. oxydiert, „mineralisiert". Es tritt eine „biologische Selbstreinigung" des Gewässers ein, deren Ablauf, welcher durch geeignete Maßnahmen gefördert werden kann, in der Technik eine wichtige Rolle spielt.

Der biologischen Wasserbeurteilung kommt bei der zunehmenden Besiedlungsdichte und Industrialisierung neben der chemischen und bakteriologischen Untersuchung der Nutz- und Abwässer eine immer wachsende Bedeutung zu. Die Voraussetzung ist auch hier wiederum eine möglichst genaue Kenntnis der Milieu-Ansprüche und physiologischen Leistungen der in Frage stehenden Organismen, Erkenntnisse, welche vor allem durch Kulturversuche im Laboratorium gewonnen werden müssen (vgl. z. B. Wuhrmann 1945). Die Forschungen sind im ständigen Ausbau begriffen und man kann erwarten, daß dieser wichtige Zweig der angewandten Limnologie immer mehr auf exakte Grundlagen gestellt werden wird (vgl. das Handbuch von Liebmann 1951).

7. Das Gesetz des Minimums

Wenn in den vorstehenden Zeilen die natürlichen Wässer wiederholt als „Nährlösungen" bezeichnet wurden, so ist das nur so zu verstehen, daß die Pflanzen dieser Biotope auf Grund der im Wasser gelösten Nährstoffe gedeihen, aber selbstverständlich nicht in dem Sinne, daß die einzelnen Elemente etwa in einem dem Bedarf entsprechenden Mengenverhältnis vorhanden wären, wie dies in einer künstlich zusammengesetzten Nährlösung annähernd der Fall ist. In den meisten Gewässern herrscht ein arges Mißverhältnis zwischen der Zusammensetzung des Salzgehaltes und den Ansprüchen der Stoffaufnahme. Einzelne Ionen, wie z. B. Ca^{++}, HCO_3^- sind oft in einer den jeweiligen Bedarf weit übersteigenden Menge vorhanden, während andere, wie das Phosphat-Ion in der Regel nur in unverhältnismäßig kleinen Mengen auftreten. Es liegt auf der Hand, daß die Pflanze von dem Überschuß der einen keinen Nutzen haben kann, wenn sie an den anderen Mangel leidet. Dieses Gesetz vom Minimum (welches also besagt, daß der jeweils in der geringsten Menge vorhandene Nährstoff für die Produktion maßgebend ist) wurde zuerst von Justus von Liebig formuliert und später in der Erkenntnis, daß es für die Mehrzahl der Lebensfunktionen und Umweltbedingungen, nicht nur für die chemischen, Gültigkeit hat, zum Wirkungs-Gesetz der begrenzenden Faktoren erweitert. Ebenso wie bei der CO_2-Assimilation eine Erhöhung der Lichtintensität über einen bestimmten Wert hinaus nur dann die Leistung steigert, wenn gleichzeitig auch die Temperatur zugenommen hat (vgl. S. 126), so werden reichliche Stickstoffgaben nur dann die Produktion vergrößern, wenn gleichzeitig die Menge des im Minimum vorhandenen Phosphors vermehrt wird (unter der Voraussetzung, daß alle anderen Nährstoffe im Überschuß vorhanden sind). Dort war die Temperatur, hier der P-Gehalt der begrenzende Faktor.

Die Veränderung eines Faktors wird die Produktion um so wirksamer beeinflussen; je mehr er sich dem Minimum gegenüber den anderen Faktoren nähert. Je mehr dieser Minimumwert überschritten wird, desto geringer wird die relative Wirkung des Faktors werden und schließlich den Wert Null erreichen („Relativitätsgesetz" nach Lundegårdh bzw. Mitscherlich).

Ferner ist zu berücksichtigen, daß die Vermehrung eines Organismus die Resultante vieler physiologischer Funktionen ist, die alle in spezifischer Weise dem Gesetz des Minimums gehorchen, und daß diese Resultante bei den einzelnen Arten verschieden verläuft, d. h. jede Art ihre besonderen Ansprüche an die Umweltbedingungen stellt.

Wenn wir diese Überlegungen auf den Nährstoffgehalt der Gewässer anwenden, so werden wir die begrenzenden Faktoren unter den Ionen der Lösung suchen müssen, die jeweils in der geringsten Menge vorhanden sind („Minimum-Stoffe"). Von den lebenswichtigen Elementen sind dies in der Regel der Stickstoff oder der Phosphor. Die Pflanzen werden den im Minimum vorhandenen Nährstoff dem Wasser so weit entziehen, als sie es vermögen, und die äußerst geringen, oft unter die Grenze der Nachweisbarkeit sinkenden Phosphatmengen im Epilimnion unserer Seen beweisen, wie groß diese Fähigkeit der lebenden Zelle ist. Man wird also einen Minimum-Stoff häufig daran erkennen, daß er nicht mehr nachweisbar ist. Seine Zufuhr (etwa durch die Zuflüsse) wird mit einem sofortigen Verbrauch durch die Organismen beantwortet.

Dabei muß die Aufnahme des Nährstoffes nicht sofort zu einer Erhöhung der Produktion führen. Wir haben schon auf die Befunde von Einsele hingewiesen, wonach des Phytoplankton befähigt ist, das Vielfache seines normalen Gehaltes an P zu speichern. Im Verlaufe eines Düngungsversuches im Schleinsee erfolgte eine Massenvermehrung des Phytoplanktons erst einen Monat nach der P-Zugabe, und zwar erst dann, als (infolge der Phosphatdüngung) eine Stickstoffassimilation und bedeutende Zunahme des (im Minimum befindlichen) N-Gehaltes eingetreten war (vgl. auch S.80, 150). Rodhe fand, daß Algenkulturen mittels des einmal gespeicherten Vorrates an P, N oder Fe noch wochen- und monatelang in wiederholt erneuerten Nährlösungen, die vollkommen frei von diesen Elementen waren, sich lebhaft vermehrten.

Es herrscht also ein dynamisches Gleichgewicht zwischen dem Ausmaß der Zufuhr des begrenzenden Nährstoffes und dem

Wachstum bzw. der Vermehrung der Organismen, wobei die zugeführte Gesamtmenge sofort (oder auf dem Umweg über eine vorübergehende Speicherung) in lebende Substanz umgesetzt wird und dem chemischen Nachweis unzugänglich bleibt. Dies gilt in gleicher Weise für eutrophe wie für oligotrophe Gewässer, d. h. für solche mit starker und schwacher Nährstoffzufuhr. Der Versuch, Unterschiede der Produktion aus Differenzen im augenblicklichen Gehalt an Minimumstoffen ableiten zu wollen, wird daher in der Regel aussichtslos bleiben.

Wegen der sehr verschiedenen Ansprüche, welche die einzelnen Organismen an die Umweltbedingungen stellen, ist für ein Verständnis des Stoffwechsels der Gewässer eine eingehende Kenntnis der Physiologie der Arten und Rassen notwendig. Auf diesem eine mühsame Kleinarbeit mit Reinkulturen erfordernden Gebiet sind wir erst in den Anfängen. Doch konnten auch hier schon erhebliche Fortschritte erzielt werden (vgl. z. B. RODHE 1948).

Die Zufuhr von Nährstoffen, die somit für die organische Produktion in der freien Wassermasse eines Sees maßgebend ist, strömt aus drei Quellen. Zwei davon, die Zuflüsse und die atmosphärischen Niederschläge, sind schon wiederholt erwähnt worden. Die dritte und nicht minder wichtige ist der Austausch mit den auf den Boden des Sees abgelagerten Sedimenten. Diese bestehen, wie weiter unten (S. 165) erörtert werden soll, zum großen Teil aus den im freien Wasser nicht zersetzten Resten der organischen Produktion der Nährschicht. Sie gehen im Schlamm einem allmählichen Abbau entgegen; die löslichen Produkte desselben werden an das freie Wasser der bodennahen Schichten abgegeben und in einem von der Austauschgröße abhängigen Ausmaß als Nährstoffe der Produktion wieder zugeführt. Da — bei niedrigen Tiefentemperaturen — der Abbau im Schlamm meist langsamer vor sich geht als die Sedimentierung organischer Massen, häufen sich die letzteren allmählich an und damit wächst auch die Zufuhr ihrer Abbauprodukte ins freie Wasser. Auf diesem Wege kann bei sonst günstigen Verhältnissen aus einem oligotrophen See im Verlauf seines Alterns ein eutropher werden.

Überblicken wir als Abschluß dieses Abschnittes noch einmal zusammenfassend den gesamten Stoffumsatz in einem See, so sehen wir, daß sich alle Veränderungen in der Verteilung der gelösten Stoffe und die häufig so auffallenden Schichtungserscheinungen zwanglos aus dem Gegenspiel des Aufbaues und des Abbaues, dem Reduktionsvorgang der Assimilation und dem Oxydationsvorgang der Dissimilation, ergeben. In der Nährschicht verlaufen beide Prozesse nebeneinander, doch tritt die Dissimilation nicht in Erscheinung; nicht etwa, daß sie geringer wäre als im Hypolimnion (sie ist sogar, wegen der höheren Temperatur, erheblich größer!), sondern weil sie von der viel intensiveren Assimilation übertönt wird und alle ihre Abbauprodukte, die Kohlensäure ebenso wie die „mineralischen" Stoffe, im dynamischen Gleichgewicht des Aufbaues sofort wieder Verwertung finden. In der lichtlosen Zehrschicht dagegen fehlt der photosynthetische Aufbau; der Gesamtstoffwechsel wird beherrscht von den Vorgängen der Dissimilation. Ihr Ausmaß wird um so größer sein, je höher die Temperatur des Hypolimnions, je größer die Zufuhr der abzubauenden, organischen Substanz aus der Nährschicht ist und je länger die Stagnationsperiode währt. In den Seen des gemäßigten Klimas mit tieftemperiertem Hypolimnion sind die beiden letztgenannten Faktoren ausschlaggebend. Im eutrophen (und ebenso auch im meromiktischen, also dauernd geschichteten) See wird der Sauerstoff des Tiefenwassers (und zwar der von der letzten Umschichtung herrührende Vorrat als auch der durch allmählichen Austausch von oben zugeführte) bei der Oxydation weitgehend, oft bis zum völligen Schwund, verbraucht und die in entsprechender Menge entstandenen „Verbrennungsprodukte" werden in oft sehr erheblicher Menge angereichert. Im holomiktischen, oligotrophen See dagegen ist die Menge der oxydierten Substanz im Verhältnis zur Wassermasse zu gering, um wesentliche Veränderungen in der ursprünglichen Verteilung der Stoffe herbeizuführen. Unsere Abb. 22 veranschaulicht Extreme dieser beiden Schichtungstypen, auf Grund der Verhältnisse in zwei Alpenseen, dem oligotrophen, holomiktischen Grundlsee und dem meromiktischen Krottensee, welcher den gleichen Schichtungstypus zeigt, wie ein extrem eutropher See, wenn auch aus anderen Gründen (vgl. S. 74). Es sind dies gewissermaßen Endglieder einer von zahllosen Übergangsstufen gebildeten Reihe.

Die durch die Abbauprozesse in der Tiefe der Seen allmählich freigemachten und angehäuften Nährstoffe werden, solange eine stabile Schichtung besteht, im Hypolimnion festgehalten und der neuerlichen Einschaltung in den Produktionsprozeß entzogen. Besonders in einem eutrophen See ist ihre auf das Volumen des Hypolimnions berechnete Gesamtmenge sehr groß. Als Beispiel seien hier zwei tropische Seen angeführt, für welche solche Berechnungen durchgeführt wurden, von denen sich aber eutrophe Seen unserer Heimat keineswegs wesentlich unterscheiden. Im Ranu Lamongan in Ostjava, einem kleinen Maar von nur 750 m Durchmesser und 28 m Tiefe, wurden unterhalb der Sprungschicht 1400 kg Phosphor und 12000 kg

Ammoniumstickstoff festgestellt; einer der großen sumatranischen Seen, der Danau Manindjau mit 98 km² Fläche und 170 m Tiefe, enthielt unterhalb 60 m rund 1500 Tonnen P und 7000 Tonnen NH_4—N. Für die Tropen gewinnen diese Verhältnisse insofern eine

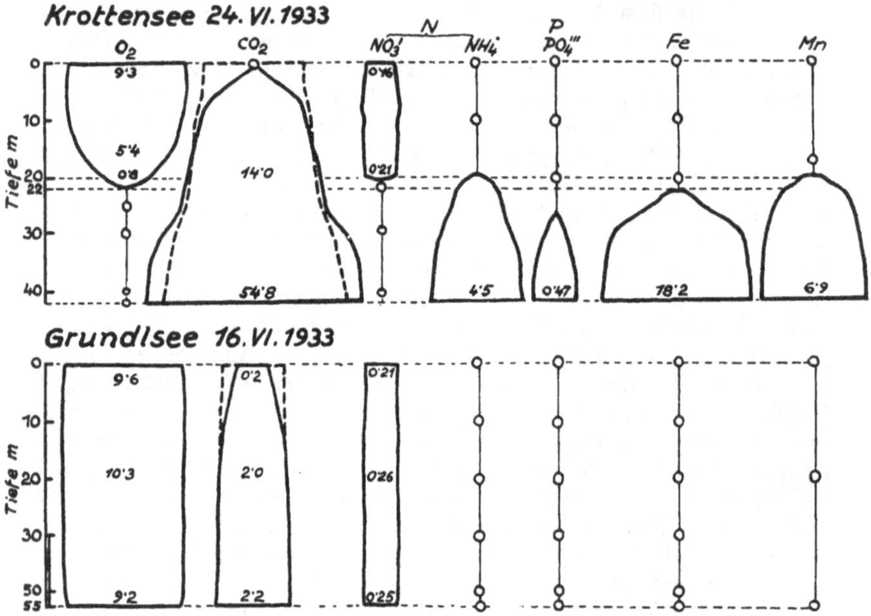

Abb. 22. Extreme biochemische Schichtungstypen: Krottensee (Salzburg) meromiktisch, eutropher Schichtungstypus; Grundlsee (Oberösterreich) holomiktisch, oligotropher Schichtungstypus

In den einzelnen Figuren wurden als Abszissen die dritten Wurzeln aus den Litergehalten eingetragen. Die Durchmesser sind also ein Maß der linearen Konzentration (KOHLRAUSCH), also der Teilchendichte auf einer Würfelkante. Diese Art der Darstellung ist in mancher Hinsicht anschaulicher als die der sonst gebräuchlichen Kurven

Gestrichelte Figur unter CO_2: der aus der jeweiligen Bikarbonatkonzentration berechnete Sollwert der Gleichgewichtskohlensäure

Die eingetragenen Zahlen = Litermilligramme

besondere Bedeutung, als das Wasser der Seen zur Bewässerung der Reisfelder dient und es deshalb Vorteile verspricht, für diesen Zweck nicht das Oberflächenwasser, sondern jenes der Tiefe zu verwenden.

Der eutrophe und oligotrophe See unterscheiden sich jedoch nicht allein im biochemischen Schichtungsbild. Durch den verschiedenen

Gehalt des Wassers an zum Teil gefärbten Planktonorganismen werden auch die optischen Eigenschaften des Wassers verändert. Ein See mit sehr durchsichtigem und tiefblauem, blaugrünem bis grünem Wasser wird immer oligotroph sein. Dagegen haben eutrophe Seen zwar stets eine verhältnismäßig geringe Sichttiefe und grüngelbe bis braungelbe Farbe, aber die bloße Feststellung dieser Eigenschaften gestattet noch keinen Rückschluß auf den Produktionstypus, denn die Trübung kann anorganischen Ursprunges sein und die Farbe von Humussubstanzen herrühren (vgl. S. 19).

B. Die Lebensgemeinschaften

I. Das Plankton

Die Limnologie bietet manches schöne Beispiel dafür, wie sehr die Fortschritte der Wissenschaft von dem jeweiligen Stande der Untersuchungstechnik abhängen. Daß auch die Einführung ganz einfacher, man möchte sagen selbstverständlicher Methoden der Forschung einen ungeahnten Impuls verleihen kann, zeigt am besten die Geschichte der Planktonkunde. Bis ungefähr zur Mitte des vorigen Jahrhunderts waren die Kenntnisse über die Formenwelt insbesondere des Meeresplanktons noch sehr gering. Was man davon kannte, stammte zum großen Teil aus Magenuntersuchungen von Tieren oder aus gelegentlichen Funden ins Litoral verirrter Formen. Da kam der berühmte Physiologe Johannes Müller auf den Gedanken, das offene Meer mit einem Netz aus feinmaschiger Seidengaze, wie sie das Müllereigewerbe zum Sieben der Mehlsorten verwendet, abzufischen, und mit einem Schlage wurde dem staunenden Auge das Bestehen einer bisher kaum geahnten, großen Lebensgemeinschaft mit einer schier unerschöpflichen Fülle von Formen und Problemen enthüllt. Die Forscher stürzten sich mit Feuereifer auf dieses neue Gebiet, Expeditionen (Hensen, 1889) wurden ausgerüstet, mit dem einzigen Ziel, die Zusammensetzung, Verteilung und Menge des Planktons im Ozean zu erkunden, und bald zogen aus der Schule Hensens die ersten Pioniere — es sei hier nur Apstein genannt —, mit dem Planktonnetz bewaffnet, an die Binnenseen, um die im Meere gewonnenen Erfahrungen hier zu erproben und die Probleme des pelagischen Lebens im Süßwasser zu entschleiern. Eine Zeitlang sah es so aus, als sollte sich die Hydrobiologie in der Planktonkunde erschöpfen; man glaubte, in dieser Lebensgemeinschaft die Urproduktion der stehenden Gewässer erfaßt zu haben. Und doch hatte man einen methodischen Fehler übersehen oder, wie Hensen vernachlässigen zu können geglaubt, den Umstand nämlich, daß die Maschen der feinsten Müllergaze (Nr. 20) noch immer etwa 70 μ (0.07 mm) weit sind und daß kleine Organismen des Planktons durch diese Öffnungen hindurchschlüpfen können. Erst um die Jahrhundertwende wurde neben Kofoid insbesondere Lohmann auf diesen Fehler aufmerksam, als er bei der Untersuchung der überaus feinmaschigen Fangkörbe der zu den Manteltieren (Tunicaten) gehörenden Appendicularien auf zahlreiche, kleinste Planktonformen stieß, die im Netzfange nicht zu finden waren. Er versuchte sodann, das geschöpfte Seewasser zu zentrifugieren, und fand im Rückstand die gleichen kleinen Flagellaten, Diatomeen usw., und zwar in einer Menge, welche die in dem gleichen Wasservolumen enthaltenen Arten des „Netzplanktons" nicht nur weitaus an Zahl, sondern häufig auch an Masse übertraf. Die Entdeckung dieses „Nanno"- (= Zwerg-) Planktons gab die Veranlassung zum Ausbau einer neuen Methodik, welche es ermöglicht, durch Zentrifugieren der lebenden oder durch Sedimentieren der mit Jod-Jodkalium-Lösung abgetöteten Organismen in geeigneten Kammern von 1—100 ccm Inhalt (nach Kolkwitz bzw. Utermöhl), den gesamten in diesem Wasservolumen enthaltenen Planktongehalt zu gewinnen und die durch die Netzfiltration erhaltenen Ergebnisse zu ergänzen. Auf diesem Wege konnte die Planktonforschung nicht nur die Zusammensetzung dieser Lebensgemeinschaft vollständig erfassen, sondern auch die Verteilung der einzelnen Arten im Raum und in der Zeit auf der Grundlage einer verläßlichen Statistik studieren.

Johannes Müller nannte unsere Lebensgemeinschaft noch „Auftrieb", da man damals annahm, sie gedeihe nur an der Oberfläche des Meeres. Den Ausdruck „Plankton" prägte erst Hensen als Inbegriff aller jener Lebewesen, die, unabhängig vom Ufer und vom Grund, „willenlos" im freien Wasser treiben. Wenn auch — insbesondere in küstennahen Meeresteilen — vielfach Entwicklungsstadien (Larven) von bodenbewohnenden Tieren an der Zusammensetzung des Planktons teilnehmen, so sehen wir in ihm doch jene Lebensgemeinschaft, bei der die Einheit des Milieus, die ausschließliche Abhängigkeit vom Wasser als Lebensraum am reinsten zum Ausdruck kommt. Es hat in der Flora und Fauna des terrestrischen Lebensraumes keine Parallele; denn wenn auch die Luft oft erfüllt ist von Samen, Sporen, Bakterien und Pollenkörnern, wenn auch Vögel und Insekten sich vorübergehend in ihr tummeln, so kennen wir doch keinen Organismus, der losgelöst vom Boden dauernd und frei schwebend in der Luft gedeihen könnte.

1. Das Schweben im Wasser

Die Voraussetzung für das Planktondasein ist (vor allem bei jenen Lebewesen, die keine Eigenbewegung besitzen) die Fähigkeit, im Wasser zu schweben. Ein dauerndes Schweben setzt die (praktisch kaum je vollkommen verwirklichte) Gleichheit des spezifischen Gewichtes mit dem umgebenden Milieu voraus. Da das spezifische

Gewicht der Pflanzen und Tiere etwas größer und nur in selteneren Fällen kleiner ist als 1, wird dieses „Schweben“ meist ein langsames Absinken sein und ein Organismus wird sich um so besser für das Leben im Plankton eignen, je geringer seine Sinkgeschwindigkeit ist, wofern er nicht in der Lage ist, durch Eigenbewegungen den Höhenverlust wieder auszugleichen. Im Meeresplankton dagegen begegnen wir vielfach echten „Schwebern“, da der hohe Salzgehalt des Milieus es den Organismen ermöglicht, durch Veränderung der Zusammensetzung der Körpersäfte (unter Beibehaltung der Isotonie) Unterschiede des spezifischen Gewichtes mehr oder weniger voll-

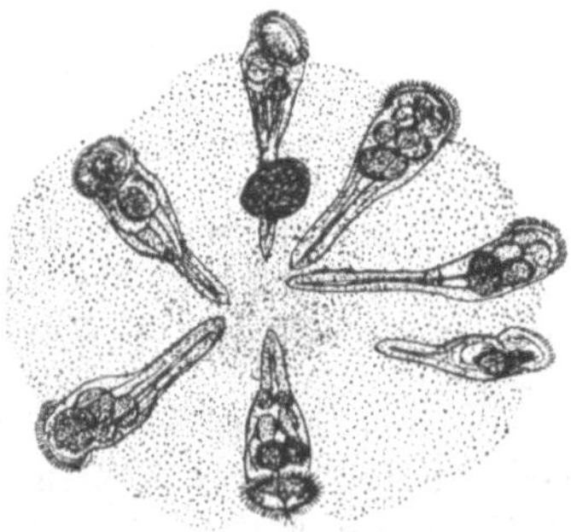

Abb. 23. *Conochilus unicornis*, ein in einer freischwimmenden Gallerthülle lebendes, koloniebildendes Rädertier. Vergr. 60 mal

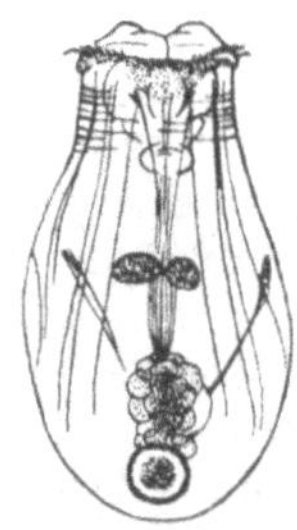

Abb. 24. *Asplanchna priodonta*, ein Rädertier vom „Blasentypus“. Vergr. 50 mal

kommen zu kompensieren (*Noctiluca*, Radiolarien, pelagische Fischeier usw.). Da wir es aber mit dem Süßwasserplankton zu tun haben, ist die Frage, welche uns zunächst beschäftigen muß, jene nach den Faktoren, welche die Sinkgeschwindigkeit beeinflussen. Der verdiente dänische Limnologe Wesenberg-Lund hat sich schon um die Jahrhundertwende mit diesem Problem auseinandergesetzt. Seine „Schwebetheorie“ wurde später von Wo. Ostwald erweitert und in folgende Formel gebracht:

$$\text{Sinkgeschwindigkeit} = \frac{\text{Übergewicht}}{\text{Formwiderstand} \times \text{innere Reibung}}.$$

Der im Zähler stehende Ausdruck „Übergewicht“ bedeutet den Unterschied der spezifischen Gewichte des „schwebenden“ Körpers und des ihn umhüllenden Mediums (des Wassers), multipliziert mit dem Volumen. Wir haben zahlreiche Beispiele für die Erhöhung der Schwebefähigkeit durch die Herabsetzung des Übergewichtes. Da das (in den meisten Fällen nahe bei 1,05 liegende) spezifische Gewicht des lebenden Protoplasmas selbst nur wenig veränderlich ist, so kann dieser Effekt nur durch die Herabsetzung des Gewichtes der Hüllen und Gerüstbildungen oder durch die Abscheidung leichter Stoffe außerhalb oder innerhalb des Körpers erfolgen.

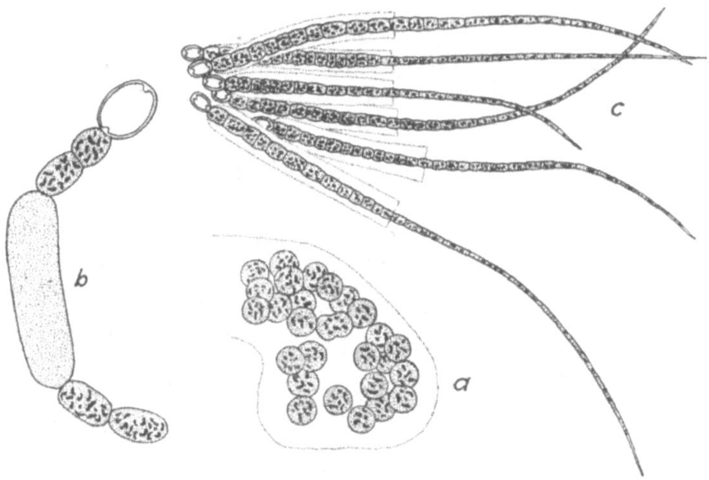

Abb. 25. Planktische Cyanophyceen mit Gasvakuolen (schwarz): b *Anabaena flos aquae* mit Grenzzelle und Dauerspore; a *Microcystis aeruginosa*, Teil einer Kolonie; c *Gloeotrichia echinulata*, Teil einer kugeligen Kolonie. (Nach SMITH), a u. b 825mal, c 400mal vergr.)

So finden wir z. B. bei vielen Diatomeen des Planktons besonders zarte Kieselpanzer und die Chitinhülle der pelagisch lebenden Krebse ist in der Regel wesentlich dünner als die der litoralen. Bei sehr vielen Formen, besonders häufig bei Blaualgen, Desmidiaceen, Grünalgen und einigen Diatomeen, aber auch bei Tieren (z. B. den Rädertieren *Conochilus* [Abb. 23], *Floscularia (Collotheca)* und dem Krebs *Holopedium*) setzen oft mächtig entwickelte Gallerthüllen, deren Dichte jener des Wassers fast gleich ist, das spezifische Gewicht des Ganzen herab. Mitunter wird die Wasseransammlung ins Innere des Körpers verlegt; das bekannteste Beispiel hierfür ist das einer großen Blase gleichende Rädertier *Asplanchna* (Abb. 24). Bei vielen Planktonformen verringert das als Reservestoff dienende Öl in erheblichem Ausmaß das Übergewicht. So finden wir Öltropfen regelmäßig bei manchen Flagellaten, bei den Diatomeen, Heterokonten, bei Rädertieren und besonders reichlich bei den Krebsen. Bei der koloniebildenden Alge *Botryococcus* wird das Öl nicht im Inneren der Zellen, sondern in deren Hüllen abgeschieden und verringert das spezifische Gewicht oft so weit, daß die Kolonie nicht sinkt, sondern zur Oberfläche emporsteigt. Am wirksamsten erweisen sich naturgemäß im Körper eingeschlossene Gasblasen.

Hierher gehören als besonders verbreitete Erscheinung die lange umstrittenen Gasvakuolen („Schwebekörper") vieler Blaualgen (Abb. 25), Einschlüsse im Plasma von hohem Lichtbrechungsunterschied, die das spezifische

Gewicht der Algen unter das des Wassers herabsetzen und ein Aufsteigen zur Oberfläche bedingen („Wasserblüte“, vgl. S. 118). In einzelnen Fällen, wie bei der Larve der „Büschelmücke“ *Corethra* oder den mit Schwimmblasen ausgestatteten Fischen, bieten solche Gaseinschlüsse die Möglichkeit, durch willkürliche Veränderungen des Volumens das Schwebevermögen den jeweiligen Verhältnissen anzupassen.

Die im Nenner unserer Formel stehenden Größen, der Formwiderstand des Körpers und die innere Reibung des Wassers stehen in enger Beziehung zueinander. Ihr Produkt ist der Ausdruck des Widerstandes, den der absinkende Körper zu überwinden hat. Der Formwiderstand wird vornehmlich durch zwei Eigenschaften gekennzeichnet, durch die spezifische Oberfläche und durch die Projektionsgröße (auf eine zur Bewegungsrichtung senkrechte Fläche).

Unter der spezifischen Oberfläche verstehen wir das Verhältnis der Gesamtoberfläche zum Volumen des Körpers. Je größer sie ist, um so größer wird auch verhältnismäßig die Reibung und um so kleiner die Sinkgeschwindigkeit sein. Ganz abgesehen von besonderen Formgestaltungen kommt dieser Faktor schon durch die im allgemeinen geringe, aber dabei doch verschiedene Größe der Planktonformen zur Geltung. Jedermann weiß, daß ein großer Körper rascher sinkt als ein kleiner aus dem gleichen Material, daß z. B. staubfein gemahlener Quarz oder Kalkstein das Wasser verhältnismäßig lange milchig trüben, bevor sie zu Boden sinken. Das Stokessche Gesetz für den freien Fall kleiner Kugeln in einem flüssigen Medium besagt, daß bei abnehmendem Radius die Sinkgeschwindigkeit im quadratischen Verhältnis abnimmt. Übertragen wir diese Gesetzmäßigkeit auf die im Plankton häufigen Größenordnungen, also z. B. von 0,1, 0,01 und 0,001 mm, so ergibt sich, daß bei gleichem Unterschied des spezifischen Gewichtes und bei gleicher innerer Reibung eine kugelförmige Zelle von einem Hundertstel Millimeter Durchmesser (etwa ein Flagellat) hundertmal, eine solche von einem Tausendstel Millimeter (Bakteriengröße) zehntausendmal so lange brauchen wird, um über eine bestimmte Wegstrecke abzusinken, als eine von einem Zehntel Millimeter. — Die spezifische Oberfläche wird aber auch vergrößert, wenn die Körperform von der Kugelgestalt abweicht oder an der Oberfläche mit Hörnern, Leisten, Stacheln, Borsten u. dgl. versehen ist. Dahin gehören alle jene wohlbekannten, als „Schwebeeinrichtungen“ gedeuteten Anpassungen, die in berückender Formenmannigfaltigkeit besonders im Plankton des Meeres, zum Teil aber oft auch eindrucksvoll in jenem des Süßwassers entwickelt sind.

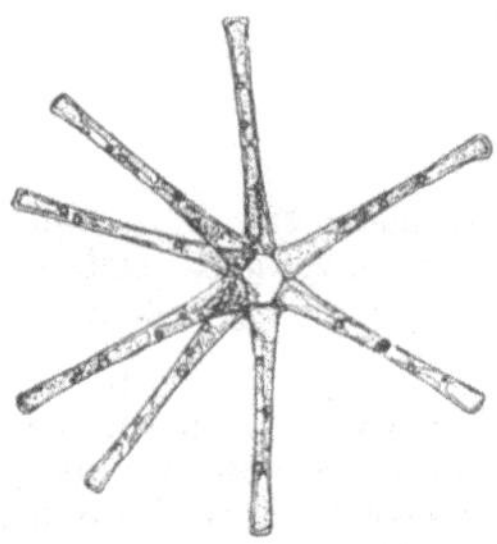

Abb. 26. *Asterionella formosa* var. *hypolimnica*. Diatomeenkolonie des Planktons vom Fallschirmtypus. Vergr. 400mal

Die Wirkung der Projektionsgröße vergegenwärtigt man sich am einfachsten durch die Beobachtung, daß ein Stab in horizontaler Lage langsamer absinkt als in vertikaler. Eine stabförmige Streckung (oft zu außerordentlicher Länge) ist bei Planktonalgen häufig, im Süßwasser insbesondere bei Diatomeen (*Synedra*), Desmidiaceen (*Closterium*) und Protococcaceen (*Rhaphidium*). Stets ist mit der Streckung auch eine leichte Krümmung verbunden, die den Stab beim Absinken steuert und immer wieder in die Horizontale bringt. Häufig sind auch Scheibenformen (*Cyclotella*) und durch Leisten oder Stacheln bewirkte, fallschirmartige Bildungen. Oft wird der Effekt erst durch die Koloniebildung erreicht, so z. B. bei den Sternchen der Kieselalge *Asterionella* (Abb. 26), die als winzige Fallschirme das Bild des Winterplanktons vieler Seen beherrschen. Die stabförmigen Einzelzellen sind hier bemerkenswerterweise in flachem Schraubengang angeordnet.

Als Beispiel dafür, daß verschiedene Schwebeeinrichtungen sich ergänzen bzw. gegenseitig vertreten können, sind in Abb. 27 die in Tusche aufgenommenen (umgezeichneten) Mikrophotographien einiger Planktonformen der Desmidiaceengattung *Staurastrum* wiedergegeben. Das Schwebevermögen wird hier einerseits durch den Formwiderstand der hornartig ausgezogenen Ecken der Zellen, andererseits durch die ausgeschiedene Gallerte (welche im Tuschepräparat als heller Hof auf dunklem Grunde erscheint) erhöht. Man sieht, wie mit der Abnahme der Hornlänge die Mächtigkeit der Gallerte zunimmt und bei dem plumpen, hornlosen *St. brevispinum* gewaltige Dimensionen erreicht. — Aus der Abbildung ist gleichzeitig zu ersehen, daß die völlig in die Gallerte eingeschlossenen Fortsätze von *d* und *e* in keiner Weise mehr als Schwebeorgane dienen können.

Der Faktor der inneren Reibung wird laut S. 9 durch die Temperatur in sehr erheblichem Maße beeinflußt, weit mehr als die Dichte des Wassers. Wenn wir das spezifische Gewicht, z. B. eines Rädertieres (nach Luntz), mit 1,025 annehmen, so wird dessen Übergewicht bei einer Temperatursteigerung von 0° auf 25° (auch wenn wir der Einfachheit halber sein Volumen als konstant voraussetzen) von 0,025 auf 0,028, also nur um 12%, erhöht. Gleichzeitig nimmt die innere Reibung auf die Hälfte ab, erhöht also (theoretisch) die Sinkgeschwindigkeit um 100%. Bei Versuchen wurde allerdings dieser theoretische Wert nicht erreicht, die Erhöhung der Sinkgeschwindigkeit betrug bei der angegebenen Temperaturdifferenz aus noch unbekannten Gründen nur 41%. Auf jeden Fall besitzt aber eine Planktonform bei gleichem Formwiderstand und spezifischem Gewicht im Winter ein besseres Schwebevermögen als im Sommer.

Seit langem wird in der Planktonforschung die Frage erörtert, ob und in welchem Ausmaß dem Plankton die Fähigkeit zukommt, diesen durch die Temperatur verursachten Wechsel der Schwebebedingungen durch geeignete Reaktionen auszugleichen. Wenn wir sehen, daß z. B. die Ceratien der tropischen Meere sich vielfach durch monströs verlängerte Hornbildungen auszeichnen, so liegt der Gedanke nahe, dies als eine im Verlauf der Phylogenie erworbene „Anpassung“ an die ungünstigen Bedingungen des Schwebens im warmen Wasser (28—30°) aufzufassen. Allerdings haben die Beobachtungen der „Meteor“-Expedition ergeben, daß langhörnige Formen auch in kalten und kurzhörnige auch in warmen Meeresteilen vorkommen. Ferner wurde von Luntz durch Versuche nachgewiesen, daß im warmen Wasser gezüchtete Rädertiere (*Brachionus, Euchlanis*) ein geringeres spezifisches Gewicht besitzen als solche aus Kälte-Kulturen. Schwieriger gestaltet sich jedoch die Beantwortung der Frage, ob gewisse, im Wechsel der Jahreszeiten auftretende Veränderungen der Körpergestalt aufeinander folgender Generationen, welche

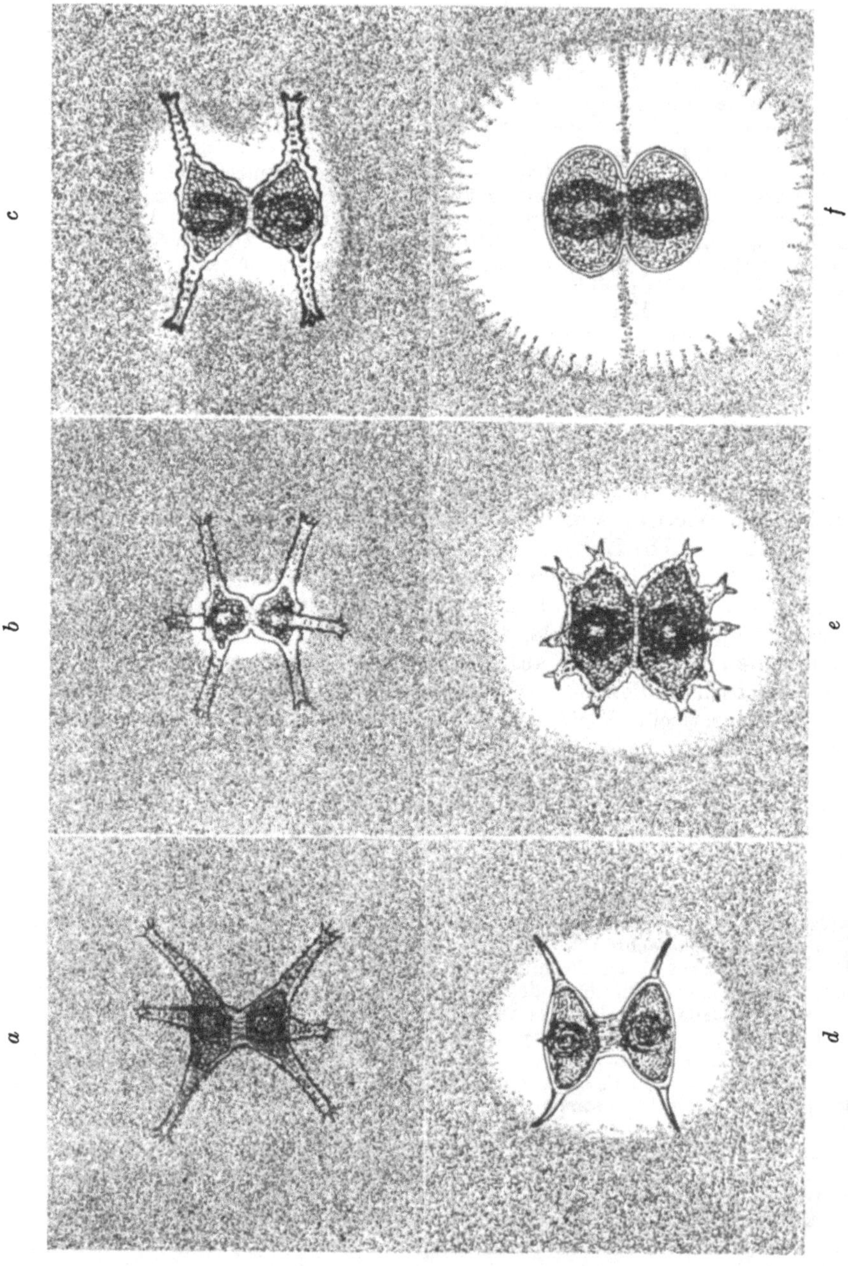

Abb. 27. Hörner und Gallerthüllen bei sechs *Staurastrum* - Arten aus dem Plankton des Lunzer Untersees (in Tusche): a *St. cingulum*, b *St. Lütkemülleri*, c *St. Manfeldtii* var. *planctonicum*, d *St. cuspidatum* var. *maximum*, e *St. furcigerum*, f *St. brevispinum*. Vergr. 400 mal

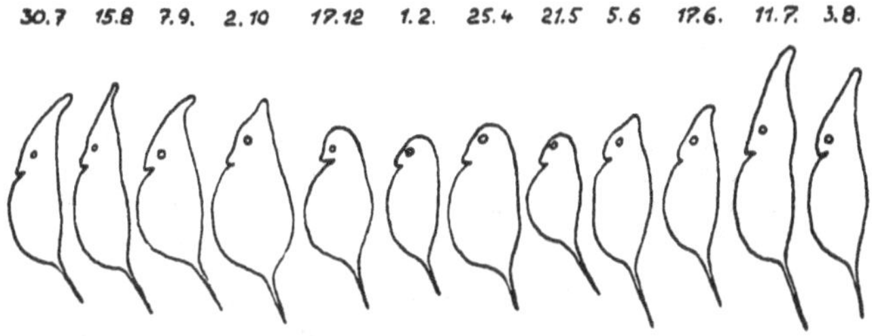

Abb. 28. Jahreszeitliche Veränderung (Temporalvariation) der Helmhöhe von *Daphnia cucullata* aus dem Furesee (Dänemark), nach Wesenberg-Lund

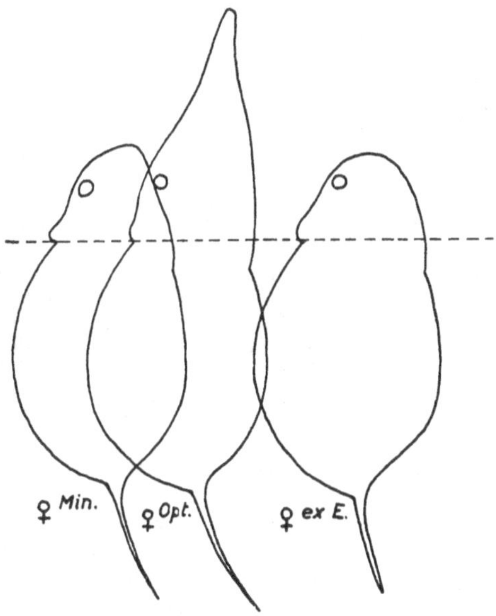

Abb. 29. Grenzwerte der Helmhöhe innerhalb einer reinen Linie von *Daphnia cucullata*. Links zwei Weibchen einer mittleren Generation (♀ Min., ♀ Opt.) bei minimalen und optimalen Kulturbedingungen. Rechts ein Weibchen (♀ ex E.) der ersten Generation nach dem Ephippium (Dauerei) bei optimalen Bedingungen; nach Woltereck

man Zyklomorphosen genannt hat, in ursächlichem Zusammenhang mit den Temperaturschwankungen des Wassers stehen. Die Beobachtung, daß die Hörner von *Ceratium hirundinella* in ein und demselben See im Sommer häufig länger sind als in der kalten Jahreszeit, daß die Höhe des Helmes mancher Daphnienrassen (Abb. 28) einer besonders auffallenden, gleichsinnigen Veränderung unterliegt und daß schließlich eine ähnliche Variabilität auch bei gewissen Rädertieren vorkommt, veranlaßte Wesenberg-Lund, alle diese Erscheinungen im Sinne einer Kompensierung des Temperatureinflusses auf die Schwebefähigkeit zu deuten. Untersuchungen von LAUTERBORN, später von WOLTERECK und seiner Schule haben andererseits ergeben, daß in den geprüften Fällen ein ursächlicher Zusammenhang zwischen Temperatureinfluß und Zyklomorphose entweder (bei gewissen Rädertieren) vollkommen fehlt, oder (bei Daphnien) eine nur sekundäre Rolle spielt. Die früher verbreitete und in die Lehrbücher übernommene Ansicht, daß bei dem Rädertier *Anuracea (Keratella) aculeata* die Formveränderungen (verschiedene Länge der Stacheln des Panzers) an den Generationszyklus, den Wechsel zwischen geschlechtlicher und ungeschlechtlicher Vermehrung, gebunden seien, hat sich als irrig erwiesen (A. RUTTNER-KOLISKO). Diese Art umfaßt vielmehr eine Reihe von Unterarten, welche durch die Stachellänge und Felderung des Panzers erblich verschieden sind (*A. quadrata, himealis, testudo*) und nebeneinander vorkommen können. Die eine davon, *A. quadrata*, zeigt allerdings in beschränktem Ausmaß einen als Temporalvariation deutbaren Formwechsel. Bei *Daphnia* ist die Fähigkeit zur Zyklomorphose nach WOLTERECK genetisch durch die „Reaktionsnorm" der betreffenden Rasse bedingt; d. h. eine dazu befähigte Rasse kann (unter günstigen Bedingungen der Ernährung und Temperatur) hochhelmige Formen bilden, und zwar meist nur in den mittleren Generationen eines Sexualzyklus. Unter weniger günstigen Umweltbedingungen bleiben jedoch auch diese Daphnien im Sommer ebenso rundköpfig, wie jene, denen die „Helmpotenz" überhaupt fehlt (Abb. 29). Diese an sich sehr befriedigende Auffassung WOLTERECKS ist jedoch nicht unwidersprochen geblieben. In letzter Zeit hat sich insbesondere BROOKS mit der Zyklomorphose von Daphnia befaßt und ist zu der Ansicht gelangt, daß die Temperatur nur bei Einwirkung auf das Embryonalstadium einen Einfluß auf die Helmhöhe ausübt, und daß im übrigen verschiedene Faktoren wirksam sein dürften, u. a. auch die Turbulenz des Wassers. — Bei Tieren, welche mit Eigenbewegung begabt sind, ist jedoch ein sehr wesentlicher Regulator zu berücksichtigen, und zwar die Beschleunigung der Bewegungen bei einer Zunahme der Temperatur, ein Umstand, der in der Lage ist, die größere Sinkgeschwindigkeit weitgehend zu kompensieren. Beim Schwimmen kommt den verschiedenen Fortsätzen des Körpers, z. B. den Helmen der Daphnien, den 1. Antennen der Bosminen usw. in erster Linie die Rolle von Steuerorganen zu, wie WOLTERECK überzeugend nachgewiesen hat.

Daß aber alle diese „Schwebeanpassungen" — mit Ausnahme der Herabsetzung des spezifischen Gewichtes bis auf jenes des umgebenden Wassers und darunter — allein nicht imstande sind, ein verhältnismäßig rasches Absinken, insbesondere des unbeweglichen Planktons, zu verhindern, das lehrt die tägliche Beobachtung, wonach in einem Fang oder in einer Schöpfprobe der größte Teil dieser Formen sehr bald auf dem Boden des Gefäßes zu finden ist. Wenn dies im See nicht geschieht und auch recht große und plumpe Formen dauernd schwebend erhalten werden, so müssen die Kräfte, welche dies bewirken, außerhalb der Organismen gelegen sein. Diese Kraft ist die Turbulenz des Wassers, es sind jene „ungeordneten" auf S. 47 besprochenen Austauschströme, welche insbesondere das Epilimnion, in dem ja das unbewegliche Phytoplankton vorwiegend gedeiht, in dauernder, durchmischender Bewegung erhalten (W. SCHMIDT, UTERMÖHL). Im Meta- und Hypolimnion ist der vertikale Austausch wohl sehr gering, aber immer noch in einem Ausmaß vorhanden, welches ausreicht, das schon durch die niedrigere Temperatur sehr verlangsamte Absinken noch weiter zu bremsen bzw. ganz aufzuheben (vgl. auch S. 119). Wir müssen daher die Turbulenz des Wassers als die wichtigste Voraussetzung für das Schweben des Planktons ansehen und können den sogenannten Schwebeanpassungen hierbei eine lediglich unterstützende Rolle zuschreiben. — Mit diesen Andeutungen wollen wir uns hier begnügen; wer tiefer in das so vielseitige Problem des Schwebens der Planktonorganismen eindringen will, sei auf die inhaltsreiche Studie von Jacobs verwiesen.

2. Die Zusammensetzung des Planktons

Die Fähigkeit, „freischwebend" zu gedeihen, bestimmt auch den Anteil, der den einzelnen Familien des Pflanzen- und Tierreiches an der Zusammensetzung des Planktons zukommt. Das Pelagial, die Region des freien Wassers, ist jedenfalls ursprünglich vom Ufer her besiedelt worden (Naumann 1927). Besonders in den Binnenseen sind nahe Verwandte fast aller Planktonformen im Litoral vertreten; hier ist auch die Ausbildung der gestaltlichen Unterschiede dieser beiden Lebensgemeinschaften noch nicht so weit vorgeschritten wie im Meere. Wir finden so manche der als „Schwebeanpassungen" gedeuteten Einrichtungen, wie den Formwiderstand erhöhende Gestalten, Gallerte, ja sogar die „Gasvakuolen" der Blaualgen, bei Arten, die nur im Litoral vorkommen. Aus der unendlichen Mannigfaltigkeit dieser am Ufer und am Grunde lebenden Gemeinschaften sind zunächst jene Arten ins freie Wasser vorgestoßen, welche durch ihre Gestaltung und durch ihre physiologischen Ansprüche den dort herrschenden Umweltbedingungen gewachsen waren, und nur ein Teil von ihnen hat sich im Verlauf ihrer Stammesgeschichte zu offensichtlich angepaßten „Schwebeformen" weiterentwickelt[1]). Diese durch die besonderen Umweltbedingungen erzwungene Auslese hat es bedingt, daß die Zahl der Arten im Plankton der Binnenseen weit hinter jener des Litorals zurücksteht. Ein Beispiel möge dies veranschaulichen. Gelegentlich einer Untersuchung von elf Seen der Ostalpen wurden im ganzen 107 Arten (67 Pflanzen und 40 Tiere)

---

[1]) Dieses Vordringen der Litoralformen ins Plankton vollzieht sich dauernd, gewissermaßen unter unseren Augen. So konnten in einigen großen und tiefen Seen des Sunda-Gebietes Arten als planktische Massenformen festgestellt werden, die sonst nur im Litoral (ebenfalls in dem genannten Gebiet) zu finden sind, z. B. die Diatomeen *Cymbella turgida* (Ranu Pakis in Ostjava) und *Synedra ulna* (Ranau-See in Südsumatra), sowie die Krebse *Simocephalus serrulatus* und *Latonopsis australis*, welche im Manindjau-See (Mittelsumatra) die Hauptmasse des Planktons bilden.

festgestellt, die nach ihrem Auftreten als echte Glieder der Plankton-Lebensgemeinschaft dieser Seen zu betrachten sind. Wenn man alle, auch die ganz vereinzelt auftretenden Arten, die in den Fängen enthalten sind, berücksichtigt, so wächst allerdings diese Zahl erheblich an, aber es handelt sich in diesen Fällen zum allergrößten Teil um sogenanntes Tychoplankton, das sind aus der Uferregion und den Zuflüssen durch Strömungen ins Pelagial verfrachtete Formen, die ebensowenig in unsere Lebensgemeinschaft gehören wie die toten, oft in erheblicher Menge im Wasser treibenden anorganischen und organischen Schwebestoffe, das Tripton[1]). Die größte Zahl der während des Sommers in einem See vorhandenen Arten war (wenn wir bei dem oben zitierten Beispiel bleiben) 73, die geringste 24. Es kamen aber 13% der Arten in allen elf Seen und 45% in mehr als der Hälfte derselben vor. Selbstverständlich ist die Gesamtzahl der bisher in den Binnenseen beobachteten echten Planktonformen um ein Vielfaches größer als in unserem Beispiel, aber sie ist klein gegenüber der Fülle der Organismen, welche die Ufer und den Grund der Gewässer bevölkern.

Die oben erwähnte Auslese beschränkt nicht nur die Zahl der Arten, sondern sie schließt auch viele Gattungen und ganze Familien des pflanzlichen und tierischen Systems vom Plankton aus. Betrachten wir zunächst den pflanzlichen Anteil, so wird die Bedeutung, welche der erhöhten Schwebefähigkeit kleinerer Volumina für die Zusammensetzung des Planktons zukommt, sofort offensichtlich. Es überwiegen weitaus jene Familien, in denen die einzellige Lebensform oder die Bildung kleiner Zellverbände (Kolonien) die Regel ist. So sehen wir die Flagellatenformen der Euglenaceen, Chrysophyceen, Cryptophyceen, Heterokonten, Chlorophyceen (Volvocalen) und Peridineen reichlich vertreten, ferner die unbeweglichen Einzeller dieser Gruppen (besonders die Protococcalen und ihre zierlichen Verbände), dazu noch die Diatomeen, Desmidiaceen, die Blaualgen und schließlich als kleinste Vertreter die Bakterien. Es fehlen aber aus denselben Pflanzenstämmen die großen, vielzelligen Algenformen im echten Plankton nahezu gänzlich, so die Zygnemaceen, von den Chlorophyceen die Ulothrichalen und Oedogoniaceen, ferner die Cladophoraceen und Siphoneen. Die Stämme der Charophyten, Phaeophyten (Braunalgen) und Rhodophyten (Rotalgen) sind überhaupt nicht vertreten, ebensowenig die Moose, Farne und Blütenpflanzen. Das große Heer der Pilze ist nur durch ganz wenige und selten auftretende, primitive Formen repräsentiert, ein Umstand, der weniger auf das Formproblem als auf die Lebensweise dieser Pflanzen zurückzuführen ist.

Beim Zooplankton des Süßwassers ist die Auswahl womöglich noch strenger. In der Hauptsache beteiligen sich nur drei Tierstämme an seiner Zusammensetzung: Die Protozoen, und zwar sowohl Rhizopoden (*Difflugia* und Heliozoen), als auch farblose Flagellaten und Ciliaten, vom Stamm der Würmer die Rädertiere und vom Stamm der Gliederfüßler die Krustazeen, besonders die Cladoceren und Copepoden. Wenn auch andere Gruppen Vertreter ins Plankton entsenden, so handelt es sich um vereinzelte und meist auch seltene

---

[1]) Die Gesamtheit der belebten und unbelebten Schwebstoffe (Plankton + Tychoplankton + Tripton) bezeichnet man als Seston (das „Absiebbare").

Fälle. Eine Ausnahme macht nur die dem Leben im freien Wasser durch den Besitz von Schwimmblasen (S. 98) besonders angepaßte Larve der Mückengattung *Corethra* (*Sayomyia, Chaoborus*), die über die ganze Erde verbreitet und die einzige Insektenlarve des Planktons ist. Von den wenigen, selteneren Planktonformen aus anderen Tiergruppen ist besonders bemerkenswert das Vorkommen von kleinen Medusen des im Meere so reich entwickelten Stammes der Coelenteraten. Sie wurden zuerst in den Seen des tropischen Afrika beobachtet (*Limnocnida tanganiicae*) und eine hauptsächlich in Asien und Amerika verbreitete, in Europa aber seltene Form (*Craspedacusta sowerbii*) trat in der gestauten Moldau bei Prag auf. Die festsitzende Polypengeneration lebt im Litoral. Ferner sind von Würmern zu nennen meist sehr vereinzelt auftretende, rhabdocoele Turbellarien sowie die Cercarien einiger Trematoden; von Mollusken die Larve der aus dem Brackwasser eingedrungenen Dreiecksmuschel *Dreissensia polymorpha* und von den Spinnentieren spärliche Hydracarinen. Ferner kann man einige Fischarten dem Limnoplankton zuzählen, wenn auch nur mit Vorbehalt, denn bei ihrer lebhaften, durch die schwachen Strömungen in den Binnenseen wenig beeinträchtigten Eigenbewegung entsprechen sie kaum dem Begriff des „willenlos Treibenden" und gehören unserer Lebensgemeinschaft nur insofern an, als sie sich von Planktontieren nähren. Man hat für diesen Sonderfall den Ausdruck „Nekton" (das Schwimmende) geprägt. Als Bewohner des Pelagials und mehr oder weniger ausschließliche Planktonzehrer sind gewisse, zu den Salmoniden gehörende Coregonen (Maränen, Felchen, Reinanken usw.) zu nennen, die in zahllosen Lokalrassen die alpinen und nordischen Seen bewohnen. — Die soeben gekennzeichnete Armut unterscheidet das Süßwasserplankton sehr von der pelagischen Lebensgemeinschaft des Meeres, in der die meisten marinen Tierklassen zumindest in ihren Larvenformen zahlreich vertreten sind.

Auch die meisten Vertreter des tierischen Limnoplanktons sind durch das Merkmal der Kleinheit gekennzeichnet; Protisten und Rädertiere überschreiten nur selten mikroskopische Dimensionen, das kleinste bekannte Metazoon ist ein Rädertier. Die Krebse sind wohl mit freiem Auge erkennbar, aber auch der weitaus größte unter ihnen, die dem Planktonleben höchstangepaßte Cladocere *Leptodora*, wird nur wenig über 1 cm lang.

Es wäre aber verfehlt, die Zusammensetzung des Planktons einzig und allein vom Gesichtspunkt der Schwebefähigkeit seiner Komponenten beurteilen zu wollen. Das Leben im freien Wasser stellt darüber hinaus noch große Anforderungen an die Organismen, z. B. in bezug auf die Ernährungs-, Fortpflanzungsfähigkeit usw., so daß wir nicht berechtigt sind, die Formbildung als den einzigen wirkenden Faktor der bestehenden Auslese zu betrachten. Auch die Kleinheit des Volumens hat nicht allein eine bessere Schwebefähigkeit zur Folge, sondern, ebenfalls durch die Vergrößerung der relativen Oberfläche, eine wesentliche Erleichterung des Stoffwechsels.

Vom Standpunkt der Ernährungsphysiologie betrachtet, setzt sich das Plankton aus Produzenten und Konsumenten organischer Nahrung zusammen. Produzenten sind lediglich die autotrophen Pflanzen, welche in ihren grünen und gelben Chromatophoren die Sonnenenergie auffangen und zur Assimilation des Kohlenstoffs ausnutzen. Primär werden Kohlehydrate oder Fette gebildet und im weiteren Verlauf die hochkomplizierten Eiweißkörper und die sonstigen Bestandteile der pflanzlichen Zelle aufgebaut. Wie überall in der Natur, so ist auch in der Lebensgemeinschaft des Planktons jegliches

Tierleben von der pflanzlichen Produktion direkt oder indirekt abhängig. Die Pflanzen des Planktons bilden aber eine in der ganzen Wassermasse verteilte Suspension kleinster Teilchen und die Tiere, die sich von ihnen ernähren, bedürfen besonderer Einrichtungen um ihrer habhaft zu werden. Es hat sich ergeben, daß die Masse des Phytoplanktons in der Regel nicht von den großen, auffallenden Formen, welche das Bild des „Netzplanktons" beherrschen, sondern von den winzigen Arten des Nannoplanktons gebildet wird. WOLTERECKS Beobachtungen haben uns gezeigt, daß die Daphnien, welche meist den größten Teil der tierischen Masse im Plankton der Binnenseen bestreiten, auf die Ernährung durch diese kleinsten Vertreter des Phytoplanktons geradezu angewiesen sind[1]). Dasselbe gilt für die nahe verwandten Bosminen und die Sididen, für die wichtigste Copepodenfamilie des Planktons, die Diaptomiden, sowie für die meisten Rädertiere und Ciliaten. So verschieden auch die Einrichtungen des Nahrungserwerbes bei diesen Tieren sind, eines ist allen gemeinsam: die als Futter dienenden Objekte werden nicht einzeln, durch zielstrebige Handlungen ergriffen, sondern automatisch mit einem durch ununterbrochene Bewegungen bestimmter Organe erzeugten Wasserstrom den verschieden gebauten Fangapparaten zugeführt, wo sie wahllos zurückgehalten werden. Die Bewegungen, welche diesen Wasserstrom erzeugen, dienen gleichzeitig dem Schwimmen oder, wie bei den Cladoceren, der Atmung; die Ernährung ist also mit diesen Vorgängen eng gekoppelt. Um ihren Nahrungsbedarf zu decken, müssen diese Tiere verhältnismäßig große Wassermengen ihre Fangeinrichtungen passieren lassen. Diese sind mannigfaltig, aber in ihrer Funktion nur zum Teil genauer bekannt. Von den Ciliaten und Rädertieren wissen wir lediglich, daß die das Mundfeld umgebenden Wimperkränze die Nahrungspartikel-

[1]) Von nicht zu unterschätzender Bedeutung für die Ernährung mancher Planktontiere ist der im Wasser schwebende, feinste organische Detritus, das „Tripton" (vgl. S. 104), das unter Umständen das Nannoplankton teilweise zu ersetzen vermag.

Von PÜTTER ist (allerdings auf Grund unzulänglicher Berechnungen) die Ansicht ausgesprochen worden, daß die Menge des Phytoplanktons nicht ausreiche, um den Nahrungsbedarf der Planktontiere zu decken. Er nahm an, daß die Tiere die Fähigkeit hätten, die im Wasser gelösten organischen Stoffe aufzunehmen, daß sie sich also in ihrer Ernährung ähnlich wie die Pflanzen verhielten. Es sei hier die Möglichkeit einer Aufnahme gelöster Stoffe durch tierische Gewebe nicht bestritten. Doch ist der Ansicht PÜTTERS entgegenzuhalten, daß wir bei den Planktontieren keinerlei Organisationsmerkmale finden, die auf eine Anpassung an die Stoffaufnahme aus so hochgradig verdünnten Lösungen (z. B. Vergrößerung der Oberfläche) hindeuten würden. Dagegen gibt es eine außerordentlich große Fülle und Mannigfaltigkeit spezialisierter und zum Teil komplizierter Einrichtungen, die ausschließlich dem Erwerb geformter Nahrung dienen.

chen herbeistrudeln. Am besten studiert — vor allem durch O. Storch — sind die kompliziert gebauten Fangapparate der Daphnien und der Diaptomiden.

Bei dem allbekannten Wasserfloh *Daphnia* wirken die fünf verschieden gebauten Thorakalbeinpaare zusammen mit den beiden Schalenklappen wie eine Ventilpumpe. Durch das Aufklappen dieser weichhäutigen, als Kiemen dienenden Gliedmaßen wird (infolge der Erweiterung des Pumpenraumes) am oberen, vorderen Schalenrand das Wasser ruckweise eingesogen, durch das Zuklappen aber wieder (nach hinten) abgepreßt, wobei es die mit feinen, gefiederten Borsten besetzten Anhänge der Kiemenfüße, die Filterkämme, passieren muß. Hier werden die im Wasser enthaltenen Partikelchen zurückgehalten, durch die automatischen Bewegungen geeigneter Borsten in der Bauchrinne zusammengepreßt und in Form einer Wurst den Mandibeln und dem Ösophagus zugeschoben. Durch Zusatz von etwas Karmin-Emulsion kann man diesen reizvollen Vorgang sehr bequem unter dem Mikroskop studieren. Die Frequenz der Pumpbewegung ist sehr groß, es erfolgen bei Daphnia 200 bis 300 Schläge in der Minute, so daß im Laufe eines Tages recht erhebliche Wassermengen filtriert werden können. — Die Fangeinrichtung bei *Diaptomus* beruht auf einem anderen Prinzip, das mit dem einer Aspirationspumpe verglichen werden kann: Durch die schwirrenden Bewegungen der vorderen Gliedmaßen (Maxille und Maxilliped) wird an der Bauchseite der Tiere ein nach vorn gerichteter Wasserstrom angesaugt, in dem das Nannoplankton durch als Reusen wirkende Borsten abfiltriert wird.

Diesen Ernährungs-Automaten stehen die Greifer gegenüber, welche ihre Nahrungsobjekte einzeln erfassen. Unter den Pflanzenfressern des Planktons finden wir Greifer schon bei den Protisten, z. B. dem Flagellaten *Bodo*, der sich hauptsächlich von Chrysomonaden ernährt, und *Gymnodinium helveticum*, eine farblose Peridinee, welche (vermutlich mit ihrer Längsfurche) sich selbst große Cyclotellen einverleiben kann. Einer der interessantesten Fälle ist das Rädertier *Anapus*, das streng „monophag“ auf gepanzerte Peridineen (*Ceratium*) angewiesen ist, diese mit stilettartig gestaltetem Kauer anbohrt und sodann aussaugt (Abb. 30). Bei *Asplanchna* wiederum ist der Kauer zu einer Greifzange umgebildet, welche die durch die Wimpern herbeigestrudelten Algen und kleinere Rädertiere hervorschnellend erfaßt. Wie schon *Asplanchna* und andere Rädertiere zum Teil, so ernähren sich die Greifer unter den Krustazeen sowie auch die Mückenlarve *Corethra* ausschließlich von tierischen Beuteobjekten, sie sind also ausgesprochene Räuber. Bei einigen sind

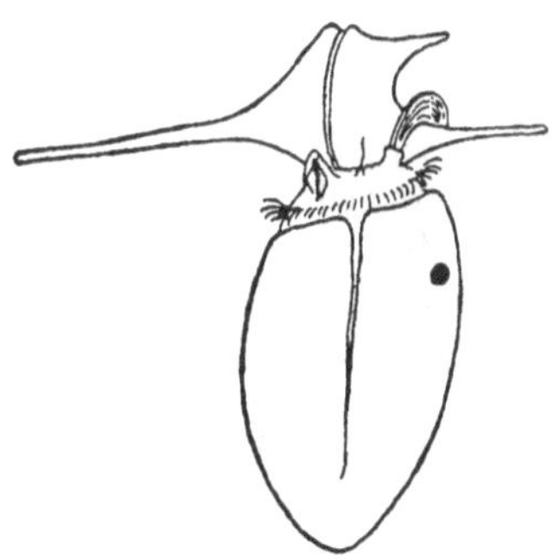

Abb. 30. Das Rädertier *Anapus testudo* mit seiner Beute (*Ceratium hirundinella*) nach Kolisko

die Gliedmaßen zum Teil zu stachelbewehrten Greiforganen ausgebildet, welche die im Wasser schwebende Beute in derselben Weise erfassen wie etwa die Beine der Libelle ein fliegendes Insekt. Dies gilt insbesondere von den Cladoceren *Polyphemus*, *Bythotrephes* und *Leptodora*. Unter den Copepoden lebt die Gattung *Cyclops* räuberisch und jagt insbesondere den gleich großen, pflanzenfressenden Familiengenossen *Diaptomus*. Es ist bemerkenswert, daß die Nauplien (Larven) von *Cyclops* noch phytophag sind und eine primitive Fangeinrichtung für Nannoplankton besitzen.

3. Die räumliche Verteilung

Jede physiologische Funktion, wie die Assimilation der Nährstoffe, die Atmung, die Bewegung und Vermehrung, ist von den Bedingungen der Umwelt abhängig, stets von der Temperatur, vielfach aber auch vom Licht, vom Sauerstoffgehalt und den sonstigen physikalisch-chemischen Eigenschaften des Wassers. Diese Abhängigkeit äußert sich darin, daß die betreffende physiologische Funktion bei einem bestimmten Minimum des Außenfaktors beginnt, bei einem höheren Wert, dem Optimum, am besten verläuft und bei einem weiteren Anstieg des Faktors allmählich wieder abfällt, um beim Maximum den Null-Wert zu erreichen. Eine Ausnahme macht die Atmung insofern, als sie bei zunehmender Temperatur dauernd, bis zum Wärmetod, ansteigt. Wie jede seiner einzelnen Funktionen, so wird auch der Organismus als Ganzes im Gefälle eines Außenfaktors ein ähnliches Verhalten zeigen. Seine „Gedeihkurve" wird sich aus dem Zusammenwirken der Kurven jeder einzelnen Lebensfunktion ergeben. Da aber die Ansprüche, welche die einzelnen Pflanzen- und Tierarten an ihre Umwelt stellen, oft erheblich voneinander abweichen, werden auch ihre Gedeihkurven sehr verschieden aussehen. Schematisch ist dies durch die Abb. 31 veranschaulicht. Auf der Ordinatenachse ist als Ausdruck des Gedeihens die Wachstums- (bzw. Vermehrungs-) Intensität aufgetragen, auf der Abszissenachse der Außenfaktor, z. B. die Temperatur. Ein Organismus, der sich nach der mittleren Kurve verhält, vermag bei recht verschiedenen Werten (etwa der Temperatur) noch gut zu gedeihen. Man nennt ein Lebewesen mit einer solch breiten Gedeihkurve eurytop in bezug auf die betreffende Umweltbedingung, oder, spezieller, eurytherm (in bezug auf die Temperatur). Die Kurven links und rechts zeigen beide einen weit enger begrenzten Gedeihbereich; solche Organismen sind auf schmale Gebiete des Außenfaktors beschränkt, sie sind stenotop bzw., wenn wir die Temperatur in Betracht ziehen, stenotherm. Hier liegen Minimum, Optimum und Maximum eng beieinander und eine geringe Verschiebung der Umweltbedingung welche bei Eurytopen eine kaum merkliche Veränderung im Gedeihen verursachen würde, kann den Bestand einer stenotopen Art an einer bestimmten Lebensstätte in Frage stellen. Zwischen diesen Extremen gibt es alle denkbaren Übergänge.

In der Natur stehen jedoch die Pflanzen und Tiere stets unter der Einwirkung einer Vielheit von Umweltbedingungen und das

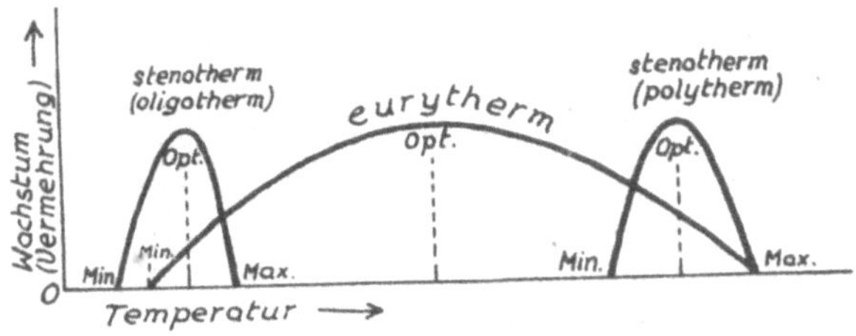

Abb. 31. Schematisches Beispiel von Gedeihkurven stenothermer und eurythermer Organismen

Gedeihen einer Art an einem bestimmten Biotop wird sich aus der Resultierenden dieser Wirkungen ergeben. Dadurch können sich bei verschiedenen Kombinationen der Umweltbedingungen gewisse Verschiebungen der Gedeihkurven ergeben. So hat man z. B. beobachtet, daß manche Tiere bei einem höheren Salzgehalt mit einer geringeren Sauerstoffmenge das Auslangen finden können, oder es kann das Gedeihoptimum einer Pflanze unter verschiedenen Lichtbedingungen auch bei verschiedenen Temperaturen liegen.

Wenn sich die Summe der Außenbedingungen in einem Biotop dem Optimum der Gedeihkurve einer Art nähert, so wird diese Änderung eine Zunahme der Wachstums- bzw. Vermehrungsrate zur Folge haben; andererseits wird eine Entfernung vom Optimum eine Abnahme und schließlich einen Stillstand der Vermehrung bedingen. Wir können aber in den meisten Fällen die Vermehrungsrate selbst nicht messend verfolgen, sondern müssen uns damit begnügen, die Änderungen der Individuenzahl festzustellen, und es bedarf besonderer Vorsicht, aus solchen Beobachtungen allgemeine Schlußfolgerungen zu ziehen. Denn die jeweils vorhandene Individuenzahl einer Art wird nicht allein durch die Vermehrungsrate bestimmt, sondern auch durch einen anderen, ihr entgegenwirkenden Faktor, durch die Vernichtungsrate. Bei dieser wirken verschiedene Umstände mit, der natürliche Tod, die Aufzehrung durch andere Arten oder die mechanische Beseitigung aus dem Biotop (beim Plankton z. B. durch Absinken und Ausschwemmung), und ihr Ausmaß ist daher sehr bedeutenden Schwankungen unterworfen. Es kann vorkommen, daß trotz einer hohen Vermehrungsrate unter sonst optimalen Bedingungen eine Abnahme der Individuenzahl eintritt, weil die Vernichtungsrate überwiegt.

Versuchen wir nun, diese allgemeinen Erkenntnisse auf das Leben des Planktons in einem Binnensee zu übertragen, so müssen wir zunächst folgendes feststellen: eine Änderung der Umweltbedingungen die unsere Lebensgemeinschaft beeinflussen kann, erfolgt in einem Seebecken in zweifacher Weise. Erstens mit der Zeit durch den

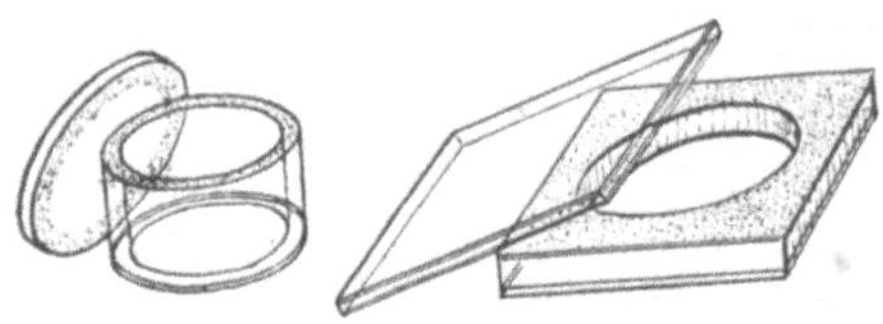

Abb. 32. Planktonkammern. *a* Flache 1-ccm-Kammer, ursprüngliches Modell von KOLKWITZ, *b* 2-ccm-Kammer mit Deckglasboden nach UTERMÖHL

Wechsel der Witterungsverhältnisse im Laufe des Jahres; zweitens mit der Tiefe durch die im ersten Teil dieses Buches eingehend geschilderte Schichtung der physikalischen und chemischen Eigenschaften. Dagegen werden wir im Bereich des eigentlichen Pelagials in horizontaler Richtung, also innerhalb einer und derselben Tiefenschichte, einen nennenswerten Einfluß durch einen Wechsel der Außenbedingungen nicht zu erwarten haben. Da sich manche Erscheinungen des jahreszeitlichen Auftretens nur bei einer Kenntnis der vertikalen Verteilung der Organismen verstehen lassen, so wollen wir unsere Betrachtungen mit dieser beginnen.

Vorher ist es aber notwendig, einige Worte über die für solche Untersuchungen angewendeten Methoden zu sagen. Wenn man die Verteilung von Organismen im Raume oder in der Zeit ermitteln will, muß man sich einer statistischen Methode bedienen. Diese setzt aber die Ermittlung der Zahl der in der Volumeinheit des Wassers vorhandenen Individuen jeder einzelnen Art voraus. Wir wollen die Versuche, durch Auszählung von Netzfängen zum Ziele zu gelangen, wegen der erheblichen und zum Teil schon früher erwähnten Fehlerquellen dieser Fangmetohde übergehen und uns auf eine Angabe des jetzt üblichen Verfahrens beschränken. Dieses beruht auf der Sedimentierung bzw. Filtration geschöpfter und mit einem Fixierungsmittel versetzter Proben in geeigneten Gefäßen. Zur Zählung des in großer Individuenzahl auftretenden Nannoplanktons hat sich das von KOLKWITZ eingeführte Kammer-Verfahren am besten bewährt. Man füllt die mit Jod-Jodkalium (als Fixierungsmittel) bis zur weingelben Färbung versetzten Wasserproben in Planktonkammern mit oder ohne Deckglasboden (Abb. 32) von 1—10 (mitunter auch mehr) ccm Inhalt. Nun zählt man nach dem innerhalb einiger Stunden erfolgten Absetzen mit dem „umgekehrten“ Mikroskop nach Utermöhl oder, wenn ein solches nicht vorhanden ist, durch Eintauchen einer Wasserimmersion nach vorsichtiger Entfernung des Kammerdeckels einige Streifen von bekannter Breite und Länge, oder bei Verwendung schwacher Objektive die ganze Bodenfläche durch[1]). Eine entsprechende Umrechnung ergibt die Individuenzahlen für den Kammerinhalt. Manche der zarten Nannoplankton-Formen werden auch bei schonender Konservierung bis zur Unkenntlichkeit verändert. Man muß also vor der Zählung den Artbestand im lebenden Zustand feststellen, um eine Identifizierung der fixierten Formen zu ermöglichen. Dies geschieht durch Zentrifugieren der frischen Wasserproben in spitz zulaufenden Gläsern. Zu Beginn der Nannoplanktonforschung wurde die Zentrifuge nach dem Vorgang von Lohmann auch für quantitative Arbeiten verwendet. In letzter Zeit ist sie für diesen Zweck durch das bequemere und sicherere Kammerverfahren verdrängt worden, bleibt aber für die qualitative Untersuchung unentbehrlich.

Die größeren, in geringerer Menge auftretenden Formen läßt man in Flaschen von 0,5 oder 1 Liter Inhalt, ebenfalls nach Fixierung mit $J—KJ$, absitzen, dekantiert das darüberstehende Wasser ab und bringt das Sediment oder einen gemessenen Teil desselben in eine Kammer von passender Größe, wo die Zählung vorgenommen wird. Für die genauere Erfassung der Krustazeen u. dgl. kann man außerdem etwa 5 Liter Wasser aus der zu untersuchenden Tiefe durch ein Müllergaze-Netz filtrieren, da bei diesen großen Arten Verluste nicht zu befürchten sind. Diese Filterrückstände werden wie üblich mit Formalin konserviert.

Für gewisse Fragestellungen (z. B. Abhängigkeit der Planktonverteilung vom O_2 — Fe — oder H_2S-Gehalt) ist es wünschenswert, die Bestimmung des Planktongehaltes und gewisse chemische Untersuchungen in ein und derselben Schöpfprobe durchzuführen. Man erreicht dies in vielen Fällen sehr einfach in der Weise, daß man aus dem Schöpfgefäß zunächst ein kleines Fläschchen (etwa 20 ccm) abfüllt und für die Untersuchung bzw. Zählung des Nannoplanktons in Kammern wie oben angegeben mit $J—KJ$ versetzt. Die im Schöpfer zurückgebliebene Wassermenge läßt man mittels einer geeigneten Kombination von Schläuchen und Glasröhren 1—2 Winkler-Flaschen durchspülen, leitet das abfließende Wasser über ein Müllergaze-Filter, welches das größere Plankton zurückhält und

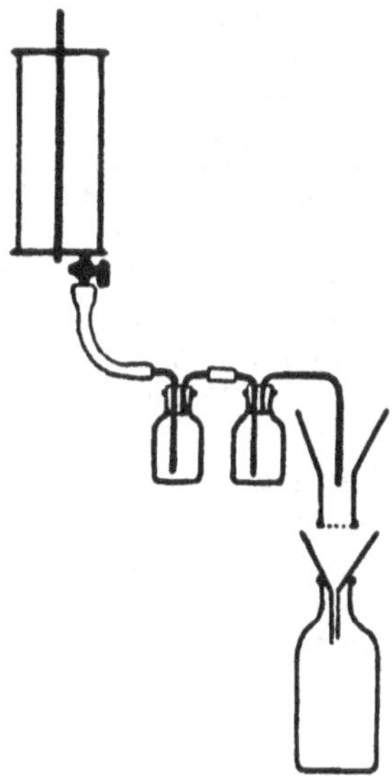

Abb. 33. Skizze der Abfüllung von Proben für chemische und biologische Untersuchungen aus einem Schöpferinhalt

[1]) Arten, welche spez. leichter sind als Wasser, werden in der Kammer aufsteigen und sich unter dem Deckel ansammeln. Sind solche vorhanden, so müssen sie getrennt gezählt werden.

sammelt es schließlich in einer Flasche (Abb. 33). Diese etwa 1 Liter betragende Wassermenge kann zur Bestimmung des elektrolytischen Leitvermögens, der Alkalinität, des p_H, sowie für weitere chemische Untersuchungen (z. B. auf Fe, Mn, P, N) verwendet werden, während der Inhalt der durchspülten Winkler-Flaschen einwandfreie Gasbestimmungen (O_2, CO_2 bzw. H_2S) zuläßt. Auf diese Weise hat man die Gewähr, jene Milieubedingungen erfaßt zu haben, unter denen das Plankton im Augenblick der Probenentnahme tatsächlich gelebt hat, was bei nacheinander entnommenen Proben nicht mit Sicherheit gesagt werden kann.

Die Anwendung der Statistik auf die Planktonverteilung eines Sees setzt jedoch voraus, daß die einzelnen Arten horizontal in annähernd gleicher Volksdichte über das ganze Becken verteilt sind, daß also die an einer Stelle gewonnenen Beobachtungen verallgemeinert werden können. In einem nicht zu ausgedehnten, nicht in einzelne Teilbecken gegliederten und nicht zu seichten Becken trifft dies mit gewissen Einschränkungen auch zu. Allerdings darf man keine Gleichförmigkeit im mathematischen Sinn erwarten und an die gewonnenen Zahlen nicht den Maßstab physikalischer oder chemischer Exaktheit anlegen. Schwankungen von 10 oder 20% besagen in der Planktonstatistik noch nichts.

Für die graphische Darstellung der Planktonverteilung hat sich vielfach das Verfahren eingebürgert, nicht die Individuenzahlen als solche in ein Koordinaten system einzutragen, sondern deren dritte Wurzeln („Kugelkurven" nach Lohmann). Dadurch wird nicht die Volks-Zahl in einem bestimmten Volumen, sondern die Volks-Dichte auf dem Durchmesser einer dieses Volumen verkörpernden Kugel bzw. auf einer Würfelkante (vgl. die Erklärung zu Abb. 20) veranschaulicht. Da es sich um eine räumliche Verteilung handelt, ist diese Darstellungsart zweifellos sinngemäß und bietet außerdem noch den Vorteil, bedeutungslose Schwankungen zu unterdrücken und kleine Werte gegenüber großen in ein und derselben Figur nicht verschwinden zu lassen. Die hier gebrachten Diagramme sind von dieser Art.

Wie beim Anstieg von der Ebene zum Hochgebirge die Pflanzen- und Tierwelt eine jedem Wanderer bekannte stufenförmige Gliederung erkennen läßt, so ist auch die vertikale Verteilung des Planktons keineswegs gleichförmig. Es bestehen aber gegenüber der Höhengliederung im Gebirge einige wesentliche Unterschiede. Zunächst ist das Gefälle der Umweltbedingungen im Wasser unvergleichlich steiler und daher auch die Schichtung des Lebens auf einen viel engeren Raum zusammengedrängt als dort. Dann aber, und dies ist besonders zu beachten, sind die Pflanzen des Landes, und mit ihnen ein großer Teil der Tiere, fest mit ihrem Standort verbunden. Beim Plankton der Seen dagegen handelt es sich um eine freischwebende Lebensgemeinschaft, die mechanischen Transportkräften entweder keinen oder nur geringen Widerstand entgegenzusetzen vermag und deren Verteilung daher in hohem Maße durch die dynamischen Vorgänge im Wasser beeinflußt wird.

Wir werden also, wenn wir das Verteilungsproblem kausal betrachten, außer den die Lebenserscheinungen beeinflussenden, biotischen Faktoren, welche in anderen Lebensräumen ausschließlich wirksam sind, in hohem Maße auch mechanische Faktoren zu berücksichtigen haben. Diese haben in ihrer Wirkung mit dem Leben an sich nichts zu tun, sie gestalten die Verteilung einer toten Suspension in genau derselben Weise wie jene des lebenden Planktons, vorausgesetzt, daß die Größenordnung und die Sinkgeschwindigkeit gleich sind.

Bevor wir uns jedoch mit diesen Zusammenhängen näher beschäftigen, müssen wir versuchen, uns einen summarischen Überblick über die Fülle von Erscheinungen, welche die vertikale Planktonverteilung uns darbietet, zu verschaffen. Der Lebensraum des Planktons wird nach oben hin von der Grenzfläche Wasser—Luft abgeschlossen. Es gibt eine Reihe von Organismen, die gerade in diesem jähen Übergang zweier Medien ihren Lebensort gefunden haben. Die Schwimmpflanzen unserer Tümpel, welche ihre Wurzeln ins freie Wasser entsenden und ihre Blätter und Blüten in die Luft erheben, wie der Froschbiß und die Wasserlinsen oder wie die Wasserhyazinthe (*Eichhornia crassipes*) und *Pistia*, welche die Ufer tropischer Gewässer in oft ungeheuren Mengen umsäumen, gehören allerdings eher dem Litoral an. Aber es gibt im Meere echt pelagische Tiere, die mit Hilfe großer, über die Oberfläche ragender Gasbehälter auf dem Wasser treiben, z. B. die Physalien und Velellen aus der Familie der Röhrenquallen (Siphonophoren); man hat für diese Lebensform den Ausdruck „Pleuston" geprägt. In seiner Lebensweise nahe verwandt, aber auf mikroskopische Dimensionen beschränkt, ist das „Neuston", die meist aus Protisten bestehende Gemeinschaft des Oberflächenhäutchens, welche die Grenzflächenspannung zur Stabilisierung ihrer Lage ausnutzt.

Wie Geitler gezeigt hat, muß man unter den Organismen des Neustons zwei Typen wohl unterscheiden: solche, die auf der Wasseroberfläche — epineustisch — und solche, welche unter der Wasserhaut — hyponeustisch — leben. Die ersteren sind eigentlich Luftorganismen, welche mittels eines Schwimmscheibchens (wie die Heterokonte *Botrydiopsis arhiza* und die Protococcacee *Nautococcus*), oder mittels eines Stielchens (wie *Chromulina Rosanoffii*) auf der Wasserhaut sitzen (Abb. 34). Die letzteren dagegen sind submerse Formen, welche sich in ihrem Stoffwechsel kaum von den anderen Planktonorganismen unterscheiden und daher auch nicht streng an das Wasserhäutchen gebunden sind. Die Mehrzahl der echten Neustonformen scheint epineustisch zu leben. Sie bilden auf meist kleinen, stillen Gewässern kahmhautartige, mehr oder weniger zusammen-

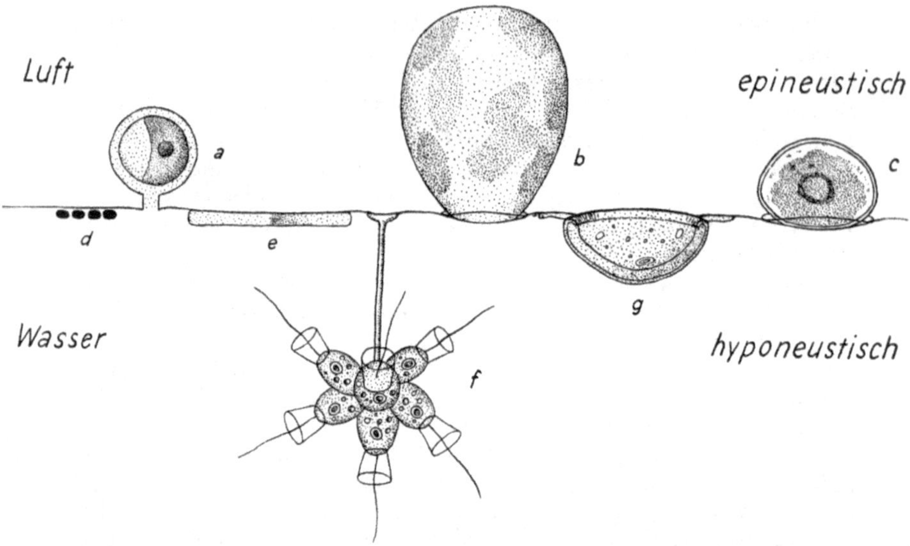

Abb. 34. Neuston-Organismen am Oberflächenhäutchen. Epineustisch: a *Chromulina Rosanoffii* (Chrysophyceae), b *Botrydiopsis arhiza* (Heterokontae), c *Nautococcus emersus* (Protococcaceae). — Hyponeustisch: d *Lampropedia hyalina* (Coccaceae), e *Navicula* sp. (Diatomatae), f *Codonosiga botrytis* (Craspedomonadaceae), g *Arcella* (*Pyxidicula*) sp. (Rhizopoda)

hängende Überzüge von oft auffallender Färbung („Wasserblüte"), welche schon durch ihr unbenetztes Aussehen ihren epineustischen Charakter verraten.

Dem aufmerksamen Beobachter ist gewiß der Goldglanz bekannt, der, in einer bestimmten Richtung gesehen, mitunter von der Oberfläche schattiger Waldtümpel aufleuchtet. Es ist die Chrysomonade *Chromulina Rosanoffii*, welche diese Erscheinung hervorruft; die kleinen Flagellaten durchbohren das Wasserhäutchen und umgeben sich mit einer kugeligen bis birnförmigen Gallerthülle, welche mit einem Stielchen der Wasseroberfläche aufsitzt. Innerhalb der Hülle bleiben die Geißeln erhalten, so daß die Flagellaten bei Benetzung und Auflösung der Hülle sofort schwimmfähig sind und das Wasserhäutchen an einer anderen Stelle durchbohren können. Die auf der Wasseroberfläche aufsitzenden Zellen orientieren ihren hohlspiegelartigen Chromatophor senkrecht zum Lichteinfall, die Lichtstrahlen werden von der Zelle wie von einer Linse auf den Chromatophor konzentriert und durch Totalreflexion von der an die Luft grenzenden Rückwand zurückgeworfen. Ändert man den Blickwinkel, so erlischt der Glanz und ein grauer Staub bedeckt das Wasser. — Besonders auffallend sind die blutroten Kahmhäute, welche oft auf der Oberfläche von Hochgebirgstümpeln durch *Euglena sanguinea* gebildet werden („Blutseen") und die leuchtendgrünen Überzüge, an deren Zusammensetzung verschiedene Algen beteiligt sein können. Das Neuston (und wohl auch der auf der Wasseroberfläche schwimmende Detritus) bildet die Nahrung einiger dafür spezialisierter Planktontiere. Die Cladocere *Scapholeberis* und der Ostracode *Notodromas* gleiten mit den schienenförmig ausgebildeten Bauchkanten ihres Panzers auf der Unterseite des Wasserhäutchens und kehren alles ab, was dort sitzt, um es als Nahrung aufzunehmen. Auch die Larven der Malaria-Mücke *Anopheles* ernähren sich vom Neuston.

Die untere Grenze der vertikalen Verbreitung des autotrophen Phytoplanktons ist durch die vom Licht abhängige Möglichkeit, einen Assimilationsüberschuß zu erzielen, bestimmt. In einer Tiefe, wo die Bilanz der CO_2-Assimilation im Wechsel von Tag und Nacht negativ wird, d. h. wo weniger organische Substanz erzeugt als durch den Dissimilationsprozeß (die Atmung) verbraucht wird, ist ein Gedeihen dieser Pflanzengesellschaft auf die Dauer nicht mehr möglich. Da die Tiere letzten Endes an die Nahrungsproduktion durch die Pflanzen gebunden sind, reicht auch die Hauptmasse des Zooplanktons nicht erheblich unter diese Tiefe hinab. Wohl weisen auch die untersten Wasserschichten sehr tiefer Seen noch eine meist spärliche Besiedlung durch heterotrophe Organismen auf, welche sich von den aus der trophogenen Schicht herabrieselnden, organischen Resten ernährt; diese besteht jedoch (wenn wir von den oligoaeroben Bakterien und physiologisch verwandten Formen absehen) lediglich aus Exemplaren von Arten, die auch weiter oben vorkommen. Ein Gegenstück der eigenartigen, pelagischen Tiefseefauna, die wir vom Meer her kennen, fehlt im Süßwasser.

Auch in den klarsten Alpenseen ist die vom Plankton einigermaßen dicht besiedelte Schichte kaum über 100 m mächtig. In den meisten Fällen sehen wir auch dann, wenn keine anderen Umstände, wie der Sauerstoffmangel, der Ausbreitung eine Grenze setzen, schon in Tiefen von 30—50 m die Individuenzahlen bis auf geringfügige Werte absinken. Auch in dieser Hinsicht besteht gegenüber den Meeren ein erheblicher Unterschied. Im Meere umfaßt der Lebensraum des „Oberflächenplanktons", auch des pflanzlichen, meist einige hundert Meter, ein Umstand, der wohl nicht allein auf die größere Lichtdurchlässigkeit des Wassers, sondern vor allem auch auf die weit bedeutendere Mächtigkeit der turbulenten, von vertikalen Austauschströmen durchzogenen Schicht zurückzuführen sein dürfte.

So weist der Lebensraum des Limnoplanktons auch dort, wo die Tiefe des Sees sie gestatten würde, eine verhältnismäßig geringe Vertikalerstreckung auf. Daß aber auf diesem engen Raum sehr ausgeprägte Unterschiede in der Zusammensetzung der Lebensgemeinschaft bestehen, davon kann man sich an jedem einigermaßen tiefen See durch einen einfachen Versuch überzeugen. Wenn man mit dem Planktonnetz einmal nur die oberflächlichen Schichten abfischt, ein anderes Mal das Netz bis zum Grund versenkt und

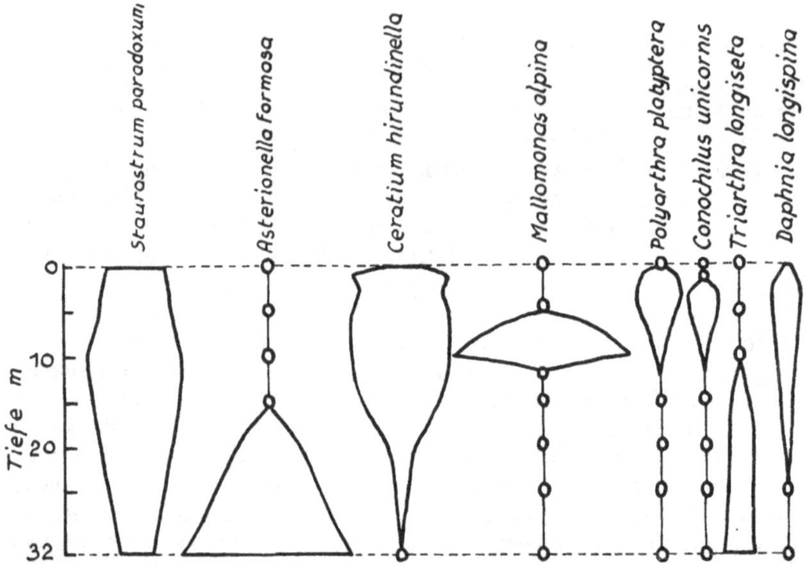

Abb. 35. Beispiele der Verteilung von Planktonformen im Lunzer Untersee. Die Durchmesser der „Kugelkurven" entsprechen der dritten Wurzel aus den Individuenzahlen in 1 Liter, also der Zahl der auf den Durchmesser eines Wasserzylinders (oder einer Kugel) bzw. auf eine Würfelkante entfallenden Individuen

vertikal emporhebt, wird man meist eine sehr verschiedeneZusammensetzung dieser beiden Fänge feststellen und vor allem in dem Vertikalzug Arten beobachten können, die im Oberflächenfang fehlen (woraus hervorgeht, daß nur Vertikalfänge ein zuverlässiges Bild der Planktonzusammensetzung eines Sees bieten können!).

Unsere Abb. 35 zeigt die häufig vorkommenden Verteilungstypen einiger Vertreter des Phyto- und Zooplanktons des rund 30 m tiefen Lunzer Untersees während des Sommers als Beispiel. Neben Arten, die, wenn auch in wechselnder Menge, über die ganze Wassersäule verbreitet sind (*Staurastrum*), gibt es solche, welche die oberen und mittleren Wasserschichten bevorzugen (*Ceratium*, *Polyarthra*, *Conochilus*, *Daphnia*) und in der Tiefe fehlen, andere wiederum, welche nur auf die Tiefenschichte beschränkt sind (*Asterionella*, *Triarthra*), und schließlich eine Art, die eine scharfe Begrenzung zwischen 5 und 10 m Tiefe aufweist (*Mallomonas alpina*).

Unter diesen Beispielen ist ein Schichtungstypus nicht gezeichnet, und zwar jener, bei dem die größten Volksdichten regelmäßig an der Oberfläche liegen. Dieser an sich nicht seltene und besonders bei den mit Gasvakuolen ausgestatteten Blaualgen auftretende Typus (vgl.

S. 97) ist jedoch bei weitem nicht so verbreitet, als man dies angesichts der an der Oberfläche herrschenden Licht- und Temperaturverhältnisse erwarten könnte. Es reicht wohl der Verbreitungsbereich sehr vieler Arten bis an den Wasserspiegel heran, aber bei den meisten liegen die dichtesten Anhäufungen tiefer.

Einige Zahlen, die bei der Untersuchung von elf Seen der Ostalpen gewonnen wurden, mögen dies illustrieren. Die obere Grenze der Verbreitung zeigte bei 0 m 44% der Arten[1]), zwischen 0 und 3 m 37%, 3—10 m 13% und 10—20 m 6%. Dagegen wurde die mittlere Lage der Volksdichtemaxima wie folgt festgestellt:

Mittlere Höchstzahl zwischen	Phytoplankton %	Zooplankton %	Insgesamt %
0— 1 m	6	9	7
1— 5 m	40	40	40
5—10 m	27	37	32
10—20 m	12	9	10
20—30 m	9	6	7
30—50 m	6	—	3
Mittlere Tiefe der größten Volksdichte	9,7 m	7,0 m	7,8 m

Man sieht aus diesen Zahlen, daß die Schicht zwischen 1 und 10 m besonders bevorzugt wird. 72% aller Arten des Planktons erreichen hier ihre größten Volksdichten. Bemerkenswert ist, daß die mittlere Tiefe des Volksdichtemaximums für die Gesamtheit der Pflanzen etwas größer ist als für die Tiere und daß unterhalb 30 m kein Vertreter des Zooplanktons, wohl aber 6% der Arten des Phytoplanktons die größte Anhäufung zeigten.

Welches sind nun die Umstände, welche die so mannigfachen Erscheinungen der Tiefenverteilung des Limnoplanktons bedingen? Wenn wir eines der charakteristischen Verteilungsbilder betrachten, so springt die Ähnlichkeit mit der oben besprochenen „Gedeihkurve" in die Augen. Es drängt sich die Vorstellung auf, daß die obere und untere Grenze des Auftretens einer Art mit einem der Kardinalpunkte — dem Minimum oder dem Maximum — der Gedeihbedingungen zusammenfiele, während in der Tiefe der dichtesten Ansammlung das Optimum (im Zusammenwirken aller Faktoren) zu erwarten wäre. Nun spielen aber, wie schon früher erwähnt wurde, auch mechanische Faktoren bei der Verteilung des Planktons eine große Rolle und man kann bei einem bestimmten Schichtungsbild ohne die genaue Kenntnis aller Umstände von vornherein ebensowenig feststellen, inwieweit es durch Vorgänge des Lebens oder durch die Dynamik des Wassers bedingt ist, als man erkennen kann, welcher der biotischen Faktoren (im ersteren Falle) die Grenzen des Ver-

[1]) Berücksichtigt wurden insgesamt 68 Arten, davon 33 Pflanzen- und 35 Tierarten.

breitungsbereiches oder die Ausbildung des Volksdichtemaximums verursacht. Die kausale Analyse dieser Erscheinungen gestaltet sich deshalb recht schwierig und wir sind von ihrer restlosen Erklärung noch weit entfernt.

Leichter und eindeutiger als die biotischen, sind die mechanischen Faktoren in ihrer Wirkung zu erfassen und sie seien daher zuerst besprochen. Wie schon erwähnt, beeinflussen diese Faktoren belebte und unbelebte Suspensionen in gleicher Weise und ihr Effekt ist lediglich von den physikalischen Eigenschaften der schwebenden Teilchen abhängig. So kann das spezifische Gewicht schon für sich allein die Ursache sehr prägnanter Schichtungsbilder werden. Insbesondere ist dies dann der Fall, wenn es geringer ist als das des Wassers und der Planktonform einen Auftrieb verleiht. So steigen bei ruhigem Wetter die Blaualgen des Planktons vermöge ihrer „Gasvakuolen" zur Oberfläche empor und sammeln sich dort in dichten Massen an, oft eine durch ihre blaugrüne Färbung weithin erkennbare „Wasserblüte" bildend. *Anabaena flos aquae*, *Aphanizomenon flos aquae* verraten schon durch ihre Namen die Zugehörigkeit zu der diese auffallende Erscheinung verursachenden Algengesellschaft. Abb. 36*a* zeigt ein solches Oberflächenmaximum der in den baltischen Seen verbreiteten, millimetergroße Kügelchen bildenden und aus radial angeordneten, peitschenförmigen Fäden bestehenden Kolonien von *Gloeotrichia echinulata* (vgl. Abb. 25c). Die gleiche Erscheinung finden wir bei den Kolonien der Grünalge *Botryococcus*; hier wird die Verringerung des spezifischen Gewichtes durch fettes Öl bewirkt, das der Wasserblüte eine gelblichrote Färbung verleiht. Aber auch bei Formen, die schwerer sind als Wasser, kann es auf rein mechanischem Wege zu begrenzten Ansammlungen dann kommen, wenn sie gegenüber dem Wasser so ausbalanciert sind, daß sie im warmen Epilimnion wohl absinken, innerhalb oder unterhalb der kälteren Sprungschicht jedoch schwebend bleiben. Un-

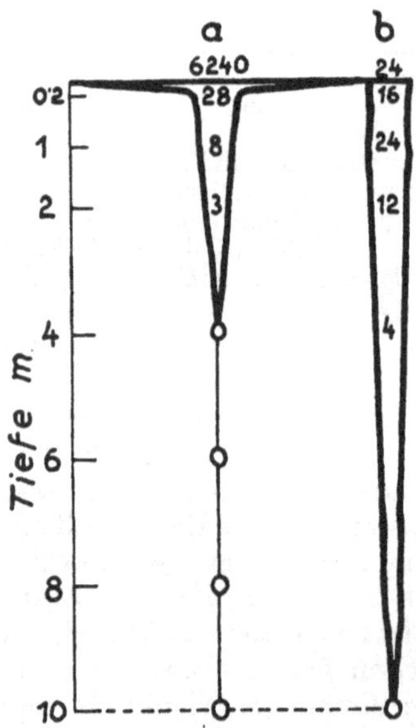

Abb. 36

Die Verteilung der (Gasvakuolen enthaltenden) Blaualge *Gloeotrichia echinulata* im Gr. Plöner See bei Windstille (*a*) und bei Wind (*b*) nach STRODTMANN aus RUTTNER. — Individuenzahlen in 1 Liter

terstützt wird dieser Effekt noch durch die erhöhte innere Reibung des kalten Wassers. Doch ist es selten möglich, die häufig vorkommenden metalimnischen Volksdichtemaxima mit Sicherheit auf diese rein mechanische Ursache zurückzuführen, da sie auch biotisch bedingt sein können. Ebensowenig kann man die oft unmittelbar über dem Schlammgrunde auftretenden Ansammlungen von Krebsen mit Gewißheit als Stauungserscheinungen beim Absinken deuten, da vermutlich ernährungsphysiologische Einflüsse überwiegen dürften.

Den größten Einfluß auf die Verteilung des Planktons haben jedoch zweifellos die Bewegungen des Wassers, vor allem die durchmischende Wirkung der turbulenten Austauschströme. Wir haben schon gesehen, daß sie es in erster Linie sind, welche das nicht aktiv bewegliche Plankton schwebend erhalten. Es ist daher ohne weiteres klar, daß in Tiefen, welche eine hohe Austauschgröße aufweisen, Schichtungen dieser Organismen nicht auftreten können, da ein in einer bestimmten Tiefe herrschendes Vermehrungsoptimum nicht zu einem Volksdichtemaximum in diesem Niveau, sondern infolge der Durchmischung zu einer gleichmäßigen Erhöhung der Individuenzahl in der ganzen turbulenten Schicht führt. Nur jene Arten, die eine lebhafte Eigenbewegung besitzen, vor allem die Krebse und Rädertiere, können sich der Wirkung der Austauschströme entziehen und die ihnen zusagenden Tiefen aufsuchen. Die Folge dieser Vorgänge ist, daß das Phytoplankton innerhalb eines gut ausgebildeten Epilimnions selten bleibende Schichtungen zeigt[1]).

Erst im Bereich des temperaturbedingten Dichtegefälles (der Sprungschicht), wo die Austauschströme stark gebremst werden, treten erhebliche Unterschiede in der Zusammensetzung auch der pflanzlichen Lebensgemeinschaft auf. Mit diesen Angaben steht die Tatsache, daß auch das unbewegliche Phytoplankton häufig eine erhebliche Abnahme knapp unter der Oberfläche erkennen läßt, keineswegs im Widerspruch, denn auch die Wasseroberfläche wirkt bremsend auf die Austauschströme, so daß die durch Absinken verursachte Verarmung der obersten Schicht ohne weiteres verständlich wird. Die Wirkung des turbulenten Austausches auf die epilimnische Planktonverteilung wird durch unsere Abb. 36 illustriert. Diese zeigt das Ver-

[1]) Da aber die Wasserbewegungen mit der Zeit und in der vertikalen Verteilung der Stromgeschwindigkeiten (vgl. Abb. 15) Veränderungen unterworfen sind, so werden auch innerhalb des Epilimnions sowohl Zeiten als auch Schichten stärkerer und schwächerer Turbulenz miteinander abwechseln. Daher kann es, wie Einsele und Grim gezeigt haben, zur vorübergehenden Ausbildung von Volksdichteunterschieden, sowie zu einer gewissen Sortierung nach dem spezifischen Gewicht dadurch kommen, daß Formen mit größerem Übergewicht (z. B. manche Diatomeen) aus schwach turbulenten Schichten heraus in turbulentere, „tragfähigere" absinken und sich dort anreichern.

halten der schon erwähnten Blaualge *Gloeotrichia* an einem windstillen und an einem windigen Tag. Im ersteren Fall hatte sich diese Alge vermöge ihres geringen spezifischen Gewichtes in großen Massen an der Oberfläche angesammelt und wurde in 4 m Tiefe nicht mehr angetroffen. Bei windigem Wetter dagegen war infolge des Austausches die Verteilung bis 2 m hinab nahezu gleichförmig und reichte bis gegen 10 m hinab.

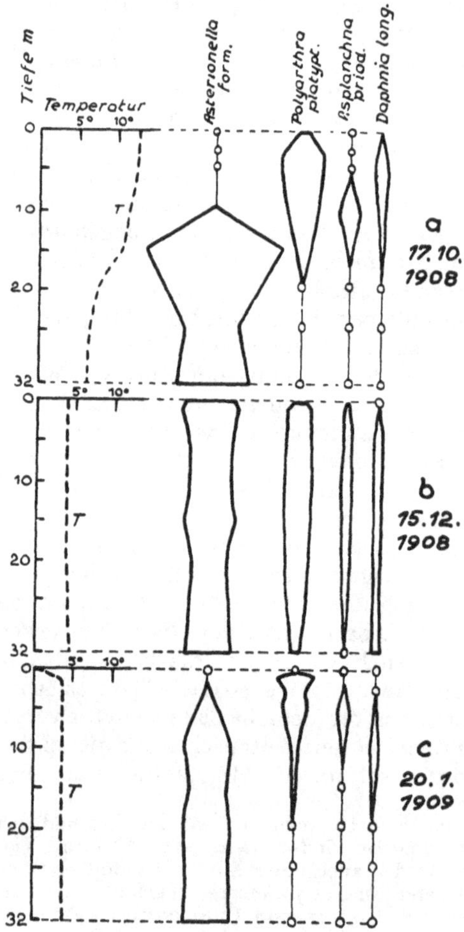

Abb. 37. Die Vertikalverteilung einiger Arten im Lunzer Untersee, nach Ruttner. *a* am Ende der Sommerstagnation, *b* während der Vollzirkulation, *c* während der Winterstagnation. „Kugelkurven“ wie in Abb. 35

Wenn mit dem Beginn der herbstlichen Zirkulation der Austausch lebhafter wird und immer tiefere Schichten erfaßt, wird sein Einfluß auf die Planktonverteilung immer stärker und zu dieser Zeit können sich auch Tiere mit lebhafter Eigenbewegung seiner Einwirkung nicht ganz entziehen, wie aus dem Vergleich der Diagramme in Abb. 37*a* und *b* deutlich zu erkennen ist (beachte insbesondere die guten Schwimmer *Polyarthra*, *Asplanchna* und *Daphnia*!). Zur Zeit der Vollzirkulation (*b*) wird die Planktonverteilung nahezu vollkommen gleichförmig, unter der winterlichen Eisdecke treten jedoch die Schichtungserscheinungen wieder auf (*c*).

Ebenso tief, wie die Turbulenz, greift die mit der Durchflutung eines Sees verbundene Wassererneuerung in die Vertikalverteilung des Planktons ein. Während aber die erstere lediglich einen Ausgleich der Schichtungen schafft, ist die letztere einer der radikalsten Vernichtungsfaktoren, indem sie einen Teil des Planktons dem See entführt und zu einer Verarmung der betroffenen Schichten führt. Wie auf S. 53 ausgeführt wurde, ist die Tiefe, bis zu welcher eine Wassererneuerung durch den Zu- und Abfluß erfolgt, von den Temperaturverhältnissen des Zuflusses und des Sees abhängig. Da in der Regel die Sprungschicht auch die untere Grenze der Durchflutung ist, sind in stark durchfluteten Gebirgsseen Hochwasserperioden mit einer Verarmung des epilimnischen Planktons verbunden. Besonders deutlich wird dies während der langen Schneeschmelzperiode im Frühjahr. Daß im übrigen die Gedeihbedingungen um diese Zeit durchaus günstig sind, beweist die Tatsache, daß nach dem Auftauen des Sees, aber vor Beginn der Schneeschmelze im Gebirge, vielfach eine Massenentwicklung des Phytoplanktons, insbesondere der Diatomeen, zu verzeichnen ist, die später unter dem Einfluß des Hochwassers, und zwar nur im Epilimnion, vollkommen verschwindet. Eine radikale Beseitigung wäre durch einen bloßen Rückgang oder Stillstand der Vermehrungsrate innerhalb der kurzen Zeit ganz unmöglich. Überdies wird die eingetretene Wassererneuerung durch die plötzliche Veränderung der chemischen (Konzentrations-) Schichtung bewiesen (vgl. S. 66). Allerdings wird durch die Durchflutung nicht das ganze Plankton betroffen. Die guten Schwimmer, besonders die Krebse, vermögen vielfach den Ausrinn zu meiden und der Entführung aus dem See zu entrinnen.

Einen Einfluß auf die Vertikalverteilung vermögen, wie Demoll gezeigt hat, auch die internen Seiches auszuüben. Durch diese stehenden Wellen, die mitunter Amplituden von mehreren Metern Höhe erreichen können, wird natürlich mit dem Wasser des Metalimnions auch das Plankton gehoben und gesenkt und die in diese

Tiefe fallenden Volksdichtemaxima können im Verlauf von einigen Stunden in ganz verschiedene Niveaus zu liegen kommen.

Da alle bisher besprochenen Eigenschaften und Vorgänge, welche die Schichtung des Planktons rein mechanisch beeinflussen (das spezifische Gewicht, die innere Reibung, der turbulente Austausch, die Durchflutung und die internen Seiches) in hohem Grade temperaturabhängig sind, wird auch die Temperaturschichtung des Sees indirekt zu einem sehr wirksamen, mechanischen Faktor.

Wesentlich verwickelter und viel schwieriger zu analysieren ist die Wirkung der biotischen Faktoren, nicht nur deshalb, weil sie stets in einer eng verflochtenen Vielheit vorhanden und oft kaum zu trennen sind, sondern auch weil jeder von ihnen sowohl die Vermehrung als auch die aktive Bewegung der Organismen beeinflussen kann, also jene beiden physiologischen Vorgänge, welche in erster Linie die Vertikalverteilung bestimmen. Wir sind daher nur unter besonders günstigen Umständen in der Lage, eine bestimmte Erscheinung mit Sicherheit der Wirkung eines Faktors zuzuschreiben. Die Umweltbedingungen, welche wir bei unserer Fragestellung hauptsächlich zu berücksichtigen haben, sind die Temperatur, das Licht und schließlich jene Gruppe von Wirkungsfaktoren, die wir unter dem Begriff „chemische Beschaffenheit des Wassers" zusammenfassen.

Es ist naheliegend, die Temperatur als einen der wirksamsten Regulatoren der Vertikalverteilung anzusehen, und es besteht kaum ein Zweifel, daß ihr tatsächlich in vielen Fällen eine bestimmende Rolle zufällt. Wäre das Temperaturgefälle, das unsere Seen im Sommer aufweisen, allein vorhanden und alle übrigen Faktoren konstant, so müßte das Volksdichtemaximum jeder Art mit der Tiefe ihrer optimalen Temperatur zusammenfallen. In Wirklichkeit wird jedoch die Wirkungskurve der Temperatur von den Wirkungskurven der anderen Faktoren, insbesondere des Lichtes, überlagert und es kann vorkommen, daß durch diese Überschneidungen die Lage des Volksdichtemaximums erheblich von jenem des Temperaturoptimums abrückt. Daher kommt es auch, daß man beim Vergleich von Einzelbeobachtungen die größte Häufigkeit einer Art oft bei recht verschiedenen Temperaturen antrifft. Um so überraschender ist aber die Feststellung, daß die durchschnittlichen Temperaturen, bei denen man in einer größeren Anzahl von Beobachtungen aus verschiedenen Seen die Volksdichtemaxima findet, für die einzelnen Arten innerhalb gewisser Grenzen nahezu konstant sind.

So ergab ein Vergleich mehrjähriger Untersuchungen im Lunzer Untersee einerseits und an 10 weiteren Alpenseen 20 Jahre später ausgeführter Beobachtungen andererseits Mittelwerte, die bei 60% der untersuchten 25 Arten um weniger als 1°, bei 90% um weniger als 2° voneinander abwichen. Dies ist wohl daraus zu erklären, daß die Gesamtheit der Umweltbedingungen in Seen von ähnlichem Typus im Durchschnitt einer Sommerperiode eine gewisse Gleichartigkeit aufweist und daher auch die Höhe der mittleren Temperaturen der Maxima in annähernd gleicher Weise begrenzt. Wenn auch diese keineswegs dem absoluten Temperaturoptimum der betreffenden Art entsprechen müssen, so können wir sie doch als relative, für ökologisch gleiche Arten und Rassen charakteristische Optima bezeichnen, welche bei einer mittleren Konstellation der anderen Faktoren das beste Gedeihen gewährleisten.

Zur Beantwortung der Frage, wie sich die Volksdichtemaxima der Arten auf die einzelnen Temperaturen verteilen, wollen wir wiederum die schon einige Male erwähnten Untersuchungen an einer größeren Anzahl von Alpenseen heranziehen. Das Verhalten von 68 häufigen Arten ist aus der folgenden Aufstellung zu ersehen:

Durchschnittstemperaturen der Häufigkeitsmaxima zwischen	Prozentsatz der Arten		
	Phytoplankton	Zooplankton	Insgesamt
5— 7°	15%	12%	13%
7— 9°	6%	3%	4%
9—11°	15%	23%	19%
11—13°	30%	31%	31%
13—15°	33%	31%	32%

In dieser Zusammenstellung fällt zunächst auf, daß die Zahl der auf die einzelnen Zweigradstufen entfallenden Arten mit sinkender Temperatur wohl zunächst abnimmt, nach einem ausgeprägten Minimum zwischen 7—9° plötzlich und sehr erheblich wieder ansteigt. Diese scharf differenzierte Gruppe umfaßt alle jene Pflanzen und Tiere, die im Sommer auf die Tiefe beschränkt sind. Daß es aber nicht das Licht oder andere Faktoren sind, welche sie zu diesem Verhalten bestimmen, geht eindeutig daraus hervor, daß alle diese Arten im Winter auch die oberflächlichen Wasserschichten bevölkern und sich hier reichlich vermehren. Wir können also in diesen Fällen die Temperatur mit Sicherheit als jenen Faktor bezeichnen, der die Vertikalverteilung bestimmt. Zu dieser Gruppe der kaltstenothermen oder oligothermen Organismen (vgl. S. 108) gehören einige der häufigsten Diatomeen des Planktons, so die schon mehrfach erwähnte *Asterionella formosa* in der Varietät *hypolimnica* (Abb. 23), die zarten Nadeln von *Synedra acus* var. *delicatissima*, die mit kleinen Dornen bewehrten Scheibchen von *Stephanodiscus astraea* und *St. alpinus*, ferner von Desmidiaceen das stabförmige *Closterium aciculare*, von Cyanophyceen *Oscillatoria rubescens* und von Chrysomonaden *Mallomonas akrokomos*. Von den Tieren bevorzugen so niedrige Temperaturen der Ciliat *Stokesia vernalis*, einige Rädertiere (z. B. *Triarthra longiseta*) und vereinzelt auch Krebse, z. B. der in den nordischen Seen häufige Copepode *Limnocalanus*.

Weit weniger ausgeprägt und interessant ist das Verhalten jener viel zahlreicheren Arten, deren Volksdichtemaxima bei höheren

Temperaturen liegen. Sie unterscheiden sich von den oben besprochenen Oligothermen keineswegs nur durch diesen Umstand. Die fast übergangslose Scheidung der beiden ökologischen Gruppen ist vielmehr darin begründet, daß die Oligothermen streng an einen engen, niedrigen Temperaturbereich gebunden sind und wärmere Schichten nicht besiedeln, während die anderen weit weniger wählerisch sind und auch bei Temperaturen bzw. Tiefen, die erheblich außerhalb des Optimums gelegen sind, noch häufig auftreten können. Wir müssen daher diese Gruppe, zu der die meisten Planktonarten unserer Breiten gehören, als eurytherm bezeichnen, wobei selbstverständlich nicht außer acht gelassen werden darf, daß jeder einzelnen Art ein bestimmtes Gedeihoptimum und ein mehr oder weniger ausgedehnter Gedeihbereich der Temperatur zukommt.

Die temperierten Seen sind im allgemeinen wenig geeignet, um streng polytherme, d. h. an höhere Temperaturen gebundene Arten zu beherbergen, da Temperaturrückschläge auch während der warmen Jahreszeit immer wieder vorkommen. Immerhin kennen wir eine ganze Anzahl von Arten, die durch ihr auf die Sommermonate beschränktes Auftreten und die Besiedlung der warmen, epilimnischen Schichten eine deutliche Bevorzugung hoher Temperaturen verraten, wie einige Cyanophyceen und Protococcalen des Phytoplanktons und manche Rädertiere (z. B. *Brachionus*- und *Schizocerca*-Arten sowie *Anapus*) und Krebse (*Diaphanosoma, Moina*) unter den Tieren. Die Heimat ausgesprochen polythermer Arten sind naturgemäß die tropischen Gewässer. Aber auch in gemäßigten Breiten können insbesondere flache Tümpel und Altwässer vorübergehend „tropische" Temperaturen erreichen und polythermen Arten mit kurzem Entwicklungszyklus günstige Bedingungen bieten. Tatsächlich ähnelt das Phytoplankton und die Rädertierfauna in Gewässern dieser Art auffallend jenen in tropischen Seen.

Nicht immer ist das Verhalten verschiedener Populationen einer Art zur Temperatur gleich. Bei allerdings nur vereinzelten Arten können sehr auffallende Unterschiede auftreten. So ist *Asterionella formosa* in vielen Alpenseen streng oligotherm, in jenen des Alpenrandes und des Flachlandes eurytherm. Wir haben hier Rassen bzw. Varietäten vor uns, die wohl nach den Gesichtspunkten der morphologischen Systematik nicht zu trennen, aber in ihren physiologischen Merkmalen sehr verschieden sind, sogenannte Oekotypen, die sich natürlich nicht nur in bezug auf die Temperaturansprüche unterscheiden können.

Die Temperatur wirkt, wie schon erwähnt, nicht nur auf das Gedeihen, sondern auch auf die Eigenbewegung des Planktons ein, und zwar in zweifacher Weise: erstens durch Beeinflussung (Beschleunigung oder Verlangsamung) der Funktion der Fortbewegungsorgane (vgl. S. 102); zweitens durch die Festlegung der Bewegungsrichtung im Temperaturgefälle, die sogenannte Thermotaxis. Diese Erscheinung ist beim Plankton bisher wenig studiert worden und es ist noch unbekannt, ob sie bei den Schichtungen des Seenplanktons in nennenswerter Weise beteiligt ist.

Mindestens ebenso wirkungsvoll, wie die Temperatur, ist für unseren Erscheinungskomplex das ins Wasser eindringende Licht. Es wurde schon am Eingang dieses Kapitels betont, daß das Licht bzw. die untere Grenze der photosynthetischen Assimilation es ist, welche den Wohnraum des Planktons auf eine nicht allzu mächtige, obere Wasserschicht einengt. Aber auch innerhalb dieses Raumes wirkt sich die eindringende Strahlung in mannigfacher Weise auf die Verteilung der Organismen aus. Wenn wir auch gewisse Erscheinungen, wie die Beschränkung bestimmter Arten auf die tieferen Wasserschichten, mit Sicherheit als Temperaturwirkung nachweisen konnten, so gibt es doch viele Tatsachen, die nur durch den Einfluß des Lichtes erklärbar sind, z. B. die charakteristischen Schichtungsbilder der Rädertiere und Krebse im Epilimnion.

Wie die Temperatur, so beeinflußt auch das Licht sowohl die Vermehrung als auch die Bewegungen des Planktons, es bestehen aber in der Wirkungsweise dieser beiden Faktoren wesentliche Unterschiede. Während der Temperatur alle Vorgänge des Stoffumsatzes unterliegen, ist das Licht nur bei der Photosynthese der Pflanzen Energiequelle und beherrschender Faktor. Die Vermehrung des Zooplanktons ist also nur indirekt, durch dessen Abhängigkeit von der pflanzlichen Nahrung, lichtbedingt. Für die Beweglichkeit andererseits spielt die richtende Wirkung des Lichtes (Phototaxis) eine wesentlich größere Rolle als die Einwirkung auf die Intensität der Bewegungen.

Der Fundamentalvorgang des Lebens, die Assimilation des Kohlenstoffs, ist nicht allein von der Menge der vorhandenen CO_2 und der Energie der einfallenden Strahlung, sondern in hohem Maße auch von der Temperatur und von der Qualität, also der Wellenlänge des Lichtes abhängig. Für die Lebensverhältnisse des Planktons ist insbesondere die enge Verknüpfung des Licht- und Temperatureinflusses von großer Bedeutung. Wenn man bei einer konstanten, niedrigen Temperatur die Lichtintensität erhöht, so steigt zunächst die Assimilationsleistung geradlinig an. Von einer bestimmten Lichtstärke an wächst jedoch der photosynthetische Effekt nurmehr wenig, die Kurve (Abb. 38 unten) zeigt einen mehr oder weniger scharfen Knick, d. h. eine weitere Steigerung der Lichtintensität bleibt nahezu erfolglos. Erst mit einer Erhöhung der Temperatur nimmt auch die

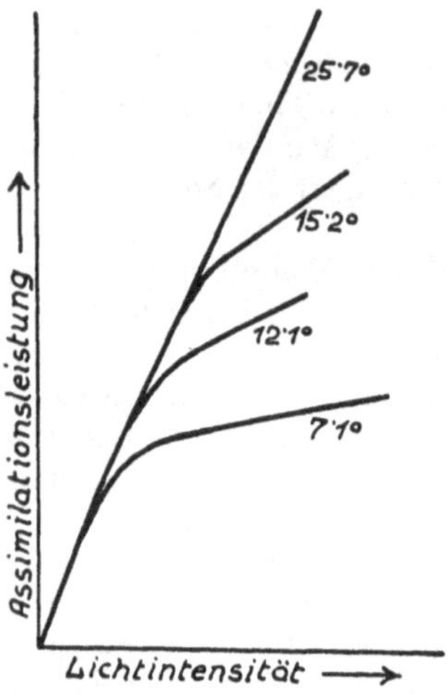

Abb. 38. Die Begrenzung der lichtbedingten Assimilationsleistung von *Elodea canadensis* durch die Temperatur. Das Ergebnis von vier bei verschiedenen Temperaturen ausgeführten Versuchen

Assimilationsleistung wieder zu. Wenn wir diese experimentellen Ergebnisse auf die Verhältnisse im See übertragen, so werden wir von vornherein erwarten müssen, daß diese begrenzende Wirkung des Temperaturfaktors innerhalb des Epilimnions bei den hohen, dort herrschenden Lichtintensitäten in den meisten Fällen zur Geltung kommen wird, d. h. besonders bei niedrigen epilimnischen Temperaturen (etwa im Frühjahr) wird die mit abnehmender Tiefe rasch wachsende Lichtintensität in den oberen Schichten ohne Einfluß auf die Assimilationsleistung bleiben, solange die letztere nicht durch die Lichtintensität, sondern durch die Temperatur begrenzt wird, was in den hellen Tagesstunden in den meisten Fällen zutrifft. Bei steigenden Temperaturen (im Sommer) wird die Begrenzung naturgemäß auf einem höheren Leistungsniveau erfolgen, aber fast immer nachzuweisen sein. Erst in größerer Tiefe wird das Licht zum begrenzenden Faktor und die Abnahme seiner Intensität verursacht eine rasche Abnahme der Assimilationsleistung. In den oberen Schichten wird somit die Nutzung des vorhandenen Lichtüberschusses durch die Temperatur bestimmt und, wenn diese gleichförmig ist, wird das Lichtgefälle ohne Einfluß auf die Vermehrungsintensität und daher auch auf die Vertikalverteilung bleiben, außer — im negativen Sinn — durch die regelmäßig beobachtete Herabsetzung der Assimilationsleistung bei sehr hohen Intensitäten infolge einer Inaktivierung des Chlorophylls. Versuche, bei denen in Flaschen eingeschlossene Aufschwemmungen von Planktonalgen in verschiedene Tiefen eines Sees eingehängt wurden (vgl. die Übersicht bei Printz 1939), haben dementsprechend auch ergeben, daß die CO_2-Assimilation in den oberen Wasserschichten (trotz der mit der Tiefe zunehmenden Schwächung der Lichtintensität) keine Abnahme erkennen ließ oder sogar zunächst zunahm, um erst in einer größeren Tiefe einen lichtbedingten Abfall zu zeigen.

Als Beispiel seien die lehrreichen Versuche mit Reinkulturen von Grünalgen (*Coccomyxa simplex* bzw. *Chlorella pyrenoides*) mitgeteilt, welche Schomer und Juday in den einzelnen Tiefen einiger Seen von sehr verschiedener Strahlungsdurchlässigkeit ausgeführt haben und deren wichtigste Ergebnisse in der folgenden Tabelle zusammengestellt sind:

See	Sichttiefe	Wasserfarbe	Maximum d. Ass.	Kompensationspunkt bei:		
				Tiefe	Strahlung cal/cm² in 3 Stunden	% d. Oberfl.-strahlung
	m	mg Pt	in Tiefe/m	m		
Crystal Lake	13,5	0	5—6	17	1,2	0,9
Trout Lake	5,9	14	1—2	10	1,6	1,0
Mud Lake	1,9	33	0,5	4,5	0,8	0,4
Helmet Lake	1,5	168	0,25	1	2,9	1,5

Aus diesen Angaben ist zu ersehen, daß im klaren Wasser des Crystal Lake der Abfall der Assimilationsleistung erst in der beträchtlichen Tiefe von 5—6 m begann, wo 12—15% der auf die Oberfläche auffallenden Strahlung vorhanden waren. In den drei anderen Seen wird diese Tiefe mit der abnehmenden Lichtdurchlässigkeit immer geringer. Besonders deutlich kommen diese Unterschiede in der Lage des Kompensationspunktes, d. h. der unteren Grenze einer positiven Assimilationsleistung, zum Ausdruck. Wir sehen, wie die Mächtigkeit der Assimilationsschicht mit der zunehmenden Färbung (also abnehmenden Lichtdurchlässigkeit) des Wassers rasch abnimmt und in dem braun gefärbten Helmet Lake nur mehr 1 m beträgt. Bemerkenswert sind die verhältnismäßig geringen Unterschiede der in der Tiefe des Kompensationspunktes in den einzelnen Seen noch vorhandenen Strahlungsenergie.

Zu dieser physiologisch bedingten Eigenart der oberen, epilimnischen Schichten kommt jedoch noch ein mechanischer Faktor, welcher verursacht, daß das Epilimnion als einheitlich in bezug auf den Lichtgenuß aufzufassen ist. Die turbulente Bewegung verursacht es, daß eine Planktonalge bald in einer geringeren, bald in einer größeren Tiefe schwebt. Innerhalb einer längeren Zeitspanne wird daher der Lichtgenuß des gesamten Phytoplanktons dieser Schicht gleich sein. Wir können daher ein wohl ausgebildetes Epilimnion als die Lichtregion (photische Region) des Sees bezeichnen. Im Metalimnion dagegen werden einerseits die unbeweglichen Organismen durch die stabile Lagerung des Wassers innerhalb einer bestimmten Schicht festgehalten, andererseits ist hier die Lichtintensität schon sehr geschwächt und ihre assimilatorische Wirkung steht außerdem stark unter dem Einfluß des Temperaturgefälles. Hier beginnt die Dämmerregion (dysphotische Region), als deren untere Begrenzung wir — vom Standpunkt des Stoffwechsels — das Aufhören einer wirksamen CO_2-Assimilation des Phytoplanktons (als Ganzes betrachtet) auffassen können. Darunter liegt die Region des Lichtmangels (aphotische Region), denn die hier noch herrschenden Lichtintensitäten sind physiologisch bedeutungslos.

Von großer Bedeutung sind aber auch die qualitativen Veränderungen, welche das Licht beim Eindringen in den See erfährt. Wie aus den Ausführungen auf S. 15 hervorgeht, wird die langwellige „rote" Strahlung schon in den oberen Wasserschichten zurückgehalten und in der Tiefe von 15—20 m eines klaren Sees herrscht vorwiegend „grünes" Licht. Nun wissen wir, daß in den Chromatophoren der Pflanzen vorwiegend der zu ihrer Farbe komplementäre Wellenbereich absorbiert und der CO_2-Assimilation nutzbar gemacht wird, so von den grünen das „rote" Licht, von den roten das „grüne" (vgl. auch S. 162). Dementsprechend sehen wir auch, daß jene Planktonpflanzen, welche die Tiefe bewohnen, mit wenigen Ausnahmen braune (die Diatomeen) oder rötlich gefärbte (z. B. der Flagellat *Rhodomonas)* Chromatophoren bzw. wie die Cyanophycee *Oscillatoris rubescens* ein durch Phycoerythrin rot gefärbtes Chromatoplasma besitzen.

Im übrigen ist es schwierig, Einzelheiten der Phytoplanktonverteilung mit einiger Sicherheit auf die Lichtwirkung allein zurückzuführen. Dazu ist die Verknüpfung des Strahlungseinflusses mit dem Temperaturfaktor zu eng und die zweifellos oft sehr verschiedenen physiologischen Ansprüche der einzelnen Arten viel zu wenig experimentell untersucht. Es kann aber kein Zweifel darüber bestehen, daß das Licht nicht nur die Verbreitung des Phytoplanktons nach unten hin begrenzt, sondern auch innerhalb des von diesem bewohnten Raumes die Verteilung der Arten in hohem Maß beeinflußt.

Wie bezüglich der Temperatur, so können auch hinsichtlich des Verhaltens der Plankter zum Licht Arten mit engem und weitem Gedeihbereich (stenophote und euryphote) und innerhalb der ersteren Schwachlichtformen und Starklichtformen unterschieden werden. Da aber in den temperierten Seen während des Sommers das Lichtgefälle stets vom gleichsinnig verlaufenden Temperaturgefälle überlagert wird, kann man in vielen Fällen kaum entscheiden, welches von beiden für eine beobachtete Planktonschichtung verantwortlich zu machen ist. Trotzdem ist es Findenegg gelungen, durch sorgfältige Analyse eines umfangreichen Beobachtungsmateriales aus den Kärntner Seen den Einfluß von Licht und Temperatur zu trennen und das Zusammenspiel dieser beiden Faktoren zu zeigen.

Es sei dies an Hand eines Beispieles anschaulich gemacht. Abb. 39 zeigt die Vertikalverteilung der Blaualge *Oscillatoria rubescens* vom Frühjahr bis zum Herbst im Wörthersee. Im Frühjahr ist die Alge wegen der hohen Turbulenz in der ganzen Wassersäule ziemlich gleichmäßig verteilt. Sobald

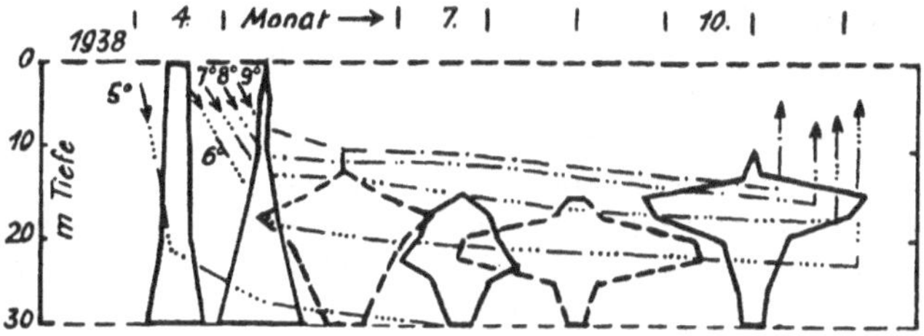

Abb. 39. Die Verteilung von *Oscillatoria rubescens* im Wörthersee (Kärnten) in Abhängigkeit von der Temperatur und dem Lichtgenuß nach FINDENEGG

jedoch eine stabile thermische Schichtung ausgebildet ist, verschwindet sie aus dem Epilimnion bei gleichzeitiger Massenvermehrung im oberen Hypolimnion, wobei es während des ganzen Sommers nach der Lage des Maximums den Anschein hat, als ob eine Temperatur um 6° dem Optimum entspräche. Im Herbst, wenn der Lichtgenuß infolge der kürzeren Tagesdauer und des tiefen Sonnenstandes geringer wird, wandert jedoch das Volksdichtemaximum aus 20 m und einer Temperatur um 6° nach 15 m und 8°. Die Alge bevorzugt offenbar innerhalb ihres temperaturbedingten Gedeihbereiches (zwischen 3—10°) jene Tiefe, in der sie die für sie günstigsten Assimilationsbedingungen vorfindet. Ein solches Aufwärtswandern des Maximums im Herbst wurde schon bei älteren Beobachtungen im Lunzersee bei der oligothermen *Asterionella formosa* var. *hypolimnica* beobachtet.

Wesentlich klarer liegen die Verhältnisse bezüglich des Lichteinflusses auf die Eigenbewegung des Planktons. Hier bietet uns die Natur selbst durch großzügige Experimente einen Einblick in die ursächlichen Zusammenhänge. Wenn eine Schneeschicht von genügender Mächtigkeit auf der winterlichen Eisdecke eines Sees lagert, so wird die eindringende Strahlung bis zur physiologischen Unwirksamkeit geschwächt, ohne daß die anderen Faktoren, insbesondere die Temperatur, eine Änderung erfahren hätten. Wir finden unter diesen Verhältnissen das Zooplankton von den obersten Wasserschichten bis in große Tiefen mehr oder weniger gleichmäßig verteilt. Unter schneefreiem Eis dagegen ziehen sich die meisten Rädertiere und Krebse von der Oberfläche zurück und es treten ganz ähnliche Verteilungsbilder auf, wie wir sie auch im Sommer zu sehen gewohnt sind (vgl. Abb. 37*c*) Man kann diesen Effekt auch experimentell dadurch erreichen, daß man durch Wegschaufeln der Schneedecke ein „Fenster" von einigen Quadratmetern herstellt. Unter dieser Stelle tritt sofort die soeben erwähnte Schichtung des Zooplanktons auf, während die Verteilung unter der intakten Schneedecke unverändert bis zum Eise heraufreicht. Durch diese Beobachtungen ist zweifellos erwiesen, daß das Licht diese Tiere von den oberflächlichen Wasserschichten fernhält.

Ein weiteres Experiment der Natur ist der Einfluß des Wechsels von Tag und Nacht. Wenn man eine weiße Scheibe, wie sie für die Bestimmung der Sichttiefe benützt wird, unter der hellen Mittagssonne langsam vom Boot aus versenkt, so erscheinen erst in der Tiefe von einem bis mehreren Metern die Schatten der Planktonkrebse als dunkle Punkte auf der hell beschienenen Fläche. Wiederholt man diesen Versuch am Abend, so sieht man in den letzten Strahlen der sinkenden Sonne schon über der knapp unter die Oberfläche versenkten Scheibe Wasserflöhe und Hüpferlinge in großer Zahl dahintreiben. Die Tiere sind bei Beginn der Abenddämmerung zur Oberfläche emporgestiegen. Dieses auffallende Phänomen der täglichen Vertikalwanderung des Planktons hat schon frühzeitig die Hydrobiologen beschäftigt und ist auch jetzt noch nicht aus der Diskussion verschwunden.[1])

Es erweist sich bei näherem Zusehen als sehr vielgestaltig und verwickelt. Zunächst ist keineswegs das gesamte Plankton daran beteiligt. Die mit Eigenbewegung ausgestatteten Vertreter des Phytoplanktons, die Flagellatenformen, zeigen nur ausnahmsweise regelmäßige Vertikalbewegungen von größerem Ausmaß, so z. B. die Kolonien von *Volvox*, doch verläuft hier die Bewegung gerade entgegengesetzt: die Volvox-Kolonien wandern am Abend abwärts und steigen am Morgen zur Oberfläche auf. Aber auch von den Tieren steigt nur ein Teil nachts zur Oberfläche empor. Verhältnismäßig wenig ausgeprägt ist die Erscheinung bei den Rädertieren, wo sie nur bei einigen Arten einwandfrei festgestellt wurde, recht allgemein verbreitet dagegen bei den Krebsen. Doch gibt es auch Krustazeen, welche nicht „wandern", so die Oberflächenformen *Scaphelcberis* und *Polyphemus*. Manche Arten erscheinen wohl am Abend nach Einbruch der Dunkelheit an der Oberfläche, sinken aber gegen Mitternacht wieder ab. Ferner ist festzustellen, daß sich die einzelnen Entwicklungsstadien und Geschlechter ein und derselben Art verschieden verhalten können. So wandern z. B. die Nauplien von *Diaptomus gracilis* und von *Cyclops strenuus* im Gegensatz zu den Erwachsenen nicht und die Männchen des erstgenannten Krebses sammeln sich zu Beginn der Abenddämmerung in großer Menge knapp unter der Oberfläche an, um bei Einbruch der Dunkelheit wieder an Zahl abzunehmen, während die Weibchen erst später erscheinen und die oberen Wasserschichten gleichmäßig bevölkern. Eine ähnliche, sich auch am Morgen wiederholende „Dämmerungswanderung" wurde auch bei *Hyalodaphnia kahlbergensis* im Großen Plöner See beobachtet. Ein besonderes Verhalten wurde in einem nordamerikanischen See bei dem Copepoden *Limnocalanus* festgestellt, der sich tagsüber in der bedeutenden Tiefe von 50 m aufhält, nachts aber nur bis zur Temperatursprungschicht (15 m) emporsteigt (ähnlich verhalten sich einige oligotherme Cladoceren der Kärntner Seen). Die einzige Insektenlarve des Planktons, *Corethra plumicornis*, zeigt ebenfalls deutlich einen nächtlichen Aufstieg. Dagegen tritt bei manchen Rädertieren, z. B. *Polyarthra* und mitunter auch bei den Nauplien der Copepoden, nachts eine Verlagerung des Maximums nach unten auf.

---

[1]) Vgl. hierzu des Sammelreferat von Cushing (1951), welches die bisherigen Beobachtungen im Meer und in den Binnengewässern ausführlich behandelt.

Noch verwickelter wird das Phänomen, wenn wir das Verhalten ein und derselben Art, in verschiedenen Seen vergleichen. Da kann es vorkommen, daß manche sonst „wandernde" Arten, z. B. Daphnien, tagsüber auch in den oberflächlichen Schichten zu finden sind oder daß das Ausmaß der Wanderung in einem See 20—30 m beträgt, während es in einem anderen auf eine Schicht von kaum einem Meter beschränkt ist.

Es liegt auf der Hand, daß es nicht möglich ist, alle Einzelheiten einer so verwickelten Erscheinung auf ein einfaches Schema zurückzuführen. Diese Vielgestaltigkeit wird wohl zum großen Teil durch die hohe Beeinflußbarkeit der Lichtreaktionen der Tiere durch äußere und innere Faktoren bedingt. Daß jedoch das Licht der bewirkende Faktor ist, darüber kann kein Zweifel bestehen. Dies wird schon durch die Tatsache bewiesen, daß die Wanderung bei schneebedecktem Eis ausbleibt, unter dem oben erwähnten, in der Schneedecke ausgeschaufelten „Fenster" jedoch sofort auftritt.

Wenn wir den Versuch machen, die Erscheinung in ihren Hauptzügen zu analysieren, so müssen wir zwei Phasen unterscheiden: 1. Die Abwärtsbewegung am Morgen und 2. die Aufwärtsbewegung am Abend. Die Abwärtsbewegung beruht wohl in den meisten Fällen auf der negativen Phototaxis, oder, allgemeiner gesprochen, auf einem lichtbedingten Reiz[1]) gegenüber der zunehmenden Lichtintensität. Sie tritt auch bei Arten auf, die nachts nicht zur Oberfläche emporsteigen, wie die Versuche unter Eis gezeigt haben, und führt zu einer Anhäufung der Tiere in einer bestimmten Höhe, wo die richtende Wirkung der Lichtstrahlen aufhört. Die Aufwärtswanderung am Abend ist jedoch gewiß nicht auf Grund nur einer Ursache zu erklären. Die Wiederbesiedlung des Raumes, aus dem die Tiere tagsüber durch das Licht verdrängt wurden, wird nach dem Aufhören des die Bewegungen beeinflussenden Lichtreizes im Laufe der Nacht schon automatisch erfolgen, vorausgesetzt, daß die Beweglichkeit groß genug ist. Diese Ausgleichswanderung wird begünstigt, wenn der Bewegungsmechanismus, z. B. jener der vielfach die Hauptmasse des Zooplanktons stellenden Daphnien, die Richtung nach oben bevorzugt. Unterstützend wirken, insbesondere bei Arten von geringer Beweglichkeit, vertikale Konvektionsströmungen des Wassers. Bei manchen Arten wird jedoch das Aufsteigen am Abend zweifellos durch eine positive Phototaxis der helladaptierten Tiere gegen die abnehmende Lichtintensität ausgelöst. Dies trifft für die Männchen

[1]) Daß auch andere Möglichkeiten außer der einfachen Phototaxis bestehen, haben die Versuche von MUNRO FOX gezeigt, wonach Ciliaten und Seeigellarven bei Belichtung abwärts und bei Verdunklung aufwärts schwimmen, gleichgültig, aus welcher Richtung die Lichtstrahlen kommen. Andere Forscher haben den Einfluß des Lichtes auf den Geotropismus von Krebsen und *Corethra*-Larven experimentell nachgewiesen.

von *Diaptomus gracilis* und *Hyalodaphnia* zu. Inwieweit die durch vorherige Adaptierung und durch Milieu-Einflüsse (z. B. den CO_2-Gehalt) leicht beeinflußbaren phototaktischen Reaktionen auch bei anderen Formen eine Rolle spielen, ist noch unbekannt.

Als letzte Gruppe der Faktoren, welche die vertikale Verteilung des Planktons beeinflussen, wollen wir die chemische Schichtung im See und die Verteilung der Nahrung kurz betrachten. In dem vom autotrophen Phytoplankton bewohnten Raum, an den ja auch die Hauptmasse des Zooplanktons gebunden ist, kommen vertikale Unterschiede der chemischen Eigenschaften des Wassers seltener vor und es ist daher eine Beeinflussung der Planktonverteilung durch diese Faktoren hier kaum zu erwarten. Jedoch in Seen von großer Lichtdurchlässigkeit, wo noch im oberen Hypolimnion günstige Assimilationsbedingungen herrschen, kann es während des Sommers mit einer von oben nach unten fortschreitenden Aufzehrung der lebenswichtigen Nährstoffe zu einer Verlagerung der Produktionsmaxima gewisser Planktonalgen in beträchtliche Tiefen kommen, wie FINDENEGG an den Kärntner Seen gezeigt hat. Durch den Rückgang der Besiedlungsdichte in den oberen Schichten (wegen des Nährstoffmangels) wird die Strahlungsdurchlässigkeit des Wassers größer, sie ermöglicht eine wirksame Assimilation noch in einer Tiefe von 20 m, wohin von unten her genügend Nährstoffe vordringen, um eine reichliche Entwicklung des Phytoplanktons zu gestatten. Auch hier sehen wir die enge Verquickung zweier Umweltbedingungen, des Licht- und des Nahrungsfaktors, in ihrem Einfluß auf die Planktonschichtung.

An der Grenze zwischen der trophogenen und der tropholytischen Schicht treten insbesondere im eutroph geschichteten See Veränderungen auf, welche die Zusammensetzung der Lebensgemeinschaft weitgehend beeinflussen und wandeln. Hier ist es vor allem die Abnahme des Sauerstoffgehaltes, welche die auffälligsten Wirkungen hervorruft. Bemerkenswert ist, daß der O_2-Gehalt unter normalen Verhältnissen erst bei einem verhältnismäßig niedrigen Wert (etwa 1—2 mg im Liter) deutlich begrenzend wirkt. Zum Verständnis dieser Tatsache ist zu berücksichtigen, daß die Atmung der Organismen nach der schon S. 70 erwähnten VAN t'HOFFschen Regel temperaturabhängig ist, daß also bei einer Temperatur von 5°, wie sie in den tieferen Schichten unserer Seen häufig herrscht, unter sonst gleichen Verhältnissen nur etwa halb so viel O_2 verbraucht wird als bei 15°; der respiratorische Wert desselben Sauerstoffgehaltes ist bei einer um 10° niedrigeren Temperatur ungefähr doppelt so groß. Wenn also die meisten Planktonformen im Meta- oder Hypolimnion bei so geringen O_2-Konzentrationen noch atmen können, so ist dies auf die dort herrschende, niedrige Temperatur zurückzuführen. Sobald jedoch der O_2-Gehalt auf wenige Zehntelmilligramme absinkt, bricht das aërobe, d. h. freien O_2 veratmende Plankton unvermittelt ab (vgl. Abb. 40). — Es verdient jedoch hervorgehoben zu werden,

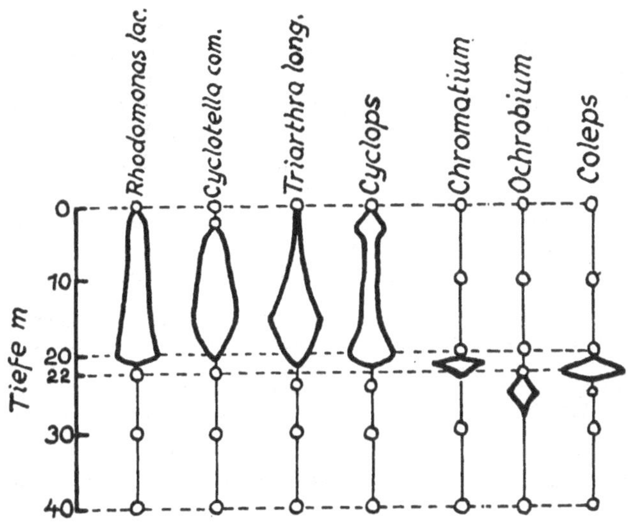

Abb. 40. Der Einfluß der Sauerstoffschichtung auf die Verteilung des Planktons im Krottensee (Salzburg). O_2-Schwund zwischen 20 und 22 m (vgl. Abb. 22)

daß die schon mehrfach erwähnte Larve von *Corethra* mit besonders niedrigen Sauerstoffspannungen auszukommen vermag und deshalb (von den höheren Tieren) im Hypolimnion der eutrophen Seen am tiefsten hinabgeht.

Es wäre aber falsch, anzunehmen, daß unterhalb dieser Grenze das Leben überhaupt erloschen ist. Ganz im Gegenteil! Wir finden hier oft eine Massenentfaltung bestimmter Organismen, wie sie im Epilimnion nur ausnahmsweise vorkommt. Individuenzahlen von 100000 und mehr im Kubikzentimeter sind keine Seltenheit. Allerdings ist diese Lebensgemeinschaft von ganz eigenartiger Beschaffenheit und von der epilimnischen völlig verschieden. Sie besteht vorwiegend aus Stoffwechselspezialisten, die ihre Lebensenergie nicht wie die anderen Pflanzen und Tiere aus der Oxydation organischer Kohlenstoffverbindungen, sondern anorganischer Stoffe schöpfen. Sie werden in unseren Seen hauptsächlich durch die physiologischen Gruppen der Schwefel- und Eisenorganismen vertreten. Viele von ihnen sind oligo-aërob, d. h. sie brauchen eine gewisse niedrige Sauerstoffspannung und gleichzeitig geringe Mengen der zu oxydierenden anorganischen Substanzen, also von Schwefelwasserstoff bzw. von Ferro-Verbindungen. Da diese Stoffe und größere Mengen von O_2 einander ausschließen, so ist es selbstverständlich, daß diese Organismen, welche beides benötigen, nur innerhalb einer Grenzschicht von oft sehr geringer Mächtigkeit gedeihen können, wo ihnen von unten her H_2S bzw. Fe, von oben her aber O_2 geboten werden. So entstehen nun in diesen Tiefen jene äußerst scharf geschichteten „Bakterienplatten", deren Volksdichte und Zusammensetzung, den verschiedenen Ansprüchen der einzelnen Arten entsprechend, sich oft von Dezimeter zu Dezimeter ändern kann. Beispiele dafür zeigt unsere Abb. 40, welche die Planktonverteilung in dem meromiktischen Krottensee im Salzkammergut wiedergibt. Die gleichzeitige Sauerstoffverteilung ist aus Abb. 22 zu ersehen.

Unter den Schwefelbakterien, welche H_2S zunächst zu elementarem, als schwarze Tröpfchen im Zellinneren gespeichertem Schwefel und diesen sodann zu H_2SO_4 oxydieren, gibt es zwei Gruppen, farblose und durch Bakteriopurpurin rot gefärbte, die sogenannten Purpurbakterien oder Thiorhodaceen. Diese letzteren — und unter ihnen besonders die lebhaft beweglichen Vertreter der Gattung *Chromatium* — sind es, welche in manchen Seen sehr auffallende Färbungen des Wassers der von ihnen besiedelten Schicht hervorrufen können. So kann man z. B. im Lunzer Obersee mitunter in einer bestimmten Tiefe Wasserproben von pfirsichroter Farbe schöpfen, während nur einen halben Meter darüber oder darunter das Wasser klar und farblos ist. Neben *Chromatium* sind die hohlkugeligen, unbeweglichen Kolonien von *Lamprocystis* und die tafelförmigen von *Thiopedia* häufig, aber meist weniger scharf geschichtet. Von den farblosen Schwefelbakterien ist mitunter zahlreich *Macromonas mobilis* vertreten.

Von den Eisenbakterien kommen als Bewohner der sauerstoffarmen Schichten hauptsächlich einzellige Formen, wie *Ochrobium* und *Siderocapsa*, oft in außerordentlich großen Mengen vor. Ihr vertikaler Verbreitungsbereich ist jedoch meist nicht so eng wie bei *Chromatium*. — Außer diesen beiden Gruppen gibt es zweifellos noch eine ganze Anzahl anderer Spezialisten, die innerhalb der Grenzschicht und im sauerstoffreien Hypolimnion die ihnen zusagenden Lebensbedingungen finden. Man beobachtet hier oft ungeheure Mengen verschiedener Bakterien, ohne sie jedoch morphologisch und physiologisch näher definieren zu können. Wahrscheinlich gehören dazu denitrifizierende Arten, welche das auf S. 81 erwähnte Verschwinden der Nitrate in diesen Schichten verursachen, und Sulfatreduzierer, welche, dem Stoffwechsel der Schwefelbakterien entgegengesetzt, Sulfate wieder zu H_2S reduzieren. Es ist bemerkenswert, daß besonders an der oberen Grenze dieser oligoaëroben Gemeinschaft gehäuft, nicht unbeträchtliche Mengen von Organismen mit Assimilationspigmenten, vor allem Euglenaceen und Cryptomonaden vorkommen, welche in den darüber liegenden, epilimnischen Schichten fehlen. Offenbar handelt es sich um mixotrophe Formen, aber die Ursache ihres Auftretens an der O_2-Grenze ist damit keineswegs geklärt. Nur bei der eisenspeichernden Gattung *Trachelomonas* die hier häufig zu finden ist, wird das Vorkommen in der Gesellschaft von Fe-Organismen verständlich. —In diesen Bakterien-Ansammlungen leben ferner oft in großer Menge obligat oder fakultativ anaerobe, d. h. ohne freien Sauerstoff auskommende Ciliaten, wie z. B. *Coleps* (vgl. Abb. 40), *Uronema* und *Caenomorpha*, welche hier einen reichlich gedeckten Tisch finden.

Wird die Verteilung dieser Ciliaten wohl sicher durch das scharf geschichtete Auftreten ihrer Nährpflanzen bedingt und kann man knapp oberhalb der Bakterienansammlungen oft auch Volksdichtemaxima höherer Planktontiere, wie von Daphnien, Copepoden und besonders Rotatorien beobachten, die vermutlich dieselbe Ursache haben dürften, so ist im übrigen ein Einfluß der Nahrung auf die Vertikalverteilung des Zooplanktons nicht mit Sicherheit festzustellen. Abgesehen davon, daß der vertikale Verbreitungsbereich des Zooplanktons im allgemeinen mit jenem des Phytoplanktons übereinstimmt, sind nähere Beziehungen nicht erkennbar. Zu dieser Frage ist auch zu berücksichtigen, daß ein großer Teil des Zooplanktons tägliche Vertikalwanderung ausführt und nachts andere Schichten „abweidet" als bei Tage. Andererseits deuten manche Anzeichen darauf hin, daß umgekehrt die Verteilung des Phytoplanktons durch das Zooplankton beeinflußt wird, in der Weise, daß auch bei lebhafter Vermehrung der Algen die von Tieren dicht besiedelten Schichten allmählich „leergefressen" werden.

Über die horizontale Verteilung des Planktons ist weit weniger zu sagen als über dessen vertikale Schichtung. Wenn wir es als feststehend betrachten, daß die qualitative und quantitative Zusammensetzung der schwebenden Lebensgemeinschaft an jeder Stelle von den physikalischen und chemischen Zuständen und Vorgängen in ihrer Umwelt abhängig ist, so werden wir angesichts der Tatsache, daß in einem regelmäßig gebauten und einigermaßen tiefen See diese Milieubedingungen innerhalb derselben Schichte über das ganze Seeareal hin eine weitgehende Gleichförmigkeit aufweisen, größere Verteilungsunterschiede nicht erwarten dürfen. Allerdings ist an diese Gleichförmigkeit der horizontalen Planktonverteilung kein allzu strenger Maßstab anzulegen. Auch geringfügige, mitunter gar nicht meßbare Verschiedenheiten der Umweltverhältnisse, wie sie insbesondere in windstillen Perioden zur Ausbildung gelangen, können biologisch sehr wirksam sein und zu Unregelmäßigkeiten der Verteilung führen, wie sie von Tonolli (1949) im Lago Maggiore studiert wurden. Doch handelt es sich in der Regel bei diesen kausal schwer erfaßbaren Erscheinungen um vorübergehende Zustände, die durch den einsetzenden horizontalen Strömungsaustausch rasch verändert bzw. verwischt werden. Es liegt auf der Hand, daß sie in flachen und unregelmäßigen Becken an Bedeutung gewinnen und in abgegliederten Seeteilen bleibende Verschiedenheiten der Planktonzusammensetzung bedingen können.

Wesentlich anders gestalten sich die Verhältnisse in Ufernähe. Hier tritt in vielen Fällen, besonders in den Alpenseen, eine auffallende Veränderung in der Zusammensetzung des Planktons ein, und zwar in der Weise, daß insbesondere die Krustazeen das seichte Wasser meiden. So wurden im Lunzer Untersee am Rande der Uferbank (Wassertiefe 1,5 m) so gut wie keine Daphnien, Bosminen und erwachsene Diaptomi beobachtet. *Daphnia* begann erst dort aufzutreten, wo der See schon 7 m tief war und erreichte bei einer Entfernung von 50 m vom Ufer und etwa 20 m Wassertiefe ihre volle Individuenzahl. Das Phytoplankton und einige Rädertiere kommen in unverminderter Zahl auch im seichtesten Wasser vor, ja *Synchaela* zeigt hier sogar mitunter einen deutlichen Anstieg. Diese Uferflucht des Planktons konnte bisher noch nicht erklärt werden. Es ist naheliegend anzunehmen, daß ein vom Ufer bzw. vom seichten Grund ausgehender Reiz die Ursache ist, doch ist derselbe kaum optischer Natur, da sich die Erscheinung auch unter schneebedecktem Eise zeigt. Wie die Vertikalwanderung, so wird auch die Uferflucht noch dadurch kompliziert, daß oft dieselben Arten, die sie in großen und tiefen Seen zeigen (z. B. Daphnien), in kleinen und seichten Gewässern in unmittelbarer Ufernähe gefischt werden können. Auf die Uferflucht ist wohl auch die Tatsache zurückzuführen, daß die Planktonkrebse den Seeausfluß meiden; allerdings könnte hier auch ein negativer Rheotropismus mitspielen.

4. Die zeitliche Verteilung

Dieselben Faktoren (wenn auch nicht alle!), welche die räumliche Verteilung des Planktons bestimmen, sind auch bei dessen jahreszeitlichem Auftreten, seiner sogenannten Periodizität, wirksam.

Wenn wir einen See fortlaufend untersuchen, so finden wir einen auffallenden, alljährlich in annähernd gleicher Weise wiederkehrenden Wechsel in der Zusammensetzung unserer Lebensgemeinschaft. Dieser Wechsel kommt in zweierlei Weise zustande: erstens dadurch, daß Arten, die das ganze Jahr hindurch zu finden sind, die perennierenden Formen, zu verschiedenen Zeiten auch in verschiedener Menge auftreten; zweitens dadurch, daß zahlreiche Arten nur für eine längere oder kürzere Zeitspanne im Plankton erscheinen, sonst jedoch vollkommen fehlen. Die Voraussetzung für dieses zeitweise Auftreten ist die Fähigkeit, Dauerstadien zu bilden, welche zum Grund des Sees absinken oder an die Ufer angeschwemmt werden, um von dort aus beim Eintreten günstiger Außenbedingungen das freie Wasser wieder zu besiedeln. Im Lunzer Untersee sind 39% des Phytoplanktons und 50% des Zooplanktons (aber nur ein Viertel der Rädertiere, gegenüber drei Viertel der Krebse!) perennierend. Die Periodizitätskurven der einzelnen Arten zeigen in der Regel mehr oder weniger ausgeprägte Maxima, die z. B. im Lunzer Untersee zu 52% in den Hochsommer des Sees (Juli bis September) fallen. Aber auch in den anscheinend ungünstigen

Wintermonaten Januar bis März erreichen immerhin 10% der Arten ihre höchsten Individuenzahlen. Bei der Mehrzahl der Arten ist der Höhepunkt der Entwicklung in verschiedenen Jahren an dieselbe Jahreszeit gebunden. Er fiel in unserem Falle bei 67% in dasselbe Vierteljahr, bei 23% (z. B. bei *Ceratium*) stets in denselben Monat. Andere Arten wiederum lassen eine solche Regelmäßigkeit vermissen und in einigen wenigen, extremen Fällen scheint die Entwicklung vom Wechsel der Jahreszeiten völlig unabhängig zu sein, im Lunzer See z. B. bei manchen Rädertieren (*Polyarthra*) und bei *Bosmina*. Ferner zeigen manche Arten entweder konstant oder nur in manchen Jahren zweigipfelige Periodizitätskurven, die mitunter durch einen Zeitraum, in dem die Art vollkommen verschwunden ist, getrennt sein können. In diesen Fällen ist meist die Aufeinanderfolge zweier Generationszyklen (Dizyklie) die Ursache.

Die Schwankungen der Volksdichten im Laufe der Zeit werden wiederum durch das Wechselspiel der Vermehrungs- und Vernichtungsgröße bedingt. Während die erstere von den biotischen Umweltfaktoren abhängt, sind bei der letzteren neben dem natürlichen Absterben der Individuen in hohem Maße auch mechanische Ursachen wirksam. Unter diesen sind an erster Stelle die Verluste durch das Absinken spezifisch schwerer Phytoplanktonformen ins Hypolimnion und deren schließliche Sedimentierung auf den Seeboden zu erwähnen. Das Ausmaß dieser Verluste steht im umgekehrten Verhältnis zur Schwebefähigkeit der Organismen und zur Turbulenz ihrer Wohnschichten; es wurde von Grim für einige Formen des Phytoplanktons quantitativ bestimmt. In stark durchströmten Gebirgsseen, aber auch sonst in Flußseen spielt die Durchflutung eine oft ausschlaggebende Rolle (vgl. S. 53). Durch den Abfluß wird das die obersten Wasserschichten bevölkernde Phytoplankton und jener Teil des Zooplanktons, der keine ausgeprägte Uferflucht zeigt, ergriffen und dem See im Verhältnis der jeweils durchströmenden Wassermenge entführt. Die Durchflutung ist es, welche bei fast allen Planktonarten in den Alpenseen das Frühjahrs- bzw. Frühsommerminimum der Volksdichten bedingt, und zwar trotz einer durch günstige Umweltbedingungen verursachten, hohen Vermehrungsrate. Zu den mechanischen Vernichtungsfaktoren muß auch die Zehrung durch die Tiere gerechnet werden, doch ist es schwierig, ihren Einfluß klar zu erfassen.

Die produktive Grundlage der Periodizitätserscheinungen, die Größe der Vermehrungsrate, steht unter dem Einfluß der jahreszeitlich gebundenen Veränderungen der Umweltfaktoren. Die Wirkungsweise der letzteren muß im wesentlichen mit jener übereinstimmen, die wir bei der Besprechung der Vertikalverteilung eingehend erörtert haben. War es dort ein örtliches Nebeneinander von Milieuverschiedenheiten, so ist es hier ein zeitliches Nacheinander derselben.

Die Temperatur ist jener lebenswichtige Faktor, welcher in den Seen unserer Breiten im Laufe des Jahres die größten Veränderungen aufweist. Ihr Einfluß auf die Periodizität des Planktons wird durch die aus dem Studium der Vertikalverteilung gewonnenen Erfahrungen weitgehend bestätigt. Wenn wir nämlich überprüfen, bei welchen Temperaturen die einzelnen Arten jeweils ihr Entwicklungsmaximum erreichen, so ergibt sich vielfach eine große Übereinstimmung mit jenen Werten, bei denen die Schichtungsmaxima anzutreffen sind. So fällt jene Gruppe von Arten, die wir während der Sommerstagnation in der kalten Tiefe bei Temperaturen zwischen 4—6^0 antreffen und als oligotherm bezeichnet haben, sofort vollzählig dadurch auf, daß sie ihr Entwicklungsmaximum innerhalb der oberflächlichen Schichten im Winter bzw. im Vorfrühling bei denselben Temperaturen erreicht. — Die Hauptmenge der Planktonformen erweist sich dagegen, da wie dort als mehr oder weniger eurytherm, wenn auch eine übereinstimmende Bevorzugung gewisser Temperaturbereiche nicht zu verkennen ist. Daß aber im Lunzer Untersee und in vielen anderen Seen besonders der nördlichen Alpen nur oligotherme und eurytherme, aber keine ausgesprochen polythermen Arten vorkommen, hat seinen guten Grund. Bei dem wechselvollen Sommerklima dieser Gebiete werden sommerliche Erwärmungsperioden, die häufig auch zu recht hohen Oberflächentemperaturen von mehr als 20^0 führen können, immer wieder von Kälterückschlägen unterbrochen. Während kaltstenotherme Organismen die Möglichkeit haben, einer oberflächlichen Erwärmung durch den Rückzug in die Tiefe auszuweichen, besteht für die Warmstenothermen keine Möglichkeit, sich einem Kälterückschlag zu entziehen, und sie finden daher in Seen mit wenig konstanten Temperaturverhältnissen keine Daseinsbedingungen. Nur sehr große, tiefe und im Verhältnis zum Areal wenig durchströmte Seen können auch im Nordalpenklima die notwendige Konstanz der Temperaturbedingungen gewährleisten und zur Heimat polythermer Arten werden. So sehen wir z. B. manche der Wasserblüten bildenden Blaualgen, welche die charakteristische Hochsommerflora der eutrophen Flachlandseen bilden, in den großen, oligotrophen Becken des Alpen-Nordrandes und des durch seine konstant hohen Sommertemperaturen ausgezeichneten Kärntner Beckens wiederkehren. Die eigentliche Heimat der polythermen Arten sind jedoch die dauernd und in allen Schichten hochtemperierten Seen der Tropen. Hier sehen wir viele Arten, die in den temperierten Flachlandseen nur während des Hochsommers auftreten, neben verhältnismäßig wenigen, ausschließlich tropischen Formen und eurythermen Kosmopoliten das Bild des Planktons beherrschen. Selbstverständlich können oligotherme Formen, die in den Seen unserer Breiten einen erheblichen Teil des Planktons ausmachen, in den Tropen zu keiner Zeit des Jahres und in keiner Tiefe vorkommen. Über die jährliche Periodizität in diesen Gewässern ist noch wenig bekannt, doch kann eine solche hier nicht temperaturbedingt sein, da die jahreszeitlichen Wärmeschwankungen nur unbedeutend sind.

Die jahreszeitlichen Veränderungen der physiologisch wirksamen Strahlung betreffen weniger die Intensität, als die Dauer der Belichtung. Doch ist der Einfluß des letztgenannten Faktors keineswegs so groß, um im Winter stets ein Minimum der Planktonproduktion zu bedingen. Wohl können wir in vielen Fällen zu dieser Zeit einen deutlichen Rückgang feststellen, aber nicht selten treten gerade im Winterhalbjahr Massenvegetationen oligothermer Arten auf (vgl. S. 137). Anders gestalten sich die Verhältnisse in zugefrorenen Seen, aber auch nur dann, wenn eine das Licht abschließende Schneedecke auf dem Eise lagert. Solche Winter sind durch eine relative Armut an Plankton, besonders an Phytoplankton, gekennzeichnet.

Die Überschneidung der Wirkungskurven des Temperatur- und des Lichtfaktors tritt uns auch im Jahresablauf der Planktonentwicklung deutlich entgegen. Da beide Faktoren von einem winterlichen Minimum zu einem Höchstwert im Sommer ansteigen, um sodann wieder abzufallen, könnte man erwarten, daß im Frühjahr und im Herbst gleiche Bedingungen die Voraussetzung für das Auftreten ähnlich zusammengesetzter Lebensgemeinschaften schaffen, kurz, daß die Frühjahrsformen im Herbst wiederkehren. Dies ist aber nur ausnahmsweise der Fall, das Frühjahrsplankton und das Herbstplankton sind meist sehr verschieden und die Ursache dieser Erscheinung ist darin zu suchen, daß der Temperaturgang in den Gewässern der Lichtgenußkurve erheblich nachhinkt. Das Auftauen der Seen im Frühjahr erfolgt bei schon erheblich hohem Sonnenstand, bei noch niedriger Wassertemperatur ist der Lichtgenuß schon bedeutend. Andererseits weisen die Seen im Herbst bei schon tiefem Sonnenstand und kurzer Tageslänge meist noch verhältnismäßig hohe Temperaturen auf. Infolge dieser Verhältnisse findet die Auslese der jeweils in den oberflächlichen Schichten auftretenden Formen je nach ihren Licht- und Temperaturansprüchen nach folgendem, von FINDENEGG aufgestellten Schema statt:

	Schwachlichtformen	Starklichtformen
Kälteformen	Winterplankton	Frühjahrsplankton
Wärmeformen	Herbstplankton	Sommerplankton

Die Abhängigkeit der Planktonperiodizität von den chemischen Eigenschaften des Wassers, insbesondere von dem Gehalt an lebenswichtigen Nährstoffen (Minimum-Stoffen), ist aus den schon auf S. 89f. angeführten Gründen nicht leicht zu erfassen. Denn es besteht keine direkte Beziehung zwischen der augenblicklich vorhandenen Menge des Gesamtplanktons oder einzelner Arten und dem gleichzeitig erfaßbaren Nährstoffgehalt, da die jeweils zugeführten Mengen der die Produktion begrenzenden Stoffe restlos verbraucht werden. Nur wenn es gelänge, die Größe dieser Zufuhr aus allen in Betracht kommenden Quellen — den Zuflüssen, den atmosphärischen Niederschlägen und dem Umsatz im See selbst — zu erfassen, könnten die bestehenden Beziehungen exakt erforscht werden. Da außerdem die Ernährungsphysiologie der Planktonorganismen noch sehr wenig bekannt ist, müssen wir uns damit begnügen, die Wirkungen dieser Dynamik nur in ihren groben Umrissen zu erkennen.

Die Umschichtungen im Winter und im ersten Frühjahr führen dem freien Wasser des Sees durch das Heraufbringen des Tiefenwassers und der im Bodenkontakt angehäuften Umsetzungsprodukte zweifellos erhebliche Mengen von Nährstoffen zu. Die oft gewaltige Massenproduktion von Diatomeen, welche wir zu diesen Zeiten vielfach zu beobachten Gelegenheit haben, dürfte mit großer Wahrscheinlichkeit auf diese erhöhte Nährstoffzufuhr zurückzuführen sein. Wenn jedoch die Sommerschichtung ausgebildet ist, kann der Nährstoffvorrat in vielen Fällen nur mangelhaft ergänzt werden. Die in der Regel kalten Zuflüsse schichten sich meist in der Sprungschicht ein, also unterhalb des trophogenen Raumes, und bei dem sehr gehemmten vertikalen Austausch ist die Nahrungszufuhr ins Epilimnion vornehmlich auf die Niederschläge und den Abbau organischer Substanzen im Litoral und im freien Wasser beschränkt. Es kann schließlich eine weitgehende Verarmung eintreten. Nährstoffe, die früher nicht im Minimum waren, wie z. B. das Nitrat, können im Hochsommer nahezu vollkommen verschwinden (vgl. S. 81) und dadurch einen bedeutenden Rückgang der Vermehrung verursachen. Besonders warme, regenarme Sommer, in denen eine scharf ausgeprägte Schichtung den Austausch von unten her nahezu vollkommen ausschaltet, sind daher — trotz der günstigen Temperaturbedingungen — in der Regel keineswegs durch eine Hochproduktion des Planktons ausgezeichnet. Daß in Seen von großer Strahlungsdurchlässigkeit diese Verarmung des Epilimnions an Nährstoffen von einem Ausweichen mancher Planktonformen in tiefere, nährstoffreichere Schichten begleitet sein kann, wurde schon auf S. 132 am Beispiel der Kärntner Seen dargelegt. Dasselbe gilt auch von den warmen Meeren. Erst wenn im Spätsommer die Vertikalkonvektion allmählich tiefer zu greifen beginnt und nährstoffreiches Tiefenwasser zuführt, beginnt eine oft sprunghafte Vermehrung. Auch in den tropischen Meeren sind die Gebiete aufsteigender Tiefenströme durch eine schon dem freien Auge erkennbare Massenproduktion von Phytoplankton gekennzeichnet (z. B. im Golf von Aden).

Es ist von vornherein zu erwarten, daß die Sukzession der einzelnen Populationen im Laufe des Jahres nicht nur durch die von außen her induzierten Umweltbedingungen, sondern auch durch die Veränderungen bestimmt wird, welche die Populationen selbst in ihrem Milieu verursachen. Wir haben gesehen, wie sehr das Massenauftreten des Phytoplanktons die Zusammensetzung der Lösung verändern kann, daß z. B. nach einem Diatomeenmaximum der Si-Gehalt sehr herabgesetzt ist usw. Das sind besonders extreme und augenfällige Veränderungen im Stoffbestand; die kleineren, die unserer Beobachtung entgehen, dürften aber kaum von geringerer physiologischer Bedeutung sein. Wir wissen jedenfalls, daß der Nährstoffgehalt der Seen unter der Einwirkung des Lebens einem ständigen Wechsel seiner Zusammensetzung unterliegt. Im Verlauf dieses Prozesses verändert sich die ursprüngliche, mehr oder weniger optimale Nährstoffkombination für die jeweilige Massenform allmählich in der Richtung zum Peius, die Vermehrungsrate und Individuenzahl nehmen ab. Gleichzeitig werden aber die Bedingungen für andere Arten günstig, deren Gedeihoptimum sie sich nähern. Eine neue Population tritt auf, für deren Entfaltung die Voraussetzungen erst von ihrer Vorgängerin geschaffen wurden. So haben es die in dieser Richtung laufenden Arbeiten von PEARSALL bzw. von HUTCHINSON wahrscheinlich gemacht, daß die Wasserblüten von Blaualgen erst bei weitgehender Erschöpfung des mineralischen Nährstoffgehaltes, aber gleichzeitig nach reichlicher Zunahme organischer Substanzen (ein Zustand, der im Spätsommer und Herbst einzutreten pflegt) in Massenvegetation vorkommen. Doch sind die Forschungen auf diesem Gebiete erst in den Anfängen. Eindeutige Ergebnisse sind nur von einer engen Verbindung der Freilandbeobachtung mit dem exakten, ernährungsphysiologischen Experiment im Laboratorium zu erwarten, ein Weg, der in letzter Zeit (vgl. besonders RODHE) erfolgreich beschritten wurde.

5. Das Produktionsproblem (Gesamtvolumen)

Über den Sinn des Begriffes „Produktion“ in der Limnologie sei auf die Ausführungen THIENEMANNS (1931) sowie auf die weitere Erörterung dieser Frage bei GROTE (1934) und MÜNSTER STRØM (1932) verwiesen. In Anlehnung an die dort gegebenen Definitionen verstehen wir hier unter „Produktion“ einer Lebensgemeinschaft die Gesamtheit der organischen Substanz, welche (als Bilanz von Assimilation und Dissimilation) innerhalb einer bestimmten Zeit aus den dieser Lebensgemeinschaft zugeführten anorganischen Baustoffen gebildet wurde. Nicht inbegriffen sind die im Bereich des Organischen auftretenden Umsetzungen (z. B. die Ernährung der Tiere durch Pflanzen). Ebensowenig ist nach dieser Definition der Wiederaufbau organischer Substanz aus den z. B. in der trophogenen Schicht selbst entstandenen und sofort wieder in den Stoffwechsel einbezogenen Mineralisationsprodukten des dort abgestorbenen Planktons als Produktion dieser Schicht, sondern lediglich als Umsetzung innerhalb der Biozönose zu betrachten (wie ja auch, auf den Einzelorganismus übertragen, die Reassimilation der aus der eigenen Atmung einer Pflanze stammende CO_2 kein Assimilationsgewinn ist). — Von dem neueren Schrifttum über diese und ähnliche allgemeine Fragen, die in letzter Zeit viel diskutiert werden, sei die sehr lesenswerte Studie von LINDEMAN genannt.

Während wir in der Lage sind, den Jahresertrag etwa eines Ackers aus der am Schlusse der Vegetationsperiode geernteten Substanz zu bestimmen, so ist es unmöglich, auf dem gleichen Wege die Jahresproduktion des Planktons unter der Flächeneinheit eines Sees zu ermitteln. Die Zahlen, die wir gewinnen können, beziehen sich lediglich auf die im Augenblick der Untersuchung vorhanden gewesene Menge, es entzieht sich aber unserer Kenntnis, wieviel von der vorher stattgefundenen Produktion durch den Abbau, durch Absinken zum Grunde und durch die Durchflutung dem Lebensraum des freien Wassers entzogen worden war. Wenn wir uns damit begnügen, die augenblicklich vorhandene, lebende Masse („standing crop“ nennen sie die Amerikaner) zu bestimmen, so liegt es auf der Hand, daß die mit Hilfe der Statistik gewonnenen Individuenzahlen der so ungleich großen Arten des Planktons hierfür nichts besagen.

Die älteren Versuche, die jeweils vorhandene, lebende Masse auf Grund des „Setzvolumens“ von Netzfängen zu ermitteln, haben sich wegen der vielen Fehlerquellen als nutzlos erwiesen. Man war daher bemüht, exaktere Verfahren anzuwenden, welche es gestatten, die gesamte Biomasse in der Volumeinheit des Wassers bzw. unter der Flächeneinheit der Seeoberfläche zu erfassen.

Auch auf diesem Gebiet hat das Wisconsin Lake Survey vorbildliche Arbeit geleistet. Ihr Verfahren beruht auf der Zentrifugierung sehr großer Wassermengen (bis zu mehr als 1 m^3)[1]), welche vorher (zur Gewinnung des Zooplanktons) durch ein Planktonnetz filtriert worden waren. Sowohl die Filter- als auch die Zentrifugenrückstände wurden gesammelt, getrocknet, gewogen und chemisch analysiert. Bei diesem Verfahren muß man jedoch berücksichtigen, daß nicht nur das lebende Plankton, sondern auch das organische und anorganische Tripton erfaßt wird. Der Wirkungsgrad der Methode ist etwa 95% aller Suspensionen von mehr als Bakterien-

[1]) Es wurden Durchlaufzentrifugen von hoher Drehzahl mit ringförmigem Drehkörper, ähnlich wie bei den Milchzentrifugen verwendet, deren Leistung bis zu 10 Liter in der Minute betrug.

größe; die Zentrifuge sedimentiert sogar 25—50% der im Wasser schwebenden Bakterien[1]).

Die auf diese Weise in den Wisconsin-Seen bestimmten Mengen der suspendierten organischen Trockensubstanz schwankten zwischen 0,23 bis 12 mg im Liter. Für den hinsichtlich der vertikalen Verteilung am genauesten untersuchten Lake Mendota wurde aus zahlreichen Bestimmungen ein Durchschnittsgehalt des Wassers von nicht ganz 2 mg je Liter festgestellt. Die „stehende Ernte" unter 1 ha (ohne Berücksichtigung der Uferregion) schwankte zwischen

---

[1]) Es seien hier einige Worte über den Anteil der Bakterien am Plankton der Binnenseen eingefügt. Da unsere Kenntnisse auf diesem Gebiet noch äußerst lückenhaft sind, genügen einige Hinweise, welche der Wichtigkeit dieser Organismengruppe in keiner Weise gerecht zu werden vermögen. Der Gehalt einer Wasserprobe an Spaltpilzen wird allgemein, insbesondere bei der hygienischen und technischen Wasserbeurteilung, mittels des sogenannten „Plattenverfahrens" bestimmt. Man beimpft Nährgelatine mit z. B. 1 ccm des zu untersuchenden Wassers, gießt in eine sterile Schale aus und zählt nach Bebrütung bei Zimmertemperatur die aufgehenden Keime. Es liegt auf der Hand, daß man auf diesem Wege nur jene Keime erfassen kann, welche auf dem verwendeten Nährboden gedeihen. Das sind aber nicht die eigentlichen Wasserbakterien, sondern in der Hauptsache allgemein verbreitete Fäulniserreger, welche sekundär durch Verunreinigungen in das Wasser gelangt sind. Für die quantitative Bestimmung der in ihrem Stoffwechsel oft hochspezialisierten, eigentlichen Wasserbakterien ist dieses Verfahren ebenso unbrauchbar, wie etwa der Versuch, den Gehalt an Phytoplankton durch Beimpfung von Platten mit Algen-Agar zu bestimmen. Auch in diesem Falle würden nur leicht wachsende und allgemein verbreitete Keime von Grünalgen und Diatomeen aufgehen und die Platte würde in keiner Weise ein Bild der Zusammensetzung des Phytoplanktons bieten.

In der Erkenntnis dieser Fehlerquelle hat man wiederholt von der Bestimmung der Bakterienzahl abgesehen und sich darauf beschränkt, durch Beimpfung einer geeigneten Nährlösung mit dem zu untersuchenden Wasser und Feststellung der in der Lösung eingetretenen Veränderungen das Vorhandensein bestimmter Stoffwechselspezialisten (Nitrifikanten, Denitrifikanten, Sulfatreduzierer usw.) nachzuweisen. Durch Beimpfung von Versuchsreihen mit abgestuften Wassermengen („Verdünnungsmethode") kann man auch Anhaltspunkte über die Menge der betreffenden Keime in der Volumeinheit gewinnen (Klein und Steiner).

In neuerer Zeit wurden mit Erfolg Versuche unternommen, die Bakterienzahl nicht auf dem Wege der Kultur, sondern (nach vorheriger Färbung) direkt mikroskopisch zu bestimmen. So hat die Untersuchung in den Wisconsin-Seen (Bere) ergeben, daß die Zahl der mikroskopisch nachweisbaren Bakterien 20—335mal so groß ist als die mit dem Plattenverfahren erfaßbare. Bei der geringen morphologischen Differenzierung der Bakterien gestattet die mikroskopische Methode nur in Spezialfällen (Eisenbakterien, Schwefelbakterien usw.) die Feststellung der Arten. — Mengenmäßig treten die Bakterien meist in den Hintergrund, in den Wisconsin-Seen beträgt ihr Anteil am gesamten organischen Seston nur etwa 1%. Wesentlich größer wird ihr Anteil an der Biomasse in jenen Seen, wo im Hypolimnion Schwefel- und Eisenbakterien in Massenentfaltung auftreten.

258 und 522 kg organischer Trockensubstanz, wobei der Anteil des zentrifugierten „Nannoplanktons“ fünfmal so groß war als jener des „Netzplanktons“.

Im Anschluß an die Besprechung der von BIRGE und JUDAY in großem Umfang angewendeten Methode der Zentrifugierung seien noch zwei andere Verfahren erwähnt, welche auf indirektem Wege die Erfassung der im Wasser suspendierten Biomasse oder doch eines Teiles derselben bezwecken und in neuerer Zeit vielfach geübt werden. Das eine ist die Berechnung der organischen Substanz aus deren Stickstoffgehalt. Man bestimmt den Gesamtstickstoff einer Wasserprobe vor und nach dem Filtrieren durch ein gutes Filter (z. B. „Blauband“). Die Differenz der beiden Werte ist der Stickstoffgehalt der Suspension. Multipliziert man diesen Wert mit 6,25, so erhält man das der N-Menge entsprechende Roheiweiß. Das Gewicht der gesamten organischen Trockensubstanz im Filterrückstand ergibt sich (allerdings nur ungefähr) durch Multiplikation des N-Wertes mit 20. Auch diese Methode erfaßt selbstverständlich das gesamte Seston, also außer dem Plankton auch das Tripton. — Die zweite Methode erstreckt sich lediglich auf das Phytoplankton und beruht auf der Bestimmung des Chlorophyllgehaltes von Filterrückständen. Man hofft damit ein Maß für die Menge des in der Volumeinheit vorhandenen Phytoplanktons bzw. dessen photosynthetisches Assimilationsvermögen zu gewinnen. Die Untersuchungen von RODHE haben jedoch gezeigt, daß in Algenkulturen der Chlorophyllgehalt, die Substanzmenge und die Zellvermehrung innerhalb gewisser Grenzen unabhängig voneinander verlaufen und daß somit die Kenntnis des Chlorophyllgehaltes allein keine ausreichende Grundlage für produktionsbiologische Untersuchungen bilden kann.

Ein auf ganz anderer Grundlage beruhendes Verfahren ist die von LOHMANN empfohlene Berechnung des Volumens der einzelnen Arten, welches, mit der gefundenen Individuenzahl (vgl. S. 110f.) multipliziert, das gesamte Planktonvolumen im Liter ergibt. Da das spezifische Gewicht des Planktons nicht viel größer ist als 1, so kann man das gefundene Gesamtvolumen auch als „Frischgewicht“ betrachten. Die Ergebnisse dieser Methode sind mit jenen der Wisconsin Lake Survey nicht ohne weiteres vergleichbar, auch wenn man das „Frischgewicht“ unter der im allgemeinen zutreffenden Annahme, daß das Plankton etwa 90% Wasser enthält, auf Trockengewicht umrechnet. Denn das „Rechenvolumen“ erfaßt ja nur das Plankton, die im Augenblick der Probenentnahme im lebenden Zustand vorhandene Biomasse, während durch die Zentrifuge, wie schon erwähnt, alle suspendierten Bestandteile sedimentiert werden. Da nun das „Tripton“, wie wir aus den Untersuchungen von RYLOV wissen, das lebende Plankton an Masse um ein Vielfaches übertreffen kann, ist eine Übereinstimmung der mit den beiden Methoden gewonnenen Ergebnisse nicht zu erwarten. Tatsächlich haben die in einigen Alpenseen durchgeführten Untersuchungen Rechenvolumina ergeben, welche selbst bei der Berücksichtigung des Umstandes, daß es sich beim Lake Mendota um einen eutrophen, bei den Alpenseen um oligotrophe Seen handelt, unverhältnismäßig geringer sind als dort, die Trockensubstanz des Rechenvolumens betrug durchschnittlich nur rund $^1/_8$ der in Wisconsin nach dem Zentrifugenverfahren festgestellten. Ferner war in den Wisconsin-Seen die Masse des Zentrifugenrückstandes (Nannoplankton) 4—5 mal so groß als jene des Netzplanktons, während in den Alpenseen die Menge des Nannoplanktons durchschnittlich nur halb so groß war als jene des Netzplanktons (Zooplanktons). Besonders der letztere Umstand spricht dafür, daß die Unterschiede in der Miterfassung des Triptons bei der Zentrifugenmethode zu suchen sind.

Beide Methoden erweisen sich bei sinngemäßer Anwendung als brauchbar, sie haben ja auch verschiedene Aufgaben zu erfüllen: Die von BIRGE und JUDAY eingeführte Zentrifugenmethode erfaßt den gesamten Gehalt an geformten Substanzen im Wasser und ermöglicht dessen chemische Analyse. Das zugleich mit dem Plankton gewonnene Tripton ist ein Faktor, der bei produktionsbiologischen Erwägungen nicht vernachlässigt werden darf. Diese aus zerfallendem Plankton, aus der Uferregion, hauptsächlich aber aus dem Einzugsgebiet des Sees stammenden organischen und anorganischen Partikelchen spielen eine wichtige Rolle im Stoffhaushalt. Sie können, soweit sie organisch sind, den Tieren als Nahrung dienen und vor allem durch ihren Abbau den Stoffumsatz besonders in kleineren Seen hochgradig beeinflussen. Demgegenüber ergibt das Rechenvolumen die lebende Planktonmasse allein und den Anteil, welcher den einzelnen Arten mengenmäßig an deren Zusammensetzung zukommt.

So betrug in den Seen der nördlichen Kalkalpen das Frischgewicht (= Volumen) des Gesamtplanktons unter 1 ha 120—600 kg, im Mittel 300 kg. Sieht man nun nach, welchen der zahlreichen, jeweils vorhandenen Arten der Hauptanteil an dieser Biomasse zukommt, so findet man, daß es in der Regel sowohl unter den Pflanzen als auch unter den Tieren je eine oder einige wenige Arten sind, welche unbedingt vorherrschen, und zwar wird die pflanzliche Hauptmasse fast stets von einigen wenigen Vertretern des Nannoplanktons (in den Alpenseen meist von der winzigen Diatomee *Cyclotella comensis* und dem Flagellaten *Rhodomonas lacustris*) gestellt, während die auffallenden, großen Arten, welche das Bild des Netzplanktons beherrschen, weit seltener ins Gewicht fallen. Unter den Tieren dagegen sind gerade die großen Arten ausschlaggebend, die Krebse und unter ihnen besonders *Daphnia*. Das Verhältnis des pflanzlichen zum tierischen Gesamtvolumen ist großen Schwankungen unterworfen. Im Durchschnitt waren (in den Alpenseen, während des Sommers) die Tiere in zweimal so großer Masse vertreten als die Pflanzen; in einzelnen Seen überwog das Phytoplankton (2:1). Es wurden aber andererseits Fälle beobachtet, wo dieses Verhältnis 1:15 betrug. Dieses Mißverhältnis ist so zu erklären, daß die Abhängigkeit des Zooplanktons vom Phytoplankton den Charakter einer Sukzession trägt. Die Tiere hatten vermutlich in diesen Fällen den See „leergefressen“ und lebten von dem in ihren Körpern aufgespeicherten Fett.

Wenn man die Planktonvolumina unter der Flächeneinheit verschiedener Seen miteinander vergleicht, so kommt man zu dem im ersten Augenblick überraschenden Ergebnis, daß die gefundenen Mengen keineswegs immer in dem erwarteten Verhältnis zu dem aus anderen Eigenschaften erschlossenen Trophiegrad stehen. So konnte FINDENEGG nachweisen, daß in ausgesprochen oligotrophen Seen Kärntens die Gesamtmenge der im Jahresdurchschnitt vorhandenen Biomasse keineswegs hinter jener in Seen von mehr eutrophem Charakter zurücksteht, ja sie in einzelnen Fällen sogar übertrifft. Zu dem gleichen Ergebnis führte der Vergleich der Biomassen in den tropischen Seen der Sunda-Inseln sowie die Untersuchungen von RILEY und DEEVEY an Seen in Connecticut, USA.

Vergleicht man jedoch nicht die unter der Flächeneinheit vorhandenen, sondern die in der Volumeinheit der Produktionsschicht enthaltenen Biomassen, so ändert sich das Bild: Litergehalt und Trophiegrad stehen in guter Übereinstimmung. Dieser scheinbare Widerspruch klärt sich sofort auf, wenn wir die Ausdehnung der Produktionsschicht vergleichen. Diese weist im eutrophen See eine geringere Mächtigkeit auf als im oligotrophen, und zwar deshalb, weil im eutrophen See durch die große Besiedlungsdichte in den oberen Wasserschichten die eindringende Strahlung weitgehend abgeschirmt wird und infolgedessen die untere Grenze der wirksamen Assimilation, der Kompensationspunkt, in geringerer Tiefe liegt als im oligotrophen.

Aus diesen Tatsachen ist zu ersehen, daß man bei produktionsbiologischen Betrachtungen zweierlei wohl unterscheiden muß: 1. die jeweils vorhandene Planktonproduktion des Sees, gekennzeichnet durch die unter der Flächeneinheit vorhandene Biomasse und 2. die Fruchtbarkeit des Wassers, welche in der mittleren Biomasse einer Volumeinheit des Wassers innerhalb der Produktionsschicht zum Ausdruck kommt. Die Fruchtbarkeit des Wassers ist eine durch den Gehalt an den jeweils die Produktion begrenzenden Nährstoffen bzw. durch das Ausmaß ihrer Zufuhr gegebene, gewissermaßen potentielle Größe. Ihre Umsetzung in organische Substanz erfolgt nach Maßgabe der in den einzelnen Tiefen herrschenden Beleuchtung. Die der Oberfläche zugestrahlte und jegliche Produktion letzten Endes bedingende Energie kann in unseren Breiten für alle Seen im allgemeinen als annähernd gleich angesehen werden. Unterschiede im Energiefaktor sind somit einzig und allein in der verschiedenen Strahlungsdurchlässigkeit der Seen zu suchen, und diese hängt, wie wir gesehen haben, einerseits von der Eigenabsorption (Färbung) des Wassers und andererseits von der Zerstreuung der Strahlung an Suspensionen ab. Betrachten wir zunächst den Absorptionsverlust für sich allein, so werden humusgefärbte Wässer wegen des schon in geringer Tiefe gelegenen Kompensationspunktes bei stabiler Schichtung eine Assimilationsschicht von sehr geringer Mächtigkeit aufweisen (vgl. die Tabelle S. 127 „Helmet Lake"). Innerhalb dieser Schicht können, sofern das Wasser fruchtbar ist, je Liter sehr bedeutende Biomassen erzeugt werden, die auf die Flächeneinheit bezogene Produktion wird jedoch entsprechend niedrig bleiben (dies ist einer der Gründe für die Produktionsarmut der „dystrophen" Seen, vgl. S. 194).

Aber auch in einem See, dessen Wasser an sich eine hohe Strahlungsdurchlässigkeit aufweist, wird es, wie oben erwähnt, zu einer vom Nährstoffgehalt abhängigen Einengung der Produktionsschicht kommen, jedoch nicht durch die Eigenabsorption des Wassers, sondern durch die Schirmwirkung der planktischen Besiedlung bzw. durch die Zerstreuung der Strahlung an den im Wasser schwebenden Organismen. Nimmt der Nährstoffgehalt ab, so wird auch die Besiedlungsdichte geringer, das Licht wird tiefer eindringen und die Mächtigkeit der Produktionsschicht wird wachsen, so daß bei abnehmendem Litergehalt die unter der Flächeneinheit vorhandene Masse gleichbleiben kann, mit anderen Worten, die Abnahme der Besiedlungsdichte wird durch eine entsprechende Zunahme der Mächtigkeit der Produktionsschicht kompensiert.

Wir sehen also: Die Besiedlungsdichte der Assimilationsschicht hängt von der Fruchtbarkeit, d. h. vom Trophiegrad des Wassers ab. Das Planktonvolumen unter der Flächeneinheit, und somit die Biomasse des gesamten Pelagials ist eine Funktion der Strahlungsdurchlässigkeit. Dies gilt jedoch nur innerhalb gewisser Grenzen: sinkt das Nährstoffangebot weiter und wird die Besiedlungsdichte so gering, daß ihre Wirkung auf die Strahlungsdurchlässigkeit gegenüber jener der Eigenabsorption des Wassers zurücktritt, so kann bei einer Abnahme des Planktongehaltes die Mächtigkeit der Assimilationsschicht kaum mehr wachsen. Nun wird nicht nur die Besiedlungsdichte, sondern auch die Biomasse unter der Flächeneinheit durch das Nährstoffangebot begrenzt, ein Zustand, der in ausgesprochen oligotrophen Seen verwirklicht ist.

Bei den bisherigen Erörterungen haben wir den Einfluß der turbulenten Wasserbewegungen auf die assimilatorische Leistung des Sees nicht berücksichtigt. Wie schon auf S. 127 ausgeführt wurde, steht das Phytoplankton in einer turbulent durchmischten Wassermasse unter dem gleichen, durchschnittlichen Lichtgenuß. Sobald die unterhalb der Tiefe des Kompensationspunktes liegenden Schichten von der Zirkulation erfaßt werden, muß jeder pflanzliche Plankton, solange er sich, vom Austauschstrom in die Tiefe mitgeführt, unter unzureichenden Lichtbedingungen befindet, eine negative Assimilationsbilanz aufweisen, welche bei weiterem Fortschreiten der Durchmischung in die Tiefe immer länger dauert und zu einer Verschlechterung der Gesamtbilanz und zu einem Absinken der Planktondichte führen muß. Der häufig beobachtete Rückgang des Phytoplanktons in der Zeit der Vollzirkulation dürfte auf diesen Umstand zurückzuführen sein.

Alle diese Erwägungen, welche wir an die in einem bestimmten Augenblick vorhandene Biomasse (standing crop) geknüpft haben, liefern jedoch keinen verläßlichen Anhaltspunkt für die Beurteilung der Jahresproduktion eines Sees. Denn diese ist ein überaus komplexes, von vielen schwer kontrollierbaren und von Fall zu Fall wechselnden Faktoren abhängiges Problem. Es ist kaum möglich, die dafür maßgebenden Umstände, wie die Lebensdauer der einzelnen Arten, die Vermehrungsrate, die Geschwindigkeit des Umsatzes, die Verluste durch das Absinken aus der Produktionsschicht und durch die Durchflutung usw. zu ermitteln, um auf Grund der Biomassen allein, auch wenn sie in kurzen Intervallen im Laufe des Jahres bestimmt wurden, die gesamte Jahresproduktion zu errechnen. Alle auf dieser Basis unternommenen Versuche werden daher, zumindest beim derzeitigen Stand unseres Wissens, rohe Schätzungen auf unzureichenden Grundlagen bleiben.[1])

Man hat daher versucht, auf indirektem Weg, wenigstens für einen gewissen Zeitabschnitt des Jahres (vom Beginn bis zum Ende der Sommerstagnation) zu brauchbaren Ergebnissen zu gelangen, und zwar auf Grund der meßbaren Veränderungen, welche durch die organismische Produktion im gelösten Stoffbestand des Wassers hervorgerufen werden und die im Abschnitt A II eingehend besprochen wurden. Hierfür sind (wegen der Unmöglichkeit, die atmosphärischen Einflüsse auszuschalten) die Veränderungen in der trophogenen Schicht (z. B. die biogene Entkalkung) weniger geeignet als jene in der tropholytischen. Solche Veränderungen sind: die Abnahme des Sauerstoffs und die Zunahme der Kohlensäure bzw. (mit gewissen

---

[1]) Ein sehr beachtenswerter Versuch, die Jahresproduktion wenigstens einiger Komponenten des Phytoplanktons direkt zu bestimmen, ist das von Grim im Schleinsee angewendete Verfahren, die aus der Produktionszone absinkenden Diatomeenschalen in versenkten Gefäßen aufzufangen. Diese Gesamtproduktion erwies sich bei den untersuchten Diatomeen als 8—10mal so groß als die Höchstmenge der zur Zeit des Entwicklungsmaximums der betreffenden Art unter der Flächeneinheit schwebenden Zellen. Grim konnte auf diesem Wege auch die täglichen Verluste durch das Absinken aus der Produktionsschicht feststellen und — bei ständiger Beobachtung der jeweils vorhandenen Volksdichten — gesicherte Angaben über die Vermehrungsintensität der einzelnen Arten errechnen.

Einschränkungen) des Ammoniums[1]). Man berechnet also die Menge der in einer bestimmten Zeit innerhalb der Produktionsschicht gebildeten organischen Substanz aus der Anhäufung ihrer Abbauprodukte im Hypolimnion bzw. aus dem Verbrauch des zu ihrer Oxydation benötigten Sauerstoffs. Zu diesem indirekt berechneten Wert müßte man noch den am Beobachtungstage vorhandenen „standing crop" und die am Seeboden noch unzersetzt gebliebene Sedimentation dazurechnen, um die gesamte Produktion innerhalb des in Betracht gezogenen Zeitraumes zu erhalten. Die organische Substanz, welche auf dem Boden des Sees unzersetzt verbleibt, ist kaum zu erfassen und kann nur geschätzt werden.

Von diesen Verfahren hat sich nach EINSELE die Berechnung aus der CO_2-Zunahme (sowohl der freien CO_2 als auch der im Bikarbonat gebundenen) als die brauchbarste und auch in jenen Fällen verwendbare erwiesen, wo völliger O_2-Schwund im Hypolimnion vorliegt. Sie ergibt die größten und vermutlich richtigsten Werte, wenn man berücksichtigt, daß nach dem Eintritt des Sauerstoffschwundes bei dem nun anaerob verlaufenden Abbau nur mehr die Hälfte des Kohlenstoffs zu CO_2 oxydiert wird.

Die hypolimnische Abnahme des Sauerstoffs, welche ja schon zur Aufstellung der für die Limnologie so fruchtbar gewordenen Begriffe der Oligotrophie und Eutrophie geführt hat, wird seit THIENEMANNS grundlegenden Arbeiten als Maß für die Gesamtproduktion während einer Stagnationsperiode benützt. Die theoretischen Voraussetzungen dieses Verfahrens, die dabei zu berücksichtigenden Faktoren und die Gesetzmäßigkeiten, welche die wechselnden, von der Morphologie des Beckens abhängigen Anteile des planktischen (d. h. schon während des Absinkens erfolgenden) und postsedimentären Abbaues in verschiedenen Seen zeigen, sind Gegenstand zahlreicher Untersuchungen geworden, von denen insbesondere auf THIENEMANN (1928), GROTE (1934), ALSTERBERG (1935) und HUTCHINSON (1938) hingewiessen sei. Will man aus dem O_2-Verbrauch die Menge der oxydierten organischen Substanz berechnen, so kann man mit EINSELE annehmen, daß bei der durchschnittlichen Zusammensetzung des Planktons (60% Kohlehydrate, 35% Eiweiß und 5% Fett) für den Totalabbau von 1 g Trockensubstanz 1,5 g Sauerstoff benötigt werden.

[1]) Die Einbeziehung des Stickstoffkreislaufes in solche Berechnungen muß mit der Möglichkeit einer Denitrifizierung zu elementarem N unter bestimmten Verhältnissen rechnen; die Phosphatanhäufungen in der tropholytischen Schicht eignen sich wegen der Bindung des Phosphates an den Eisenkreislauf (S. 82) und seiner Speicherung in Mikroorganismen nicht für produktionsbiologische Berechnungen.

Alle diese Verfahren sind jedoch mit Fehlerquellen behaftet und vermögen nur Näherungswerte zu ergeben. Vor allem ist die Wirkung des von der Lage der Sprungschicht und der Stabilität der Schichtung abhängigen Stoffaustausches zwischen trophogener und tropholytischer Schicht kaum zu erfassen. Dazu kommen noch die Verluste an organischer Substanz durch den Abfluß des Sees und andererseits wieder die Tatsache, daß ein Teil des in der tropholytischen Schicht abgebauten Materiales nicht der Eigenproduktion des Sees entstammt, sondern allochthon von außen eingeschwemmt wird. Auf die Schwierigkeit der Erfassung des auf dem Seeboden unzersetzt gebliebenen Anteils wurde schon hingewiesen.

Einsele hat auf Grund der CO_2-Anhäufung im Hypolimnion des Schleinsees für die Zeit vom April bis September 1937 eine Gesamtproduktion von 5600 kg (= 380 kg je Hektar) org. Trockensubstanz berechnet. Die schwebende Biomasse betrug im Mittel zahlreicher Beobachtungen während dieser 5 Monate durchschnittlich 1350 kg, also rund $^1/_4$ der Gesamtproduktion. Das Verhältnis dieser beiden Werte, auf 1 Monat berechnet, ergibt den „Umsatzkoeffizienten", eine produktionsbiologisch zweifellos wichtige Größe: $\frac{5600}{1350 \cdot 5} = 0,83$; sie besagt, um wieviel die Gesamtproduktion in jedem Monat zugewachsen ist. Es liegt auf der Hand, daß diese Größe sowohl mit der Zeit als auch in verschiedenen Seen großen Schwankungen unterworfen ist.

Diese Andeutungen mögen genügen, um die Schwierigkeiten einer einwandfreien Bestimmung der Gesamtproduktion des Planktons in einem See zu zeigen und zu erklären, warum unsere Kenntnisse auf diesem Gebiet erst in den Anfängen stehen.

Von großem, sowohl theoretischen als auch praktischen Interesse ist die in letzter Zeit mehrfach diskutierte Frage (Einsele 1941, Hasler and Einsele 1949), wie ein See auf Veränderungen seines Nährstoffmilieus reagiert, wie seine Produktion durch die Zufuhr lebenswichtiger Aufbaustoffe (Düngung) beeinflußt werden kann. Es wurde schon berichtet (S. 82), daß bei den Düngungsversuchen in dem eutrophen, nitratfreien Schleinsee das zugeführte Phosphat wohl infolge der Speicherung durch das Phytoplankton aus dem Wasser verschwand, aber zunächst zu keiner Erhöhung der Produktion führte, weil in diesem Fall der Stickstoffgehalt der begrenzende Faktor war. Die Produktionssteigerung setzte erst nach einer gewissen Latenzzeit ein, und zwar erst dann, als infolge einer durch das Phosphat angeregten Bindung von freiem N der Stickstoffmangel behoben war. Ein Jahr nach der Düngung unterschieden sich die Verhältnisse in diesem See kaum von jenen vor der Düngung, der gesamte P war (infolge seiner verhängnisvollen Beziehung zum Fe-Kreislauf, S. 82) aus dem See ausgeschieden und im Sediment gebunden worden. — Anders verliefen Einseles Düngungsversuche in dem oligotrophen, nitratreichen Nussensee (österr. Salzkammergut). Hier löste die Phosphatgabe unmittelbar eine Massenentfaltung sich in rascher Aufeinanderfolge ablösender Algenvegetationen unter gleichzeitiger Aufzehrung des vorhandenen Nitratvorrates aus. Doch konnte auch hier im weiteren Verlauf des Versuches eine durch die P-Düngung ausgelöste Stickstoffbindung nachgewiesen werden. Hand in Hand mit diesen Vorgängen trat im Nussensee erwartungsgemäß eine bedeutende Abnahme des hypolimnischen O_2-Gehaltes ein und es konnte ein früher nicht beobachtetes Auftreten von Fe und Mn im Tiefenwasser festgestellt werden.

Versuche dieser Art lassen tiefe Einblicke in das Stoffgetriebe unserer Seen erhoffen, ganz abgesehen von ihrer Bedeutung für die fischereiliche Praxis, da sie die Erwartungen, die an eine Düngung der Seen geknüpft werden dürfen, begrenzen und andererseits die Gefahren aufzeigen, welche durch theoretisch nicht genügend unterbaute Eingriffe in den Stoffhaushalt eines Gewässers ausgelöst werden können (Einengung der Wohnschicht durch Sauerstoffschwund, Eisenanreicherung im Hypolimnion und deren nachteilige Folgen für den P-Kreislauf u. a.).

II. Übersicht über die anderen Lebensgemeinschaften der Seen

Das Plankton wurde im Rahmen dieser Darstellung als besonders geeignetes Beispiel hydrischer Bedingtheit ausführlich besprochen. Bei der nun folgenden Schilderung der anderen Biozönosen eines Sees wollen wir uns darauf beschränken, nur die wesentlichsten Züge hervorzuheben.

Während die Umwelt des Planktons eine Einheit darstellt und durch eine in der Natur sonst kaum bekannte gleichförmige Gesetzmäßigkeit des Wechsels der physikalischen und chemischen Eigenschaften gekennzeichnet ist, gedeihen alle anderen Lebensgemeinschaften des Wassers an der Grenzschicht zweier grundverschiedener Medien und unterliegen mehr oder weniger sowohl dem Einfluß des freien Wassers als auch den schwer kontrollierbaren Einwirkungen des oft sehr inhomogenen Seegrundes bzw. seiner mannigfachen Bedeckungen. Die kausale Erforschung der Abhängigkeiten gestaltet sich daher in diesen Biozönosen unvergleichlich schwieriger als beim Plankton.

1. Entstehung und Tiefengliederung der Seen

Da nun der Untergrund als neuer Faktor in den Kreis unserer Betrachtungen tritt, dürfte es am Platze sein, einige Worte über die Entstehung und die Morphologie der Seen an dieser Stelle einzufügen.

Die mit Wasser gefüllten Vertiefungen der Erdoberfläche, welche wir als Seen bezeichnen, sind in sehr verschiedener Weise entstanden. Man unterscheidet tektonische Seen, welche primär durch die gebirgsbildenden Kräfte der Erde geformt wurden. Zu diesen seltenen

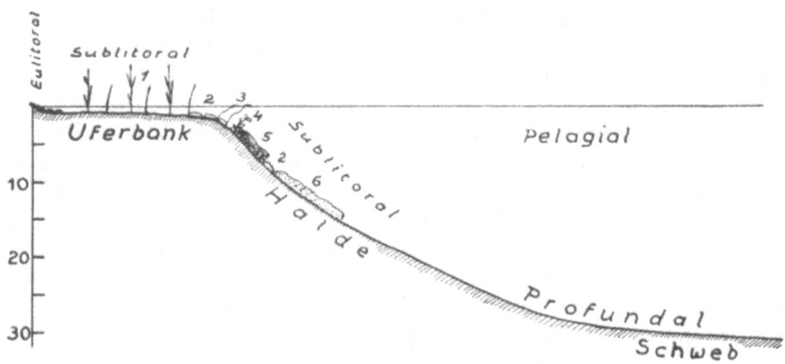

Abb. 41. Uferprofil aus dem Lunzer Untersee, zweifach überhöht. 1 schüttere *Phragmites*- und *Scirpus*-Bestände, 2 *Chara*, 3 *Potamogeton natans*, 4 *Pot. praelongus*, 5 *Elodea*, 6 *Fontinalis*

Fällen gehören u. a. einige der größten, tiefsten und ältesten Seen der Erde, z. B. der Tanganjika (Areal 35000 qkm, 1435 m tief) im afrikanischen Graben und der Baikal (Areal 33000 qkm, 1522 m tief). Viel häufiger sind jedoch die sekundär entstandenen Aufschüttungs- und Eintiefungsbecken. Zu den Aufschüttungsbecken gehören die Wallseen, z. B. die Kraterseen erloschener Vulkane, die Grundmoränenseen Norddeutschlands und die besonders in den Alpen häufigen Dammseen, die infolge der Abdämmung eines Seitentales durch die Moräne des im Haupttal fließenden eiszeitlichen Gletschers oder durch einen Bergsturz entstanden sind. Die Eintiefungsbecken können durch den Einsturz von Hohlräumen der Erdrinde verursacht sein, oder sie sind durch die einmalige Explosion vulkanischer Gaskammern geformt worden und bilden dann die kleinen, meist kreisrunden und oft sehr tiefen Maare; oder sie verdanken schließlich ihre Entstehung von oben her wirkenden Erosionskräften (Ausräumungsbecken). Der häufigste Fall ist jener der glazialen

Erosion bei den alpinen Tal- und Karseen, welche insbesondere bei bestehenden Härteunterschieden des anstehenden Gesteines leicht zur Bildung eingetiefter Wannen führen kann. Doch fehlt es nicht an Stimmen, welche behaupten, daß die glaziale Erosion allein nicht ausreicht, um die Bildung der tiefen alpinen Seebecken zu erklären, und daß tektonische Bewegungen mitgewirkt haben müssen.

Die durch diese Kräfte entstandenen Wannen bleiben jedoch nach ihrer Füllung mit Wasser nicht unverändert. Die Erosion der Wellen setzt ein und beeinflußt das ursprüngliche Uferprofil. Andererseits wird das anstehende Gestein oft in großer Mächtigkeit von den allgemein als „Schlamm“ bezeichneten Ablagerungen des Sees überdeckt und dadurch die Wassertiefe fortschreitend verringert. Das Bild, welches das in dieser Weise veränderte Uferprofil an vielen Stellen insbesondere der Alpenseen bietet, ist in der etwas schematisierten Abb. 41 wiedergegeben. Am äußersten Ufer hat die Wellenwirkung ein steiles „Kliff“ und eine meist nur schmale, erodierte Uferbank geschaffen. Daran schließt sich die angeschwemmte, aus Seesediment bestehende Uferbank, am Bodensee „Wysse“ genannt, die sich mit ihrer durch die Wellenbewegung bedingten Einebnungsfläche oft 100 und mehr Meter weit seewärts erstreckt, um dann unvermittelt mit einer steil abfallenden „Halde“ abzubrechen. Die Halde geht sodann allmählich in das die Seemitte ausfüllende, ebene Tiefensediment, den „Schweb“, über.

Aus dieser morphologischen Gliederung ergibt sich die Einteilung des Lebensraumes: das von den Halden, dem Schweb und der Seeoberfläche begrenzte freie Wasser, das Pelagial, ist die Heimat des Planktons; Uferbank, Halde und Schweb werden von den Biozönosen des Benthals besiedelt. Die Abgrenzung der Biotope innerhalb des letzteren ist nicht ganz einheitlich. Wir wollen hier dem physiologischen Prinzip folgen und als Litoral die gesamte, von autotrophen Pflanzen besiedelte Tiefenerstreckung des Uferprofils auffassen. Es entspricht der trophogenen Schicht des Pelagials; seine untere Begrenzung ist somit auch die Grenze der (über einen längeren Zeitraum) positiven Assimilationsbilanz.

Innerhalb des Litorals ergeben die Wasserstandsverhältnisse eine weitere Gliederung: Die Zone der Pegelschwankungen zwischen Hoch- und Niedrigwasserstand bzw. der wechselnden Benetzung, in der sich gleichzeitig auch der Wellenschlag auswirkt, bezeichnen wir als Eulitoral, den übrigen, viel mächtigeren Teil als Sublitoral. Darunter folgt der lichtarme und (wenn wir von etwaigen chemoautotrophen Bakterien absehen) ausschließlich von heterotrophen Organismen bewohnte Raum des Profundals. Er entspricht der tropholytischen Schicht innerhalb der Region des freien Wassers.

2. Die Uferflora

Bevor wir daran gehen, das pflanzliche und tierische Leben der benthalen Region kurz zu charakterisieren, erscheint es zweckmäßig, die Besprechung der höheren Wassergewächse, der meist zu den Phanerogamen (zum geringeren Teil zu den Pteridophyten und Moosen) gehörenden Sumpf- und Wasserpflanzen des allgemeinen Sprachgebrauches, vorwegzunehmen, da diesen in mehrfacher Hinsicht eine Sonderstellung zukommt. Zunächst sind sie durch ihre Größe und durch die Ausdehnung ihrer Bestände selbst zum Lebensraum der Mikroflora und Mikrofauna des Wassers geworden und damit zu Trägern einer biozönotischen Untergliederung des Litorals. Vor allem aber stehen sie durch ihre Stammesgeschichte und infolgedessen auch durch ihren Bau und vielfach auch durch ihre Lebensweise völlig abseits vom sonstigen pflanzlichen Leben der Gewässer. Während die Vertreter der Mikroflora und auch die größeren Algen echte Kinder des Wassers sind, d. h. im Verlaufe ihrer Phylogenie niemals das feuchte Element verlassen haben, sind die höheren Wassergewächse Flüchtlinge des Landes. Im Laufe der Entwicklung sind ihre Vorfahren dem Wasser entstiegen und zu Luftorganismen geworden; erst nach dieser mit weitgehenden Veränderungen verbundenen Anpassung sind einzelne, plastische Glieder dieser Nachkommenreihe wieder ins Wasser zurückgekehrt. Bei der Rückanpassung sind jedoch die Merkmale des Luftlebens weitgehend erhalten geblieben. Es handelt sich also bei diesen Formen um Vorposten der Landflora im Lebensraum der Gewässer!

Aber gerade aus diesen Gründen gestaltet sich das Studium der höheren Wassergewächse besonders lehrreich, da die hydrische Bedingtheit morphologischer Eigenschaften hier klarer als sonst hervortritt, zumal es sich vielfach um amphibische Formen handelt, d. h. um Arten, die oft an einem Individuum Luft- und Wassersprosse zu bilden vermögen. Die Anpassungen an das Leben unter Wasser, die uns in der Morphologie und Anatomie dieser Pflanzen entgegentreten, lassen sich in folgenden Hauptzügen zusammenfassen: Die Cuticula und alle anderen, die Transpiration hemmenden Einrichtungen sind reduziert, da sie in einem Medium von gesättigter Feuchtigkeit überflüssig sind. Die durch den Auftrieb getragenen, flutenden Organe werden nur auf Zug, nicht aber auf Biegung beansprucht. Deshalb finden wir die Gefäßbündel und Festigkeitselemente nicht peripher wie beim Stengel der Landpflanzen, sondern zentral wie bei der Wurzel, gelagert (vgl. Abb. 42). Die der Atmung und Assimilation dienenden Gase werden in gelöster Form durch die Oberflächenzellen der Blätter aufgenommen. Deshalb fehlen Spaltöffnungen an den submersen Teilen und sind bei Schwimmblättern auf die Oberseite verlagert. Während das Luftblatt zum Schutze gegen eine schädliche Wasserabgabe eine Reduktion der äußeren Oberfläche erstrebt (soweit dies ohne Beeinträchtigung des Lichtgenusses möglich ist) und dafür die innere, dem Austausch dienende Oberfläche (Atemhöhlen, Schwammparenchym) weitgehend vergrößert, ist das dünne, nur aus zwei bis wenigen Zellagen bestehende Wasserblatt oft feinst zerteilt, um den Stoffaustausch zu fördern (vgl. z. B.

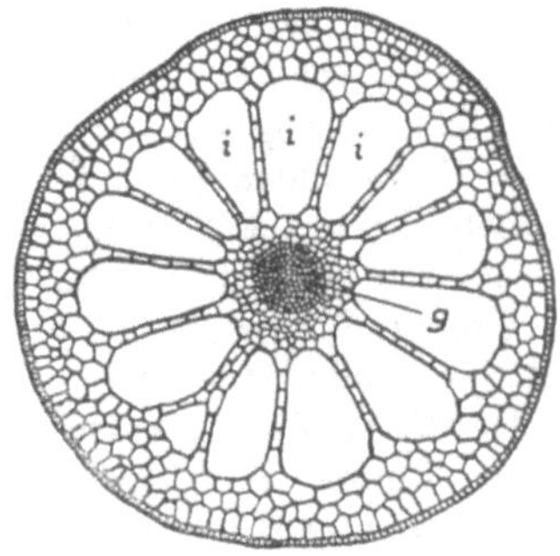

Abb. 42. Querschnitt durch den Stengel von *Myriophyllum spicatum*. *g* zentral gelagerter Gefäßbündelstrang, *i* Luftkanäle, nach VÖCHTING

das Luft- und das Wasserblatt des Wasserhahnenfußes). Die Sauerstoffversorgung ist im Wasser erstens wegen dessen kleineren Gehaltes an O_2 und zweitens wegen seiner geringeren Beweglichkeit viel schlechter als in der Luft. Die Wassergewächse begegnen diesem Nachteil durch den Ausbau eines gewaltigen, die ganze Anatomie beherrschenden, gasgefüllten Interzellularsystems. Diese Luftkanäle, die auch den Assimilations-Sauerstoff sammeln, durchziehen die ganze Pflanze und führen insbesondere der Wurzel, welche in sauerstofffreiem Schlamm steckt, Atemluft zu. Im Dienst der Durchlüftung stehen bei manchen Pflanzen besondere Organe, so das oft mächtig entwickelte Aerenchym bei unserem Weiderich (*Lythrum salicaria*) und die Pneumatophoren tropischer Wassergewächse, z. B. der Gattung *Jussieua* und mancher Baumarten der Mangrove. Durch das Durchlüftungssystem verraten diese Pflanzen vor allem ihre Herkunft; sie schaffen sich dadurch gewissermaßen einen inneren Luftlebensraum[1]).

Vom festen Land seewärts fortschreitend begegnet man allen Graden und Formen der genannten Anpassungen. Von den Pflanzengesellschaften der Wiesen und Wälder dringen viele Glieder bis hart an das Seeufer und ins durchfeuchtete Erdreich vor, ohne in ihrem morphologischen Gepräge zu den Wassergewächsen zu gehören. Erst dort, wo der Untergrund ständig überflutet oder doch ständig durchnäßt ist, beginnt das Reich der Sumpfpflanzen (Helophyten). Diese unterscheiden sich in ihrer Lebensweise von den Landpflanzen nur dadurch, daß ihre Wurzel, im O_2-freien Schlamm wachsend, eine er-

[1]) Von der hohen Wirksamkeit des Durchlüftungssystems kann man sich durch einen interessanten Versuch überzeugen. Wenn man in einer flachen, 2—3 cm hoch mit Wasser gefüllten Schale ein abgeschnittenes Seerosenblatt (ohne Benetzung der Blattoberseite) schwimmen läßt und die Schale mit einer Flamme langsam erwärmt, so sieht man aus der Schnittfläche des Blattstieles zunächst einzelne Blasen, bald aber einen geschlossenen, brausenden Luftstrom (100 ccm und mehr in der Minute!) stundenlang austreten! Der Luftstrom versiegt sofort, wenn man die Schale mit einer Glasplatte, einem Brettchen o. dgl. lose bedeckt, um beim Öffnen wieder einzusetzen. Dies deutet darauf hin, daß diese verblüffende Erscheinung, welche seit langem bekannt, aber noch keineswegs völlig aufgeklärt ist, mit der Transpiration der Blattoberfläche zusammenhängt. Die Außenluft strömt offenbar durch die Spaltöffnungen rascher ein, als die Innenluft entweicht, so daß ein Überdruck im Inneren des Blattes entsteht, der 8—10 cm Wassersäule zu überwinden vermag. Ähnlich gebaute Blätter anderer Gattungen, wie die von *Limnanthemum*, zeigen die gleiche Erscheinung. Es wird also, besonders an warmen Tagen, Luft unter erheblichem Druck von der Blattoberseite her in das Interzellularsystem der Pflanze eingepreßt.

höhte Belüftung verlangt. Wir sehen daher bei ihnen wohl das Interzellularsystem entwickelt, die Festigkeitselemente aber (wegen der Beanspruchung auf Biegung) noch peripher gelagert (z. B. im Stengel von *Scirpus lacustris*). Die horizontale Gliederung dieser Helophytengesellschaften ergibt sich durch die zunehmende Wassertiefe. Am weitesten in den See hinein gehen bei uns die größten Arten, das Schilfrohr (*Phragmites*) und die Binse (*Scirpus lacustris*). Über eine Wassertiefe von etwa einem Meter können jedoch die Sumpfpflanzen selten vordringen. Sie werden abgelöst von einem Typus mit flutenden, zugfest gebauten Stengeln und auf der Wasseroberfläche schwimmenden Blättern, den Schwimmblattpflanzen (Nymphaeiden), welche bei uns z. B. durch die weiße und die gelbe Seerose und das schwimmende Laichkraut vertreten sind. Auch sie sind ihrem Stoffwechsel nach noch Luftpflanzen, wie ihre auf die Blattoberseite verlagerten Spaltöffnungen beweisen. Bei einer Wassertiefe von rund 3 m ist jedoch der kritische Punkt erreicht. Eine weitere Entwicklung hat nur mehr die Wahl, entweder auf das Wurzeln im Untergrund zu verzichten und freischwimmend zu werden, oder auch mit den assimilierenden Organen ins Wasser hinabzutauchen und damit eine völlig aquatile Lebensweise anzunehmen. Beide Wege wurden beschritten. Die Schwimmpflanzen (z. B. der Froschbiß, die Wasserlinsen) haben sich vom Boden losgelöst und treiben als litorales „Pleuston“ auf der Wasseroberfläche (Lemniden). Die Unterwasserpflanzen (Elodeiden), zu denen z. B. die Wasserpest, das Hornkraut, das Tausendblatt und die meisten Laichkräuter gehören, bekleiden die Halde noch bis zu Tiefen von 6—7 m hinab, wo ihnen die abnehmende Lichtintensität eine Grenze setzt. Wesentlich tiefer als diese Phanerogamen steigen gewisse Moose. So bildet z. B. in manchen Alpenseen das Quellmoos (*Fontinalis*) in Tiefen zwischen 10 und 20 m ausgedehnte Bestände. Physiognomisch ähnlich, aber in bezug auf die Genese (vgl. oben) ganz verschieden, schieben sich in dieses Pflanzenkleid der Uferböschungen Bestände der zu den Algen gehörenden Armleuchtergewächse (Charophyten) ein.

Das Durchlüftungssystem, welches die zur aquatilen Lebensweise übergegangenen Phanerogamen vor allen anderen pflanzlichen Organismen des Wassers auszeichnet, bietet auch einigen Tieren die Möglichkeit, die ursprüngliche Luftlebensweise unter Wasser aufrecht zu erhalten. Es handelt sich durchwegs um Larven von Insekten, also von Lufttieren, die, soweit ihre Entwicklungsstadien im Wasser leben, in bezug auf die Phylogenie mit den submersen Phanerogamen vergleichbar sind. Als „Atmungsparasiten“ an Wasserpflanzen leben z. B. die Larven und Puppen des bekannten Schilfkäfers *Donacia*, dessen metallisch glänzende Imagines allenthalben auf Schilf oder den Schwimmblättern der Seerosen und des Laichkrautes zu finden sind. Die madenförmigen Larven bohren sich mit zwei am Hinterleib stehenden Chitinstacheln, die an der Spitze Stigmen tragen, in das Durchlüftungsgewebe der ihnen als Nahrung dienenden Pflanze ein und versorgen sich von dort mit der nötigen Atemluft. Die Puppen sitzen meist an der Basis von Schilfstengeln und sind von wasserdichten, mit Luft gefüllten Tönnchen umschlossen und atmen in derselben Weise. Ähnlich verhalten sich die Larven und Puppen der Fliegengattung *Hydrellia* und der Mücke *Mansonia*. Als Spezialisten ähnlicher Art sind auch gewisse Mückenlarven (*Cricotopus*) zu betrachten, welche im Mesophyll von Schwimmblättern, z.B. von *Potamogeton natans*, Gänge fressen. Manche dieser „Minierer" lassen die Epidermis als schützende Haut stehen und atmen also ausschließlich die Interzellularluft der Blätter. Andere wiederum fressen von oben her, d. h. sie nagen die Epidermis weg, nachdem sie durch ein nach unten geführtes kleines Loch dafür gesorgt haben, daß der Miniergang sich kapillar mit Wasser füllt und nicht austrocknet.

Das Litoral mit seinen Makrophytenbeständen und die vegetationslose Zone des Profundals bilden durch die Vielgestaltigkeit der Unterlagen und Umweltbedingungen die mannigfaltigen Biotope der benthalen Lebensgemeinschaften, unter denen wir zwei große Gruppen unterscheiden: Die Biozönosen des Aufwuchses und die Biozönosen des Schlammes.

3. Die Lebensgemeinschaften des Aufwuchses

Unter Aufwuchs verstehen wir alle einer festen Unterlage anhaftenden, aber (im Gegensatz zu den im Boden wurzelnden Pflanzen oder gewissen Parasiten) nicht in diese eindringenden Organismen. Im terrestrischen Lebensraum ist die Entwicklung des Aufwuchses von der Möglichkeit der Wasserversorgung abhängig. Deshalb finden wir ihn, meist in der Gestalt von Epiphyten, nur in feuchten Klimaten, besonders aber in den Regenwäldern der Tropen reich und vielgestaltig entwickelt. Im aquatilen Lebensraum fällt die Beschränkung durch den Feuchtigkeitsgehalt weg. Im Wasser selbst sind die Entwicklungsmöglichkeiten des Aufwuchses unbegrenzt und wir finden deshalb in unseren Gewässern kaum einen Stein, kaum einen abgestorbenen oder lebenden Pflanzenteil, der nicht mehr oder weniger dicht mit festsitzenden Organismen besiedelt wäre.

Die Umweltbedingungen ähneln in diesem Biotop bis zu einem gewissen Grade jenen des Planktons, und zwar insofern, als die Organismen des Aufwuchses im wesentlichen noch unter den Bedingungen des freien Wassers leben. Doch sind die physikalischen

Eigenschaften der Unterlage, an der die Organismen angeheftet sind, für die Gestaltung des Aufwuchses von der größten Bedeutung und bieten der später noch zu besprechenden Unterteilung dieser Biozönose eine geeignete Handhabe.

Abb. 43. Aufwuchs auf einem Myriophyllum-Blatt aus dem Lunzer Untersee. Vergr. etwa 50mal

Mit breiter Fläche dem Blatt unmittelbar aufsitzend: die Diatomeen *Cocconeis* (*l*), *Epithemia* (*h*); mit Gallertknöpfen bzw. kurzen Stielchen: die Diatomeen *Synedra* (*i*), *Tabellaria* (Zickzackketten) (*f*), *Achnanthes* (*k*); in Gallertschläuchen: die Diatomee *Encyonema* (*g*); mit langen, zum Teil verzweigten Stielen: die Diatomeen *Cymbella* (*d*), *Gomphonema* (*e*) und das Glockentierchen *Vorticella* (*a*); mit Haftscheiben festsitzende Algenfäden: *Oedogonium* (*b*), *Bulbochaete* (*c*)

Wie für die Planktonorganismen die „Schwebeanpassungen", so sind für die Arten des Aufwuchses die Einrichtungen zur Anheftung besonders charakteristisch. Wir finden da eine große Mannigfaltigkeit, aus der einige Beispiele im folgenden angeführt seien. Bemerkenswert ist, daß die gleichen Prinzipien sowohl bei Pflanzen wie auch bei Tieren wiederkehren können. Das Haftvermögen ist ein Schutz gegen das Abgespültwerden durch Wellenschlag und Strömungen. Bei geringer Beanspruchung durch diese Kräfte, also in ruhigem Wasser, werden verhältnismäßig schwache Einrichtungen ausreichen (Abb. 43). Wir finden hier bei den Einzellern, insbesondere bei den Diatomeen, Gallertstiele in der verschiedensten Ausbildung, von den kleinen, stiftartigen Formen bei *Achnanthes* bis zu den schlanken, verzweigten Gebilden bei *Cymbella* und

Gomphonema und langen, die Zellen umschließenden Gallertröhren bei *Encyonema* (*Cymbella prostrata*). Im Tierreich entsprechen diesem Anheftungsprinzip die teils starren, teils kontraktilen Stiele der Glockentierchen (*Vorticella*, *Epistylis*). Sehr häufig sind im Pflanzen- und Tierreich feste oder gallertige Gehäuse, die mit Stielchen oder mit breiter Basis der Unterlage aufsitzen. Eine besonders interessante Befestigungsweise zeigt der kleine Flagellat *Chrysopyxis*, dessen breitflaschenförmiges Gehäuse mit einem Bindfaden aus Gallerte rund um einen Algenfaden angebunden ist. Hierher gehören ferner die gestielten oder ungestielten Gehäuse mancher Infusorien, bei Rädertieren die Gallertbecher der Collotheciden und die oft sehr zierlich aus regelmäßigen Fäzesballen aufgebauten Röhren der Floscularíden. Bei den Fadenalgen hat die Basalzelle den ganzen Zug zu tragen und sitzt, wie z. B. bei den Oedogoniaceen, mit einer gelappten und der Unterlage angeschmiegten Haftscheibe fest. Im bewegten Wasser kommen widerstandsfähigere Befestigungsarten zur Ausbildung. Als solche sind zu nennen: eine flächenartige, der Unterlage breit angeschmiegte Ausbildung des Thallus, besonders schön zu sehen z.B. bei *Coleochaete*; halbkugelige, oft mit Kalk verfestigte Gallertpolster, z. B. bei den Rivulariaceen, *Chaetophora* oder (ohne Kalk) bei dem Infusor *Ophrydium*; schließlich verkürzte, dicke Gallertstiele, z. B. bei manchen Gomphonemen.

Zu der Aufwuchsbiozönose gehört aber auch eine große Anzahl freilebender Formen, die auf dem Substrat kriechen, in dem dichten Gewirr von festsitzenden Arten schwimmen oder auch vorübergehend weitere Exkursionen ins freie Wasser unternehmen, Vertreter der verschiedensten, im Süßwasser vorkommenden Stämme des Pflanzen- und Tierreiches.

Der Einfluß der Unterlage tritt am deutlichsten zutage, wenn wir den Aufwuchs auf einem Stein und auf einem lebenden Pflanzenteil vergleichen. Wir finden da einen wesentlichen Unterschied sowohl in bezug auf den Gesamteindruck, der sich schon dem freien Auge bietet, als auch auf die beim Aufbau beteiligten Arten. Während auf Steinen krustenartige Bildungen von oft erheblicher Dicke und Festigkeit überwiegen, sind es auf lebenden Blättern und Stengeln leichte, flockige Überzüge. Da unter gewissen Verhältnissen dieser flockige, vielfach aus Fadenalgen bestehende Aufwuchs auch auf das feste Substrat übergreifen kann, ist die Grenze nicht immer ganz scharf, aber in vielen Biotopen doch sehr prägnant. Die Ursache dieser augenfälligen Differenzen ist in der Hauptsache zweierlei: Die lebenden, dem Aufwuchs als Substrat dienenden Pflanzenteile sind in der Regel vergängliche, sehr kurzlebige Gebilde. Sie überdauern kaum mehr als einen Sommer und fallen sodann der Zerstörung durch Fäulnis anheim. Sie können daher nur von raschlebigen Formen mit kurzem Entwicklungszyklus besiedelt werden, von dem großen Heer der Grünalgen, von Diatomeen u. dgl. Steine, Holz sind dagegen unvergänglich oder überdauern doch mehrere Jahre. Sie bieten daher auch jenen Aufwuchsorganismen eine Möglichkeit zur bleibenden Ansiedlung, welche langsamwüchsig sind und im Gegensatz zu den oben genannten „Annuellen" ausdauernde Kolonien bilden. Damit ist aber der Unterschied zwischen den beiden Substratformen nicht erschöpft. Denn das eine ist unbelebt, das andere lebend und der auf dem letzteren festsitzende Aufwuchs steht mehr oder weniger unter dem Einfluß des Stoffwechsels seines Trägers. So werden die auf einem lebenden Blatt aufsitzenden Epiphyten und Tiere großen Schwankungen der CO_2-, O_2-Konzentration und des p_H ausgesetzt sein, da sich die im chemischen Teil geschilderten Stoffwechselvorgänge in den das Blatt unmittelbar berührenden Schichten am stärksten auswirken müssen. Es besteht wohl kaum ein Zweifel, daß dieser Faktor für die Auswahl der Aufwuchsorganismen von großer Bedeutung ist.

Wir müssen also unterscheiden: 1. den Aufwuchs auf ausdauerndem, unbelebtem Substrat und 2. den Aufwuchs auf vergänglichem (meist lebendem) Substrat (auch ein abgestorbener, in Verwesung begriffener Pflanzenteil ist in Anbetracht des Stoffwechsels der ihn durchsetzenden Saprophyten als Substrat in gewisser Hinsicht als „lebend" zu werten). Beide Aufwuchsformen kommen unter den verschiedensten Umweltverhältnissen des Litorals vor und werden von ihnen beeinflußt, was bei einer Betrachtung der Vertikalgliederung dieser Biozönose zu berücksichtigen ist[1]).

Wenn wir am äußersten Ufer beginnen, so sehen wir zunächst im Eulitoral — infolge der Schwankungen des Wasserstandes und der Wellenwirkung (Brandung) — in vertikaler Richtung auf engem Raum die größten Veränderungen der Umweltbedingungen auftreten und dürfen deshalb einen ebenso raschen Wechsel in der Zusammensetzung der Biozönose erwarten. Allerdings sind nicht an allen Stellen des Ufers die Vorbedingungen zur Entwicklung eines typischen, eulitoralen Aufwuchses gegeben. Die meisten unter den extremen Bedingungen dieses Biotopes gedeihenden, zählebigen Arten sind langsamwüchsig und können sich nur auf einem festen Substrat von anstehendem Fels oder großen Blöcken, die von der Brandung nicht gerollt werden, entwickeln.

Wenn oben (S. 153) gesagt wurde, daß die eulitorale Zone den zwischen der Hoch- und Niedrigwasserlinie gelegenen Ufersaum einnimmt, so ist dies nicht in dem Sinn zu verstehen, daß die Pegelschwankungen allein für ihre Ausdehnung maßgebend sind. Durch den Wellenschlag (bzw. die dadurch bewirkte Uferbenetzung und Wasserbewegung) kann ihre Breite sowohl nach oben als auch nach

[1]) Eine Lebensgemeinschaft besonderer Art sind die in das Substrat eindringenden, also unter der Oberfläche von Steinen (besonders Kalksteinen) und in Schneckenschalen lebenden (endolithischen) Algen (Blaualgen, Heterokonten, Grünalgen sowie auch Flechten).

unten erheblich vergrößert werden. Daher ist sie an Brandungsufern großer Seen weit mächtiger entwickelt als an geschützten Stellen, eine Tatsache, die von den schwedischen Forschern, vor allem durch Du Rietz, besonders hervorgehoben wurde. Wie charakteristisch und scharf die Zonation des Aufwuchses unter dem Einfluß der periodischen Austrocknung und des Wellenschlages ausgeprägt sein kann, möge an Hand der näher studierten Verhältnisse im Lunzer Untersee geschildert werden. (vgl. Kann).

In diesem See ist die normale Zone des Eulitorals auf eine Höhendistanz von 30—40 cm beschränkt. Die nur selten überspülten Teile des Blockstrandes tragen lediglich eine Vegetation von Krustenflechten und Moosen. Man kann hier, wie in vielen anderen Seen, als obersten, den *Verrucaria*-Gürtel unterscheiden. Dann folgt, in einer Vertikalerstreckung von nur 10 cm, etwa 170—280 Tage im Jahr trocken liegend, eine Zone von auffallend dunkelbrauner Färbung, die bei näherem Zusehen aus büscheligen Beständen von nur einer Art, der Blaualge *Tolypothrix distorta*, besteht. Man kann nicht zweifeln, daß diese strenge Auslese auf die Wirkung eines extremen Faktors, der zeitweiligen, völligen Austrocknung zu setzen ist. Trockenliegend ist die Pflanze außerdem sehr hohen Sonnentemperaturen ausgesetzt. Versuche haben gezeigt, daß sie in diesem Zustand bis zu 70° ohne Schädigung vertragen kann. Wachstum und Stoffwechsel sind natürlich nur bei neuerlicher Überflutung möglich. In dieser Austrocknungs- oder Emersionszone gibt es auch einige wenige Tierarten, die ebenso widerstandsfähig gegen Wasserverluste sind: die bekannten Bärentierchen, einige bdelloide Rädertiere und wenige Nematoden.

Unterhalb der *Tolypothrix* folgt ziemlich unvermittelt eine sehr auffallende, aus mehrere Millimeter dicken, bräunlich bis rötlich-gelben, erbsensteinartigen Krusten bestehende Zone, die sich in einer Vertikalerstreckung von etwa 20 cm bis knapp unter die Niedrigwasserlinie ausdehnt. Aber auch die teilweise auftauchenden Teile trocknen kaum je ganz aus, da die Krusten kapillar Wasser von unten aufsaugen. Die Leitformen dieser Zone sind wiederum Blaualgen, vor allem *Rivularia haematites* mit ihren halbkugeligen, von geschichteten Kalkeinlagerungen durchsetzten Kolonien, ferner, besonders im oberen Teil, die flächenförmigen, braunen Schokoladeflecken ähnelnden Lager von *Calothrix parietina* und die krausen Büschel von *Scytonema myochrous*. Da es an Feuchtigkeit nicht fehlt, ist die Zahl der diese Leitformen begleitenden Arten sehr groß. Vor allem ist die äußerste Oberfläche mit einem Heer von Diatomeen besiedelt und in den Krusten leben, teilweise minierend, zahlreiche Tierformen, vor allem Nematoden, bestimmte Vertreter aus der Copepoden-Gruppe der Harpacticiden und Insektenlarven. Unter den letzteren sind neben zahlreichen Chironomiden (allerdings weniger im Lunzer- als in anderen Seen) besonders die Larven der Köcherfliege *Tinodes* zu erwähnen, welcher die Bildung der eigenartigen Furchensteine zugeschrieben wird (Auflösung der Kalkunterlage in den Miniergängen). Diese *Rivularia*-Zone ähnelt in dem Gepräge, sowohl der Pflanzen- als auch der Tiergesellschaft, erheblich dem Aufwuchs auf den Steinen unserer Gebirgsbäche. Hier wie dort hat der gleiche Faktor die charakteristischen Lebensformen verursacht: die starke Wasserbewegung. Wir werden also diese Zone mit Recht als Brandungszone bezeichnen.

Bei zunehmender Tiefe, wenn die Wellenwirkung schwächer wird (das ist im Lunzer Untersee schon 10—20 cm unter dem Niedrigstwasserspiegel), gehen die festen, harten *Rivularia*-Krusten in dicke, graugrüne, von lockerem, ausgefälltem Kalk durchsetzte Auflagerungen über, welche weich und schwammig

Steine und Holz überziehen. Als regelmäßig vorhandene Leitform kann die Blaualge *Schizothrix lacustris* bezeichnet werden, doch nehmen außerdem sehr zahlreiche Arten am Aufbau dieser Überzüge, die auch von einem reichen Tierleben durchsetzt sind, teil. Sie sind jedoch alle an ein dauernd submerses Leben gebunden; schon ein Austrocknen bei Zimmertemperatur bringt sie zum Absterben. Diese *Schizothrix*-Zone, die, soweit sie nicht von Fadenalgen überwuchert wird, einige Meter hinabsteigen kann, gehört eigentlich schon dem Sublitoral an. In ihrem Bereich finden wir auch tierische Aufwuchsformen von imponierenden Ausmaßen angesiedelt: Die grünen, geweihartig verzweigten Stöcke des Süßwasserschwammes *Euspongilla lacustris*, die mit Vorliebe an Holzpfählen festsitzen und in derem Inneren die ebenfalls grünen Larven des Netzflüglers *Sisyra* parasitieren, sowie die erbsen- bis faustgroßen, kugeligen Gallertkolonien des ebenfalls durch Zoochlorellen grün gefärbten Glockentierchens *Ophrydium*, welche oft in großer Zahl den Krustensteinen, aber auch Schilfstengeln u. dgl. aufsitzen.

Das obere Sublitoral läßt auffallende Tiefengliederungen kaum erkennen; hier ist vor allem das Substrat maßgebend für die Ausbildung der Biozönosen. Dies ist auch verständlich, wenn wir berücksichtigen, daß die Wassertemperatur innerhalb des Epilimnions geringe oder nur vorübergehende Unterschiede aufweist und daß auch die Intensität der CO_2-Assimilation in diesen obersten Schichten nahezu gleich bleibt, ja mitunter erst in Tiefen von einigen Metern ihr Optimum erreicht. Es braucht nicht hervorgehoben zu werden, daß die Lichtzone des Sublitorals durch ein äußerst reiches und vielgestaltiges Tier- und Pflanzenleben gekennzeichnet ist, das durch Aufzählungen näher zu erläutern, hier zu weit führen würde.

Das Bild des Aufwuchses beginnt sich jedoch erheblich zu ändern, wenn wir in die meist mit der Sprungschicht zusammenfallenden Tiefen hinabsteigen, wo das Leben und vor allem der Stoffwechsel der Pflanzen von der sinkenden Lichtintensität und Temperatur im hohen Maße beeinflußt werden. In dieser Dämmerzone, dem unteren Sublitoral, fällt bei der mikroskopischen Untersuchung des pflanzlichen Aufwuchses zunächst das quantitative Zurücktreten der grünen Algenformen zugunsten der braunen, also der Diatomeen auf, die hier besonders satt gefärbte Chromatophoren zeigen. Dazu treten aber Arten und Ausbildungsformen, die wir in der Lichtzone des Sublitorals vermissen. So zeigen, wie zuerst LAUTERBORN und später GEITLER gefunden haben, Steine, die man aus größerer Tiefe — etwa zwischen 10 und 20 m — mit dem Bodengreifer heraufholt, meist einen schwärzlichen Überzug, der sich bei näherer Untersuchung als ein sehr eigenartiges Mosaik verschiedener Blaualgengattungen (z. B. *Chlorogloea*, *Pleurocapsa*, *Chroococcopsis*, *Oncobyrsa*, *Chamaesiphon*), durchzogen von den unregelmäßig kriechenden Fäden der Grünalge *Gongrosira* und besetzt mit zahlreichen Diatomeen, erweist. Am auffallendsten ist jedoch die Färbung der eben erwähnten Blaualgen. Es sind dieselben Arten, die auch in schattigen Bächen auftreten. Während sie aber dort eine braune oder schmutzig-graugrüne Farbe zeigen, sind sie hier meist leuchtend rot oder violett. Dadurch bieten die Mosaike dieser rotbunten Tiefenbiozönose einen oft überaus farbenprächtigen Eindruck. Vervollständigt sei das Bild dieser Algengesellschaft noch durch die Feststellung, daß neben den geschilderten Mosaiken noch Lager der Rotalgen *Hildenbrandia*, *Chantransia* und *Batrachospermum* auftreten.

Wie ist diese auffallende Veränderung in der Zusammensetzung des Aufwuchses zu erklären? Man könnte an Temperaturwirkung denken, da ja viele der genannten Arten auch in kalten Gebirgsbächen vorkommen. Daß dies jedoch nicht zutrifft, beweist die Feststellung, daß diese rotbunte Algengesellschaft in der gleichen, ja noch reicheren Zusammensetzung und in prächtiger Ausbildung auch bei 26° in den Tropenseen vorkommt. Es kann also nur das Licht der wirksame Faktor sein, und zwar die quantitative, vor allem aber die qualitative Veränderung, die es mit zunehmender Tiefe erfährt. Bekanntlich vermögen die Pflanzen nur jene Wellenlängen der Strahlung für die Assimilation auszunützen, welche von den Pigmenten ihrer Chromatophoren absorbiert werden. Das sind, grob gesprochen, die dem Eigenpigment komplementären Spektralfarben. Daher vermögen grüne Chromatophoren das rote Licht am besten zu verwerten, während die gleichzeitige Anwesenheit brauner oder roter Pigmente (neben dem Chlorophyll) die Ausnützung des kurzwelligen, grünen Lichtes erhöht. Es werden daher in größeren Tiefen, in denen nach S. 15 die grüne Strahlung überwiegt, braune oder rote Algen besser daran sein, bzw. tiefer hinabsteigen können als der größte Teil der rein grünen. Darüber hinaus haben manche Blaualgen die Fähigkeit, ihren Gehalt an rotem Pigment, dem Phycoerythrin, unter den Lebensbedingungen der Tiefe so weit zu vermehren, daß sie im ganzen eine leuchtendrote Farbe annehmen. Es wurde durch Experimente glaubhaft gemacht, daß dies unter dem Einfluß der grünen Strahlung erfolgt und man nennt deshalb diesen Vorgang chromatische Adaptation. So sehen wir in der rotbunten Tiefenbiozönose eine lichtbedingte Auswahl bzw. Anpassung von Algen im Sinn der besseren Ausnützung der in tieferen Wasserschichten vorherrschenden Strahlung. Daß in dieser Lebensgemeinschaft auch grüne Formen vorkommen — es sei vor allem an die großen, oben erwähnten *Fontinalis*-Bestände in erheblichen Tiefen erinnert —, besagt nichts gegen diese Auffassung, denn auch unter den für unser Auge grünen Arten bestehen erhebliche Unterschiede hinsichtlich der Fähigkeit, kurzwelliges Licht der CO_2-Assimilation nutzbar zu machen, z. B. durch einen vermehrten Chlorophyllgehalt (viele in der Tiefe vorkommenden Chlorophyceen sind auffallend dunkelgrün gefärbt) oder durch Veränderung des Verhältnisses Chlorophyll a : b zugunsten von b, dessen Endabsorption gegenüber jener von a weiter ins Blaugrün reicht.

Mit der Grenze der positiven Assimilationsbilanz, deren Tiefe naturgemäß sehr von der Strahlungsdurchlässigkeit des betreffenden Sees abhängig ist, hört der Aufwuchs auf geeigneten Substraten noch keineswegs auf. Er besteht jedoch hier im Profundal nicht aus assimilierenden Algen, sondern aus heterotrophen Organismen, und zwar meist aus festsitzenden Tieren (seltener aus auf Holz wachsenden Pilzen).

Wenn man in manchen Seen aus einer Tiefe von 20—25 m abgesunkene Baumstämme oder Äste heraufholt, findet man sie in der Regel dicht mit den mehrere Zentimeter hohen Rasen des Moostierchens *Fredericella sultana* bewachsen. Dazwischen sitzen mitunter reichlich auch Hydren, die allerdings nicht auf die Tiefenregion beschränkt sind, sondern besonders häufig auch im oberen Sublitoral an den flutenden Stengeln von *Potamogeton natans* u. dgl. vorkommen, mit Vorliebe dort, wo diese weit ins freie Wasser ragen und so den Fang von Planktonkrebsen ermöglichen. Auch *Fredericella* ist nicht absolut an die großen Tiefen gebunden. Man findet ihre Kolonien z. B. auch auf der Unterseite schwimmender Bretter und Plattformen, ein Beweis, daß nicht die Temperatur, sondern das Licht es ist, dem sie in die Tiefe ausweichen. Mit der *Fredericella*-Zone der Alpenseen oder ähnlichen, tierischenBiozönosen in anderen Gewässern erreicht der Aufwuchs der Halden seine untere Grenze.

4. Die Lebensgemeinschaften des Schlammes

Unter dem Vulgärnamen „Schlamm" versteht man alle Sedimente, welche im Laufe der Zeit innerhalb eines Gewässers abgelagert wurden. Der ursprüngliche Boden der Seewanne steht nur hier und da an Steilufern (meist in Form von Felswänden und Klippen) noch an. Sonst ist er von Sedimenten, die oft eine Mächtigkeit von vielen Metern erreichen, vollkommen verhüllt. Diese Ablagerungen sind ihrer Zusammensetzung nach teils anorganisch, teils organisch und ihrer Entstehung nach entweder im See selbst durch die Prozesse des Lebens oder durch physikalisch-chemische Vorgänge aus dem Wasser ausgefällt, autochthon, oder durch die Zuflüsse, durch Staubfall u. dgl. von außen hereingebracht, allochthon. Ob vorwiegend autochthones oder allochthones Sediment abgelagert wird, ist in erster Linie eine Frage des Einzugsgebietes des Sees. Seen mit geringer oberirdischer Wasserzufuhr werden vorwiegend autochthone Sedimente enthalten, während in Flußseen und stark durchströmten Gebirgsseen das allochthone Sediment meist überwiegt.

Über die allochthonen Sedimente ist vom biologischen Standpunkt nicht viel zu sagen. Ihre Menge und Zusammensetzung hängt von dem Verhältnis der Größe des Seeareals zum Einzugsgebiet sowie von der morphologischen und geologischen Beschaffenheit, dem Klima und der Pflanzendecke des letzteren ab. Die eingeschwemmten Teilchen erfahren im See eine Sonderung nach ihrer Größe und ihrem spezifischen Gewicht. In der Nähe des Einrinns werden Geschiebe und Schotter abgelagert, dann folgen konzentrisch Zonen von gröberem und feinerem Sand. Die feinsten, tonigen Bestandteile, die eine sehr geringe Sinkgeschwindigkeit aufweisen, bilden im Wasser des Sees eine homogene Trübung, die sich ziemlich gleichmäßig über den ganzen Seeboden niederschlägt und zur Bildung des Schwebs beiträgt. Eine nicht zu vernachlässigende Größe bilden auch die organischen Bestandteile des allochthonen Sediments. Wenn man diese Absätze mikroskopisch untersucht, so findet man erhebliche Mengen aus dem Acker- und Waldboden stammender Humuspartikelchen, pflanzlicher Gewebeteile und — in geringerem Ausmaß — tierischer Stoffe, z. B. Haare, Chitinteile von Insekten u. dgl. Der Anteil des Staubes äußert sich besonders eindrucksvoll im Frühjahr, zur Zeit der Koniferenblüte, wenn die Spiegel der Seen oft von einer schwefelgelben Kahmhaut überzogen und die charakteristischen Pollenkörner in Mengen im frischen Sediment zu finden sind.

Weit interessanter sind für uns die autochthonen, im See selbst ausgefällten Sedimente. Hier müssen wir zweierlei unterscheiden: Fällungen, die außerhalb der lebenden Organismen, also im Wasser, stattfinden, und zwar durch physikalisch-chemische Veränderungen, die allerdings meist durch Lebensvorgänge bedingt sind; zweitens die Sedimentierung der pflanzlichen und tierischen Leichen aus der Lebensgemeinschaft des Sees mit ihren anorganischen und organischen Hüllen und Stützsubstanzen. Zu der ersten Gruppe gehört vor allem die Fällung des Kalkes und des Eisens.

Der Kalk wird, wie auf S. 63 ausgeführt wurde, hauptsächlich durch die Assimilationstätigkeit der Pflanzen, und zwar durch den Entzug von CO_2 bzw. der HCO_3^--Ionen aus dem gelösten Bikarbonat gefällt. Er scheidet sich aus der übersättigten Lösung im freien Wasser oder in Form von kristallinischen Belägen direkt an der Oberfläche der submersen Makrophyten ab, von wo er durch Abspülung ebenfalls in das Strömungssystem des Sees gelangt. Diese flottierenden Kalkteilchen werden in der Uferregion, und zwar besonders im Strömungsschatten, also hinter Vorsprüngen der Uferlinie, abgelagert und bilden dort die weißlich schimmernden Bänke, die uns bei der Betrachtung eines Alpensees von oben sehr auffallen. Dieses Uferbank-Sediment, die Seekreide, ist von grauweißer Färbung und kann Mächtigkeiten von vielen Metern erreichen. Es besteht zu 90—95% aus kohlensaurem Kalk. An seiner Zusammensetzung beteiligen sich nicht nur das von den Pflanzen ausgefällte $CaCO_3$, sondern im hohen Grade auch die Schalen von Schnecken und deren Fragmente (in den Alpenseen besonders der Gattungen *Valvata* und *Limnaea*). In den baltischen Seen ist in etwas größerer Tiefe (7—12 m) eine sehr charakteristische „Muschelzone“ entwickelt, die ebenfalls dem Transport toter Schalen (vorwiegend der Dreiecksmuschel

Dreissensia) durch Strömungen ihren Ursprung verdankt. WASMUND nannte diese sekundären Anhäufungen treffend „Totengesellschaften“ (Thanatozönosen).

Warum wird aber die Seekreide nicht auch in der Tiefe sedimentiert, bzw. warum ist der Gehalt des Schwebs an Kalk (nach unserer, weiter unten gegebenen Tabelle) so viel geringer als der der Uferbank? Die Erklärung dieses Umstandes ergibt sich zwanglos auf Grund der biochemischen Schichtung im freien Wasser des Sees. Wir haben gesehen, daß der CO_2-Gehalt nach der Tiefe hin zunimmt und dort oft den Gleichgewichtswert übersteigt, daß also zumindest in den untersten Schichten häufig aggressive CO_2 vorhanden ist. Diese löst nun die absinkenden Kalkteilchen wieder auf und es kommt zu keiner nennenswerten Anreicherung von $CaCO_3$ im Schlamm, sondern zu einer Erhöhung der $Ca(HCO_3)_2$-Konzentration im Tiefenwasser (vgl. S. 67). — So sind die mächtigen Seekreidebänke eindrucksvolle Zeugen für das Ausmaß und den Ablauf der biochemischen Vorgänge in den Seen sowie für deren geologische Bedeutung.

Wesentlich anders liegen die Verhältnisse in bezug auf die Ausfällung und Sedimentierung des Eisens. Auch hier sind, wenigstens zum Teil, Organismen beteiligt, aber weniger durch die Veränderung der Lösungsbedingungen im freien Wasser, als durch die Fähigkeit, Eisenverbindungen in ihren Hüllen zu speichern, wie dies bei den Eisenbakterien und zahlreichen Algen der Fall ist. Die Veränderung der Lösungsbedingungen erfolgt hier in erster Linie durch das Gefälle des gelösten Sauerstoffes im eutroph geschichteten See. Wie schon auf S. 76 gezeigt wurde, kann das Ferro-Bicarbonat — außer bei stark saurer Reaktion — nur bei Sauerstoff-Ausschluß als Lösungsbestandteil in nennenswerter Menge in unseren Seen auftreten. Wird dem Hypolimnion durch Austausch von oben her Sauerstoff zugeführt, so kommt es zur Ausfällung von Ferrihydroxyd (Limonit), das auf dem Boden des Sees sedimentiert wird. Dieser Vorgang sowie das Absinken der an der O_2-Grenze gedeihenden Eisenorganismen führt zur Anhäufung beträchtlicher Fe-Mengen im Sediment eutroph geschichteter Seen (vgl. S. 77). Enthält das Tiefenwasser H_2S, so kommt es bei alkalischer Reaktion zur Ausfällung von tiefschwarzem Eisensulfid. Daß ein Teil des abgeschiedenen Eisens in der Tiefe wieder aufgelöst werden und in den Stoffkreislauf des freien Wassers zurückkehren kann, wurde ebenfalls schon erörtert (S. 77). Durch das Austreten Fe-hältiger Grundwässer in der Uferregion kann es auch zur Bildung litoraler Limonit-Ablagerungen kommen (S. 76).

Im Gegensatz zum Kalk und zum Eisen erfolgt die Ausfällung der Kieselsäure aus dem Wasser stets in fester Bindung an die lebende Zelle. Bekanntlich sind es vor allem die Diatomeen, deren zu Boden sinkende Kieselpanzer die Anreicherung des Schlammes mit SiO_2 bedingen, aber unter Umständen spielen dabei die kieselbeschalten Cysten der Flagellatengruppe der Chrysomonaden sowie die Kieselnadeln der Süßwasserschwämme eine nicht zu unterschätzende Rolle. Die größten Mengen von Diatomeen werden aus dem Pelagial (Plankton) sedimentiert. Deshalb sind die Tiefensedimente in der Regel reicher an SiO_2 als die litoralen. In Seen mit geringem Zufluß, in denen allochthone, mineralische Sedimente ganz zurücktreten, kann es nach der Zerstörung des organischen Anteiles der Diatomeen zur Bildung mehr oder weniger reiner Kieselablagerungen kommen, die uns fossil, in den Ablagerungen längst verschwundener Seen und Meere, als Kieselgur oder Diatomeenerde entgegentreten. Diese spielt technisch als Isolierungsmaterial und als Träger des Nitroglyzerins im Dynamit eine erhebliche Rolle.

Damit wäre die Besprechung der wichtigsten anorganischen Sedimentbestandteile, soweit sie limno-autochthon sind, abgeschlossen und es seien nun noch als Beispiel für die großen, aus den soeben erläuterten Sedimentierungsbedingungen sich ergebenden Unterschiede des Ufer- und des Tiefensediments zwei Analysen aus dem Lunzer Untersee (in abgerundeten Zahlen) angeführt:

	Schweb (33 m)	Uferbank (1 m)
SiO_2	34%	5%
CaO	11%	51%
MgO	6%	1%
Al_2O_3	12%	3% (mit Fe_2O_3)
Fe_2O_3	7%	
Glühverlust (Karb.-CO_2 + Org.-Substanz)	31%	43%

Nicht überall stimmen die Verhältnisse — insbesondere in bezug auf die Ufersedimente — mit jenen des Lunzer Untersees überein. In Urgebirgsseen mit geringem Ca-Gehalt wird wenig Kalk ausgefällt und das litorale Sediment besteht zum großen Teil aus allochthonem Quarzsand. Oder es tritt — besonders bei flachen Seewannen — eine starke Durchsetzung mit organischem Material ein (dichter Schilfgürtel!), die eine erhöhte CO_2-Produktion und Wiederauflösung des Kalkes bedingt. Ein Merkmal der echten Seekreidebänke ist ihre Sterilität in bezug auf den Pflanzenwuchs!

Die biologisch wichtigsten und interessantesten Bestandteile der Sedimente sind jedoch die organischen Substanzen. Ihre Anwesenheit macht den Seeboden zu einer Lebensstätte der intensivsten organischen Aktivität, deren lebhafter Stoffumsatz auch die Vorgänge im freien Wasser nachhaltig zu beeinflussen vermag. Auch unter den organischen Stoffen gibt es solche, die ursprünglich im Wasser gelöst waren und durch physikalisch-chemische Vorgänge gefällt werden. Es sind dies die Humusstoffe, welche aus der Vegetationsschicht des Bodens ausgelaugt werden und als kolloidale Lösung die mehr oder weniger bräunliche Färbung mancher Gewässer bedingen. Diese Humuskolloide werden nun beim Eintritt in den See, hauptsächlich durch das Zusammentreffen mit gelösten Salzen (vor allem des Ca), ausgeflockt und bilden ein eigenartiges, Gel-artiges Sediment von schmutzigbrauner Farbe, den Dy der nordischen Forscher. Da Gewässer mit hohem Humusgehalt („Braunwässer") besonders für Moorgebiete charakteristisch sind, kommt es hauptsächlich in Seen, die in Moore eingebettet sind oder von solchen gespeist werden, zu starker Dy-Bildung. Die Humusstoffe als solche sind daher allochthon, ihre Fällung als Dy dagegen zum größten Teil autochthon.

Abgesehen vom Dy, der vor allem in den nordischen Seen vielfach vorherrscht, sind die organischen Bestandteile des Schlammes ursprünglich geformte Gebilde. Die Hauptrolle spielt dabei die Sedimentierung des Planktons, dessen Anteil mit der Entfernung vom Ufer und von den Zuflüssen zunimmt und daher um so bedeutender ist, je größer der See und je geringer seine Durchströmung ist. Dazu kommen noch die aus dem Einzugsgebiet und dem Litoral eingespülten und von der Seeoberfläche als Staub eingefangenen organischen Reste. All dies bildet, zusammen mit einer größeren oder geringeren Beteiligung anorganischen Materiales, nach der Verarbeitung durch die Bodentiere und Bakterien auf den zumindest periodisch belüfteten Seeböden ein sehr charakteristisches, fein verteiltes Sediment von grauer bis graubrauner Farbe und mitunter elastischer Konsistenz, die Gyttja (spr. Jüttja) der nordischen Terminologie. Auf Grund der Beteiligung der mineralischen Komponente (Kalk, Ton usw.), der Vermischung mit Dy-Ablagerungen und anderer Eigenschaften ist eine Gyttja-Systematik geschaffen worden, auf die hier nicht näher eingegangen sei.

Über die Größenordnung der auf dem „Schweb" eines normalen, oligotrophen Sees sedimentierten Gyttja-Mengen mögen folgende Zahlen eine Vorstellung geben: Im Lunzer Untersee wurden im Jahre 1934 je Hektar insgesamt 3056 kg Trockengewicht (größtenteils allochthones Sediment) abgelagert, davon 784 kg organische Substanz, 20,4 kg Stickstoff und 4,3 kg Phosphor.

Wir wollen nun die Vorgänge, welche sich in dieser Gyttja abspielen, die Umsetzungen und den Abbau, den die organische Substanz erfährt, näher betrachten, Umsetzungen, die im Verlauf dieser Darstellung wiederholt gestreift wurden, die aber in keinem hydrischen Biotop quantitativ so hervortreten wie hier. Wohl sind die im Hypolimnion der Seen ablaufenden Erscheinungen ähnlicher Art; aber die Menge an organischer Substanz je Volumeinheit des Wassers, die dort dem Abbau anheimfällt, ist doch gering im Vergleich zu den Anhäufungen derselben im Sediment und vor allem sind es nur die leicht zersetzlichen Substanzen, die schon während des Absinkens mineralisiert werden, während die schwer angreifbaren, wie z. B. das Chitin und die Zellulose, zum großen Teil unversehrt am Boden des Sees landen und dort allmählich abgebaut werden. Es seien nun die wichtigsten Stoffgruppen und das Schicksal, das ihnen im Schlamm zuteil wird, kurz besprochen, so weit es der Stand unseres derzeitigen Wissens erlaubt.

Die wichtigsten Bausteine der lebenden Substanz, die Eiweißstoffe, fallen dem Angriff sehr zahlreicher Organismen zum Opfer, unter denen das Heer der eigentlichen „Fäulnisbakterien" an erster Stelle steht. Durch Fermente erfolgt eine Spaltung der hochmolekularen Verbindungen in einfachere Körper. Es entstehen zunächst Albumosen und Peptone, sodann Aminosäuren und aus diesen stickstofffreie Säuren und Ammoniak; das Endergebnis der Mineralisierung sind: CO_2, H_2O, NH_3 und H_2S (aus dem Schwefel-Anteil der Eiweißstoffe).

Die Zersetzung der Zellulose, des Baustoffes der Pflanzenmembran, wird durch eine Kette zahlreicher Einzelprozesse vollzogen, bei denen viele voneinander abhängige Organismen mitwirken; wir können diese Vorgänge schematisch ungefähr in zwei Phasen zusammenfassen:

1. $C_6H_{10}O_5 + H_2O = C_6H_{12}O_6$ (Hydration der Zellulose, Hexosenbildung);
2. $C_6H_{12}O_6 = 3\,CO_2 + 3\,CH_4$ (Methanbildung).

Angesichts der gewaltigen Mengen pflanzlicher Substanz, welche alljährlich in den Gewässern abgelagert und abgebaut werden und der großen Bedeutung, welche den dabei auftretenden Prozessen sowohl im Haushalt der Natur, als auch in der Praxis für die Beseitigung von Abfallstoffen des städtischen Lebens in Faulkammern (Emscherbrunnen) zukommt, wollen wir bei der Methangärung der Zellulose etwas länger verweilen und folgen dabei der Darstellung von Liebmann, in der auch die wichtigste, in den letzten Jahren sehr angewachsene Literatur über diesen Gegenstand nachgelesen werden kann.

Die Freisetzung von Methan, welche das letzte Glied in der Kette dieser Abbauvorgänge bildet, ist das Werk mehrerer Bakterienarten, von denen jedoch nur 4 rein gezüchtet und hinsichtlich ihrer Physiologie näher bekannt sind: *Methanosarcina methanica*, *Methanococcus Mazei*, *Methanobacterium Söhngenii* und *M. Omelianski*. Die erstgenannte Art ist in natürlichen Gewässern weitaus am häufigsten und auch deshalb für die Stoffwechselvorgänge in Seen von besonderer Bedeutung, weil sie auch bei niedrigen Temperaturen (um 5°) Methan zu bilden vermag, während die anderen nur bei höheren Wärmegraden wirksam sind. Alle Methanbakterien sind streng anaerob und gegen Spuren von O_2 außerordentlich empfindlich. Die Folge davon ist, daß sie nur in Biotopen gedeihen können, die vollkommen frei sind von O_2. Wie Liebmann am Lunzer Untersee nachgewiesen hat, ist in den obersten Lagen der Gyttja eine scharf ausgeprägte und vom O_2-Gehalt abhängige Organismenschichtung zu erkennen. Unter einer etwa 13 mm mächtigen, hauptsächlich von Protozoen bewohnten Schicht von Schwimmschlamm folgt eine nur 2 mm mächtige „Beggiatoa-Platte", wo das gleichzeitige Vorhandensein von H_2S und geringer Mengen von O_2 die Bedingungen für die Entwicklung von Schwefelbakterien (*Beggiatoa*) schaffen. Hier findet man noch keine Methanbakterien. Erst 5 mm tiefer, wo weder H_2S noch O_2 vorhanden sind, tritt in großen Mengen, alle anderen Organismen ausschaltend, *Methanosarcina* auf. — Die Methanbakterien sind nicht befähigt, hochmolekulare Verbindungen abzubauen. Sie benötigen Substanzen von niedrigem Molekulargewicht, wie Fettsäuren, Alkohole und Ketone. Zellulose u. dgl. muß daher vorerst durch andere Bakterien bis zu diesen Stufen abgebaut werden, bevor die Methangärung einzusetzen vermag. Es hat sich herausgestellt, daß sogar Kohlensäure bei Anwesenheit von Wasserstoff durch die Methanbakterien reduziert werden kann! — Die Methangärung erfolgt nur bei alkalischer Reaktion; daher bleibt in den saueren Biotopen, z. B. in den Mooren, die Zellulose erhalten.

Der Schlamm ist besonders in der Uferzone, wo große Zellulosemengen zersetzt werden, mit Gasblasen durchsetzt, die man durch Einstoßen des Ruders befreien, in einem Glaszylinder auffangen und anzünden kann. Besonders eindrucksvoll gestaltet sich dieser Nachweis, wenn man die mitunter sehr großen Blasen, die sich durch das Aufsteigen dieses Gases unter dem Eis des Sees sammeln, anbohrt und das ausströmende Methan entzündet. Es entstehen auf diese Weise mitunter Stichflammen von 1 m Höhe. — In den geschlossenen Emscherbrunnen der städtischen Abwasserreinigung bietet der Faulschlamm günstige Bedingungen für die Methangärung. Große Mengen eines brennbaren Gasgemisches von hohem Kaloriengehalt werden dort frei und können technisch verwertet werden; $^1/_8$ des gesamten Leuchtgasbedarfes der Stadt München stammt aus den Faulkammern!

Das Pektin spielt im Pflanzenreich eine wichtige Rolle als Kittsubstanz der Zellen. Es gibt mehrere aerobe und anaerobe Bakterienarten (z. B. *Bacillus amylobacter*), welchen die besondere Fähigkeit der „Pektingärung", d. h. der Auflösung und des Abbaues dieses Kohlehydrates, zukommt. Dieser Vorgang führt zur Mazeration der pflanzlichen Gewebe und findet beim „Rösten" des Flachses technische Anwendung.

Es ist eine bekannte Erscheinung, daß im Schlamm steckendes Holz nur wenig angegriffen wird. Dies dürfte darauf zurückzuführen sein, daß die Fähigkeit, Lignin abzubauen, vor allem aerobe Pilze (welche im Wasser nur ausnahmsweise vorkommen), nicht aber die Bakterien besitzen.

Stärke und Fett, die beiden wichtigsten Reservestoffe, werden von sehr zahlreichen Organismen gespalten. Die erstere wird durch diastatische Fermente in Zucker verwandelt und dem Stoffwechsel zugeführt. Fette zerfallen zunächst in Glyzerin und organische Säuren, deren weitere Verarbeitung wiederum Kohlensäure und Wasser ergibt.

Ein verhältnismäßig schwer angreifbarer Körper ist das Chitin, die Skelettsubstanz der Arthropoden, das mit den abgestreiften Hüllen (Exuvien) und Leichen der Krustazeen und Insektenlarven in großer Menge sedimentiert wird. Auch hier gibt es wiederum Spezialisten unter den Bakterien, welche diesen stickstoffhaltigen Körper zu spalten vermögen. Seit langem ist das aerobe *Bacterium chitinovorum* bekannt, unter dessen Einwirkung eine Verquellung und Auflösung des Chitins nur bei Anwesenheit von O_2 eintritt. In letzter Zeit sind aber durch Steiner auch anaerobe Chitinzerstörer bekannt geworden und diese sind es, welche den Abbau in den tieferen Schlammschichten vollziehen. Die einzelnen Chitinteile auch ein und derselben Tierart zeigen eine recht verschiedene Resistenz. Am leichtesten fallen die Schalen der Daphnien der Zerstörung anheim; man kann in frisch abgesetztem Sediment alle Stadien der Verquellung und Auflösung an ihnen verfolgen. Dasselbe gilt von der Chitinhülle der Copepoden. Besonders widerstandsfähig erweisen sich aber die Filterkämme, die Mandibeln und Abdomina der Cladoceren und vor allem die „Köpfe" (Rostra) von *Bosmina.* Man kann diese Bestandteile stets in großen Mengen im Schlamm beobachten.

Es sei nachdrücklich betont, daß dies nur einige Beispiele aus der unendlichen Vielfältigkeit der noch sehr mangelhaft bekannten bakteriellen Prozesse sind, die sich im Wasser abspielen; daß ferner an diesen Vorgängen nicht nur Bakterien, sondern auch Wasserpilze (z. B. Saprolegniaceen), Algen, Flagellaten,

Ciliaten und die höheren Tiere der Schlammbiozönose beteiligt sind, welche sich von den organischen Stoffen nähren, sie teils assimilieren, teils in ihren Exkreten als einfachere Verbindungen abscheiden.

Als Endprodukte dieser Mineralisation werden jene anorganischen Stoffe wieder frei, aus denen in der Nährschicht des Sees die organischen Substanzen aufgebaut worden waren, also hauptsächlich Kohlensäure, Ammoniumsalze, Phosphate, Schwefelwasserstoff und Wasser.

Aber nur bei Sauerstoff-Zutritt verläuft der Abbau bis zu den organischen Endstufen. Unter anaeroben Verhältnissen, also im Schlamm hochgradig eutropher, besonders aber meromiktischer Seen, ist der Ablauf ein anderer und in seinen Einzelheiten noch viel weniger bekannt. Durch den anaeroben Stoffwechsel der hier lebenden Organismen, welche den zu ihrem Aufbau nötigen Sauerstoff den organischen Verbindungen ihrer Umwelt entreißen müssen, wird ein hochgradig reduziertes Milieu geschaffen. Es entsteht ein übelriechender, durch die Anwesenheit von Eisensulfid tiefschwarz gefärbter Faulschlamm, die Heimat der aus Bakterien und farblosen Protisten bestehenden sapropelischen Lebewelt (LAUTERBORN). Der Abbau führt unter diesen Verhältnissen nicht zur vollständigen Mineralisation, sondern bleibt auf organischen Zwischenstufen (z. B. Methan, s. oben) stehen. Daß diese selbst geologische Epochen zu überdauern vermögen, beweisen uns die Sapropelite, die bituminösen Sedimentgesteine und nicht zuletzt das Erdöl. Aber auch bei gut belüfteten Seeböden sind die tieferen Schlammschichten sauerstofffrei; es kommt daher auch hier in gewissem Umfang zu einer Bildung von Faulschlamm, der die Gyttja durchsetzt. Diese Abhängigkeit der Sedimente von der biochemischen, insbesondere der O_2-Schichtung des Wassers, in dem sie entstanden sind, wird neuerdings auch in der Geologie berücksichtigt und hat unter Auswertung der limnologischen Forschungsergebnisse neue Gesichtspunkte erschlossen (vgl. WASMUND, H. SCHMIDT).

Die mineralischen Endglieder des Abbaues bedeuten aber keineswegs gleichzeitig einen Stillstand der Umsetzungen. Diese gehen vielmehr unter geeigneten Bedingungen weiter und lassen kaum eine der Substanzen unberührt. Über das Schicksal der Kohlensäure, die als solche oder als Bikarbonat aus dem Schlamm in die bodennahen Wasserschichten diffundiert und durch den Austausch dem Stoffhaushalt des Sees wieder zugeführt werden kann, wurde schon gesprochen. Ammonium bleibt nur im Inneren des Schlammes oder eines O_2-freien Hypolimnions als solches erhalten. Bei Sauerstoff-Zutritt, also an der Sediment-Oberfläche eines oligotrophen Sees, bzw. in Zeiten der Vollzirkulation auch im eutrophen See setzt wie im Ackerboden die Nitrifikation ein, bekanntlich eine der interessantesten Chemosynthesen in der Natur, bei der bestimmte Bakterien die Oxydationsenergie des Ammoniums für den Aufbau- und Betriebsstoffwechsel ihres Körpers ausnützen; sie können organische Substanzen nicht nur entbehren, sondern diese wirken z. T. sogar schädlich. Die Nitrit-Bakterien oxydieren Ammonium zu Nitrit nach der Formel:

$$(NH_4)_2CO_3 + 3\,O_2 = 2\,HNO_2 + CO_2 + 3\,H_2O + 148 \text{ Kalorien.}$$

Dann setzt sofort die Tätigkeit der Nitrat-Bakterien ein, welche die Oxydation zu Nitrat weiterführen:

$$2\,HNO_2 + O_2 = 2\,HNO_3 + 44 \text{ Kalorien.}$$

Die freiwerdende Energie wird zur Kohlenstoff-Assimilation (aus CO_2) verwendet, ein Prozeß, der — im Gegensatz zur Photosynthese der grünen Pflanzen — auch im Dunkeln verläuft. — Die Vorgänge der Nitratreduktion wurden schon auf S. 81 besprochen.

Einem ähnlichen, sehr merkwürdigen, wenn auch nicht in allen Punkten ganz aufgeklärten Prozeß verfällt der Schwefelwasserstoff durch die Lebenstätigkeit der schon früher erwähnten, farblosen und roten Schwefelbakterien. Er verläuft in zwei Phasen. Bei der ersten wird der Schwefelwasserstoff zu elementarem S oxydiert und dieser im Zell-Inneren in Form kleiner Tröpfchen abgelagert. Bei der zweiten wird dieser Schwefel zu Sulfat (das an das Wasser abgegeben wird) weiter oxydiert. Energetisch ergibt sich folgendes Bild:

$$\text{I. } 2\,H_2S + O_2 = 2\,H_2O + S_2 + 122 \text{ Kalorien;}$$
$$\text{II. } 2\,S + 3\,O_2 + 2\,H_2O = 2\,H_2SO_4 + 282 \text{ Kalorien.}$$

Das entstandene Sulfat wird wiederum in den Stoffumsatz einbezogen. Es wurde schon einmal gesagt (S. 83), daß der größte Teil des H_2S im Tiefenwasser mancher Seen der Sulfatreduktion entstammt. Diese spielt sich auch in den Sedimenten ab, und zwar gibt es eine erhebliche Anzahl von Bakterien (*Microspira desulfuricans* u. a.), welche sie auf verschiedenen Wegen bewirken können. Uns interessiert vor allem ein Vorgang, der mit der Zellulose-Gärung bzw. mit dem dabei entstehenden Methan in engstem Zusammenhang steht:

$$CaSO_4 + CH_4 = CaCO_3 + H_2S + H_2O.$$

So befindet sich der Schwefel in einem ständigen Kreislauf zwischen Oxydation und Reduktion.

Es wurde schon früher erwähnt, daß die Schwefelbakterien, insbesondere die roten, einer bestimmten, niedrigen O_2-Konzentration bedürfen, schon mit Rücksicht auf die Tatsache, daß der ebenso notwendige H_2S bei einem hohen Sauerstoffgehalt nicht beständig ist. Wir finden daher im oligotrophen See — bzw. im eutrophen zur Zeit der Umschichtungen — diese Organismen in den obersten Schichten des Schlammes, nicht aber im freien Wasser. Wenn im Verlauf der Stagnation der O_2-Gehalt des Tiefenwassers von unten her abnimmt, löst sich die Schwefelbakterien-Wolke vom Grunde los und steigt mit fortschreitendem Sauerstoffschwund immer weiter empor.

Das Redoxpotential der Sedimente

Überblicken wir noch einmal den Zustand, in dem sich das Sediment eines Sees infolge der oben grob skizzierten Umsetzungen befindet, so haben wir einen auf engem Raum zusammengedrängten Übergang von mehr oder weniger oxydierten Substanzen am Schlamm-Wasser-Kontakt zu stark reduzierten in den tieferen Schichten des Sedimentes vor uns. Dieses Gefälle des Reduktionszustandes ist eine Folge des oxydativen Abbaues organischer Stoffe, eines Vorganges, der auch nach völliger Aufzehrung des vorhandenen freien Sauerstoffs nicht stillsteht, sondern unter Bildung reduzierter Restsubstanzen weiter fortschreitet.

Es seien hier einige Worte über die Begriffe „Oxydation" und „Reduktion" eingeschaltet. Wir wissen, daß nicht nur die Aufnahme bzw. die Abgabe von Sauerstoff, sondern auch Veränderungen im Gehalt an Wasserstoffatomen (Hydrierung = Reduktion, Dehydrierung = Oxydation), ja auch die bloße Abgabe oder Aufnahme von Elektronen als Oxydations- bzw. Reduktionsprozesse aufzufassen sind. So bezeichnen wir die Umwandlung von zweiwertigem (Ferro-)Eisen in dreiwertiges (Ferri-)Eisen als Oxydation und den umgekehrten Vorgang als Reduktion, obwohl dabei weder Sauerstoff, noch Wasserstoff in Reaktion treten, sondern lediglich ein Elektron von dem zweiwertigen Atom abgegeben bzw. von dem dreiwertigen aufgenommen wird: $Fe^{++} \rightleftharpoons Fe^{+++} + \varepsilon$. Jede Abgabe eines Elektrons ist eine Oxydation, jede Aufnahme eines Elektrons ist eine Reduktion.

Wenn wir das Gemisch einer Substanz mit ihrem Reduktionsprodukt in Lösung vor uns haben (wobei der Vorgang Oxydation-Reduktion reversibel sein muß), so wird die reduzierte Phase das Bestreben haben, Elektronen abzugeben und in die oxydierte Phase überzugehen. Die Anwesenheit freier Elektronen verhindert jedoch durch das Auftreten großer elektrostatischer Gegenkräfte das Fortschreiten des Prozesses und deshalb können z. B. beliebige Mengen von Fe^{++} und Fe^{+++} unbeschränkt nebeneinander bestehen. Wenn wir jedoch die Elektronen mittels einer eingetauchten blanken Platinelektrode ableiten, so kommt der Prozeß der Umwandlung von Fe^{++} in Fe^{+++} in Gang und durch die Elektrode fließt ein Strom. Die in diesem System wirksame elektromotorische Kraft können wir mittels einer Kalomelelektrode potentiometrisch messen. Das so festgestellte, der Lösung zukommende Potential bezeichnet man als Oxydations-Reduktions-Potential (abgekürzt Red-Ox-Potential); es ist der Ausdruck der oxydierenden bzw. reduzierenden Kraft der Lösung. Diese Kraft ist abhängig von der Natur der gelösten Stoffe sowie von dem Verhältnis ihrer oxydierten bzw. reduzierten Anteile in der Lösung, nicht aber von deren absoluten Mengen. — Das Redoxpotential wird in hohem Grade vom p_H beeinflußt. Man korrigiert deshalb die gegen die Kalomel-Elektrode gemessenen Potentiale (E) auf einen bestimmten p_H-Wert. Ferner ist es vielfach üblich, als Nullwert für das Potential das Potential der Normal-H_2-Elektrode zu wählen, d. h. einer Elektrode von H_2-Gas von 1 Atm. Druck ($p_H = 0$)[1]). Ein Redoxsystem von einem bestimmten Potential (gegen die H_2-Elektrode) vermag ein anderes von niedrigerem Potential zu oxydieren bzw. eines von höherem Potential zu reduzieren (näheres vgl. MICHAELIS 1933).

Versuchen wir nun, diese Erkenntnisse auf den Zustand im Sediment eines Sees zu übertragen, so müssen wir von vornherein das Bestehen einer Schichtung des Redoxpotentials, im Sinn einer Abnahme von der (mit dem O_2-hältigen Wasser in Berührung stehenden) Sedimentoberfläche abwärts erwarten, denn wir finden hier Systeme oxydierter und reduzierter Substanzen, wie sie die Theorie für das Zustandekommen von Redoxpotentialen fordert. Allerdings sind nicht alle diese Systeme, nur chemisch betrachtet, ohne weiteres reversibel, sie werden es aber (wie oben an den Beispielen von NO_3—NO_2—NH_4 und SO_3—S—H_2S gezeigt wurde) unter dem Einfluß der Katalyse von Lebensvorgängen, und wir dürfen annehmen, daß in diesem Bereich die gleichen Gesetzmäßigkeiten herrschen, wie in rein chemischen Oxydations-Reduktionssystemen.

Diese Annahmen werden durch die eingehenden Untersuchungen MORTIMERS im English Lake District im vollen Umfang bestätigt. Mit Hilfe einer sinnreichen Apparatur (gebündelte Pt-Elektroden, welche die gleichzeitige Messung in zahlreichen Schlammhorizonten gestatten) wurden Redoxpotentiale sowohl in künstlich hergestellten Schlamm-Wasser-Systemen (bei Zutritt und bei Abschluß von O_2), als auch an natürlichen Sediment-Wasser-Kontakten mehrerer Seen gemessen und die Mikroschichtung des Redoxpotentials in diesem für den Stoffumsatz im See so bedeutungsvollen Grenzhorizont festgestellt. Unter Beschränkung auf die wesentlichsten Tatsachen seien die Ergebnisse dieser ersten umfassenden Untersuchung auf dem in Frage stehenden Gebiet im folgenden kurz mitgeteilt.

Am Wasserkontakt des Sedimentes in einem See, dessen Hypolimnion ausreichende Mengen von Sauerstoff enthält (also in einem oligotrophen See oder in einem eutrophen zur Zeit der Vollzirkulation), werden Redoxpotentiale ($E_7 = E$ bei p_H 7) von rund 0,6 Volt gemessen, also in der gleichen Höhe, wie auch im freien Wasser des Hypolimnions. Innerhalb des Sedimentes nimmt jedoch E_7 sehr

[1]) Häufig wird das Redoxpotential durch das Symbol r_H ausgedrückt. MICHAELIS sagt darüber: „Ein anderer Maßstab für das chemische Oxydations-Reduktionspotential ist der Druck (in Atmosphären), welchen gasförmiger Wasserstoff haben müßte, damit er in einer Pufferlösung von gleichem p_H wie das Redoxsystem, im Absorptionsgleichgewicht mit einer platinierten Platinelektrode, dasselbe Potential geben würde wie die indifferente Elektrode ohne Wasserstoffgas in Berührung mit dem Redoxsystem.“ — r_H ist der negative Logarithmus des Wasserstoffdruckes in Atmosphären.

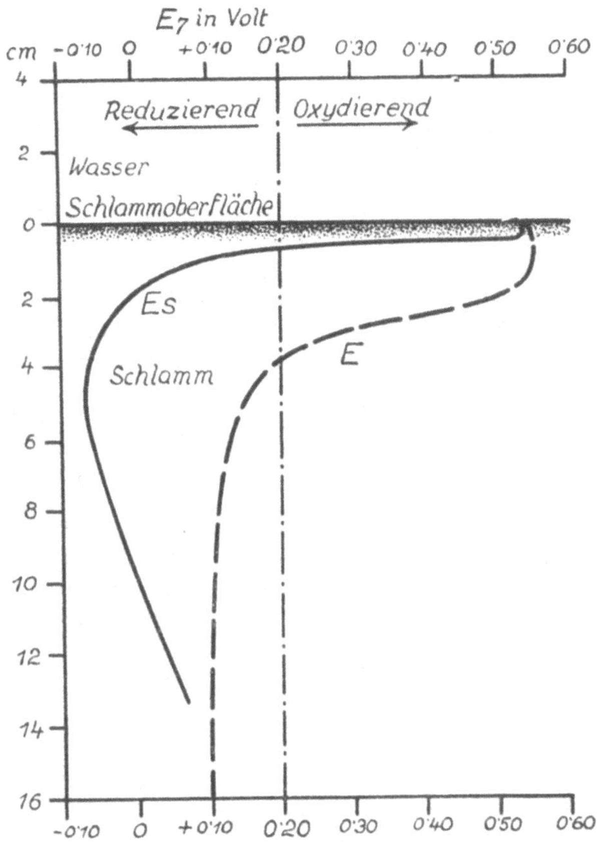

Abb. 44. Die Winter-Schichtung der Redoxpotentiale im Schlamm zweier nordenglischer Seen. *E* Ennerdale Water (oligotroph) und *Es* Esthwaite Water (eutroph) nach MORTIMER

rasch ab und erreicht in der Regel in einer Tiefe von 5 cm ein Minimum, dessen Betrag ein Ausdruck der reduzierenden Kraft des Schlammes und daher auch für den Produktionstypus des Sees kennzeichnend ist. In noch größeren Schlammtiefen kann das Redoxpotential wieder eine Zunahme aufweisen, ein Zeichen dafür, daß die Intensität des anaeroben Umsatzes schon abgenommen hat. Abb. 44 zeigt den Verlauf der E_7-Kurven im Sediment zweier Seen von sehr verschiedenem Trophiegrad zur Zeit der Vollzirkulation (Winter).

In diese Gefälle des Redoxpotentiales konnten nun die Bereiche von E_7 festgestellt werden, innerhalb deren sich die Oxydation-

Reduktion bestimmter, für den Stoffhaushalt wichtiger Systeme abspielt: NO_3—NO_2: 0,45—0,40; NO_2—NH_4: 0,40—0,35; Fe^{+++}—Fe^{++} (bzw. deren Komplexe): 0,30—0,20; SO_3—S: 0,10—0,06.

Sinkt der Sauerstoffgehalt des Wassers im Hypolimnion und damit auch seine Zufuhr in den Schlamm, so nimmt das Redoxpotential in den einzelnen Schichten ab und die Niveauflächen gleicher E_7 wandern aufwärts gegen die Sedimentoberfläche. Als besonders bedeutungsvoll für die Vorgänge am Schlamm-Wasser-Kontakt hat sich der für die Reduktion bzw. Oxydation des Eisens maßgebende Bereich um $E_7 = 0{,}2$ Volt erwiesen. Solange an der Sedimentoberfläche ein diesen Betrag übersteigendes Redoxpotential herrscht und die Kurve $E_7 = 0{,}2$ im Schlamm selbst verläuft, ist die Oberflächenschicht des Sedimentes von ausgefällten Ferri-Hydroxyd-Komplexen (an denen auch Humussäuren und Kieselsäure beteiligt sein können) durchsetzt und fällt durch ihre bräunliche Farbe auf. Diese oft mehrere Millimeter mächtige „Oxydationsschicht" wird bei fortschreitender Abnahme des Sauerstoffgehaltes von unten her abgebaut (durch die Reduktion von Fe^{+++}) und verschwindet, sobald $E_7 = 0{,}2$ Volt die Sedimentoberfläche erreicht. Von diesem Augenblick an treten im Tiefenwasser erhebliche Mengen von Fe^{++}, Mn^{++}, NH_4, P u. dgl. auf und es bildet sich, von unten nach oben fortschreitend, eine Schichtung der gelösten Stoffe gleich jener aus, die wir im Hypolimnion eutropher und meromiktischer Seen kennengelernt haben. Mortimer vertritt die Ansicht, daß die oben genannten Ionen im Eisen-Gel der Oxydationsschicht festgehalten worden waren (vgl. S. 185) und daher solange nicht ins Wasser herausdiffundieren konnten, als die Oxydationsschicht vorhanden war. Nach Zerstörung der Oxydationsschicht durch Reduktion werden diese festgehaltenen Ionen in Freiheit gesetzt und gleichzeitig die Blockierung des Diffusionsvorganges aufgehoben. Bei weiterem Fortschreiten des Sauerstoffschwundes erheben sich die Schichten von niedrigem E_7 ins freie Wasser und es entsteht im Hypolimnion eine Großschichtung der Reduktionspotentiale, ähnlich der, welche wir, auf engstem Raum zusammengedrängt, unter der Schlammoberfläche angetroffen haben.

Abb. 45 versucht diese Vorgänge nach Mortimers Untersuchungen im Esthwaite-Water zu veranschaulichen. Der Übersichtlichkeit halber wurde lediglich der Jahresverlauf der „kritischen" 0,2 Volt-Isoplethe eingetragen und durch einige kennzeichnende Zahlenwerte für die darüber und darunter liegenden Schichten ergänzt. Man sieht, daß diese Linie im Mai noch innerhalb des Schlammes verläuft, um Mitte Juni (nach dem Beginn der Stagnation) die Sedimentoberfläche erreicht und von da ab steil ins hypolimnische Wasser emportaucht.

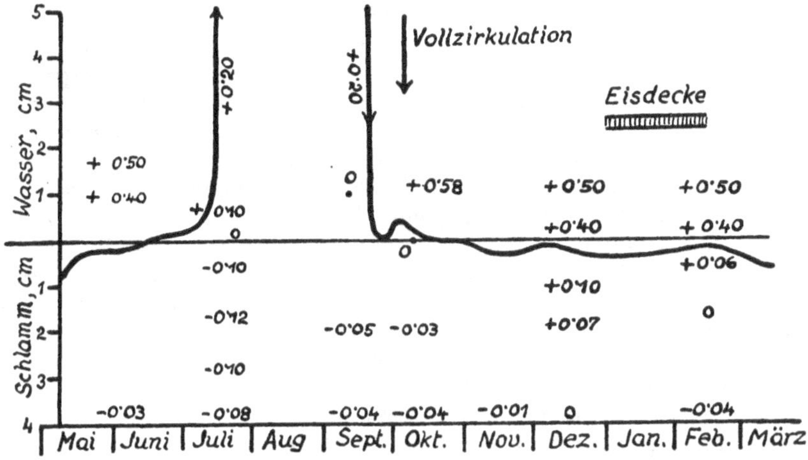

Abb. 45. Der Jahresgang des Redoxpotentials 0,2 Volt im Schlamm und in den bodennahen Wasserschichten des eutrophen Esthwaite-Water (Nordengland) nach MORTIMER

Während des Sommers herrschen an der Schlammoberfläche und in dem darüber stehenden Wasser Redoxpotentiale zwischen 0 und 0,1 Volt. Das ist jener Bereich, in dem Sulfatreduktion eintritt; unter diesen Verhältnissen kann daher im Wasser H_2S auftreten und im Schlamm verrät sich diese Zone (welche in unserem See während des Winters in einer Tiefe von 1—2 cm liegt) durch ihre Schwarzfärbung infolge der Bildung von Eisensulfid. Zur Zeit der Umschichtung um Ende September erscheint die 0,2 Volt-Isoplethe wieder an der Sedimentoberfläche und verläuft während des Winters mit geringen, durch Unterschiede in der Sauerstoffzufuhr bedingten Schwankungen knapp unterhalb derselben. In einem oligotrophen See verbleibt selbstverständlich das Potential von 0,2 Volt das ganze Jahr über innerhalb des Sedimentes.

Die Schlammfauna

Der oben geschilderte, in der Hauptsache durch die Stoffumsätze des bakteriellen Lebens geschaffene Zustand der Sedimente bedingt sehr wesentlich die Milieuverhältnisse, unter denen die benthale Tierwelt des Schlammes steht. Ein begrenzender Faktor erster Ordnung ist der Sauerstoffgehalt der bodennahen Wasserschichten. Das Innere des Schlammes ist, wie wir schon aus den Untersuchungen ALSTERBERGS wissen und wie weiterhin die Untersuchungen über die

Verteilung der Redoxpotentiale bewiesen haben, infolge der in den Sedimenten stattfindenden Oxydationsvorgänge und des behinderten Austausches frei von O_2. Die Folge ist ein steiles Diffusionsgefälle des gelösten Sauerstoffs in den der Schlammoberfläche zunächstliegenden Wasserschichten. Von der Menge der im Schlamm vorhandenen und zum Teil auch hinausdiffundierenden reduzierenden Substanzen und vom O_2-Gehalt des darüberstehenden Wassers bzw. vom Ausmaß des dort herrschenden Austausches hängt es ab, ob die obersten Schlammschichten noch „belüftet" sind oder ob der Sauerstoffschwund über die Sedimentoberfläche hinaus auch das freie Wasser erfaßt. Durch diese Umstände werden nicht nur die biochemischen Umsetzungen in den obersten Sedimentschichten in ganz verschiedene Bahnen gelenkt, sondern auch die Lebensbedingungen für die Tierwelt von Grund auf geändert. In den oligotrophen Seen mit sauerstoffreichem Tiefenwasser und geringeren Mengen reduzierender Substanzen im Sediment leben in und auf dem Schlamm (ohne die Protozoen) 100—200 Arten von Tieren. In dem eutrophen Furesee dagegen konnte Wesenberg-Lund lediglich 23 Arten feststellen. Verschwindet der O_2-Gehalt im Hypolimnion vollständig und sind überdies die bodennahen Wasserschichten im hohen Maße mit reduzierenden Stoffen (z. B. H_2S) beladen, so hört jede Möglichkeit der normalen Atmung auf und der Schlamm wird in bezug auf das höhere Tierleben vollkommen azoisch. Lediglich anaerobe Protisten finden hier eine Gedeihmöglichkeit und wenn höher organisierte Tiere diese Zone aufsuchen, so geschieht dies nur vorübergehend, wie z. B. durch die planktische Larve der Büschelmücke *Corethra*, die sich tagsüber oft in die obersten Schlammschichten einbohrt, nachts aber wieder ins Epilimnion emporsteigt (Kai Berg). Manche Arten werden schon bei verhältnismäßig hohen Sauerstoffgehalten ausgeschaltet; so tritt der in den oligotrophen Seen des Ostseegebietes häufige, zu den Spaltfüßlern gehörende Krebs *Mysis relicta* nach Thienemann nur bei O_2-Spannungen von mehr als 50% der Sättigung auf. Ganz besonders bemerkenswert ist der Einfluß des Sauerstoffgehaltes auf die Verteilung der Mückenlarven, welche der Zahl und Masse nach den wichtigsten Bestandteil der Lebensgemeinschaft des Schlammes bilden. Wie Thienemann gezeigt hat, kennzeichnet das Auftreten der Gattung *Tanytarsus* die Bodenfauna des sauerstoffreichen, oligotrophen Seetypus, das Fehlen von *Tanytarsus* und das Vorherrschen der Gattung *Chironomus* den sauerstoffarmen, eutrophen. Zwischen den beiden Extremen der *Tanytarsus*- und der *Chironomus*-Seen konnten weitere, durch das Auftreten ganz bestimmter Mückenlarven charakterisierte Typen festgestellt werden, z. B. jene der *Stictochironomus*- und der *Sergentia*-

Seen (vgl. hierzu das Buch von LENZ sowie zahlreiche andere Arbeiten des gleichen Autors). So gestattet die Untersuchung der Bodenfauna wichtige Rückschlüsse auf die Sauerstoffversorgung und den Produktionstypus eines Sees.

Das Profundal ist von einer abhängigen Lebensgemeinschaft bevölkert, d. h. die zur Nahrung dienenden organischen Substanzen werden nicht in diesem, sondern in anderen Biotopen erzeugt, z. B. in der trophogenen Schicht des Sees. Die Tiere sind daher, soweit es sich nicht um Räuber handelt, wie z. B. die Larven von *Tanypus*, auf die Ernährung durch den organischen Gehalt des Schlammes angewiesen und diese Art der Nahrungsaufnahme ist es auch, welche dieser Lebensgemeinschaft ihren Stempel aufdrückt. Ein Teil der Arten, wie die Hydracarinen, die Cyclopiden, das Turbellar *Otomesostomum* u. a. m. schwimmen oder laufen allerdings auf der Schlammoberfläche und unterscheiden sich in ihrer Lebensweise nicht wesentlich von den freilebenden Arten der Litoralregion. Die meisten Arten aber wühlen im Schlamm, wie z. B. die Ostracoden und Harpacticiden unter den Krebsen, die Tubificiden, Mermitiden und Nematoden unter den Würmern, die Chironomidenlarven und die kleine Muschel *Pisidium*. Sie sind zum Teil wahllose Schlammfresser, die große Mengen durch ihren Darm passieren lassen. Besonders die Tubificiden verursachen nach den Untersuchungen ALSTERBERGS eine ständige Umlagerung des Sedimentes; ihre Fäces-Ballen bilden zusammen mit jenen der Chironomiden einen charakteristischen Bestandteil, der besonders beim Sieben von Schlammproben augenfällig wird.

Das Leben in tieferen Schlammschichten (nach neueren Untersuchungen reicht das Tierleben im lockeren Sediment etwa 20 cm hinab) setzt jedoch eine Versorgung der atmenden Tiere mit O_2-hältigem Wasser voraus. Zahlreiche Formen bauen lange Röhren, deren Wandungen bei den Chironomiden mit Gespinst verfestigt sind, in denen das Tier durch seine schlängelnden Bewegungen einen Wasserstrom erzeugt und sich schnell auf und ab bewegen kann. Die Mündungen dieser Chironomiden-Röhren ragen gleich kleinen Schlöten über die Schlammoberfläche empor. Die Tubificiden strecken ihr Hinterende aus der Wohnröhre heraus und fördern die Atmung durch lebhafte Schlängelbewegungen. Ein besonders eindrucksvoller Fall dieser Art der Versorgung mit Atemwasser sind die Wohnröhren der allerdings nicht im Schweb, sondern im Uferbankschlamm lebenden stattlichen Larven von *Ephemera*. Das an eine Maulwurfsgrille erinnernde Tier gräbt U-förmige, senkrecht stehende Röhren, deren beide Mündungen bei ruhigem Wasser auch aus größerer Entfernung deutlich zu sehen sind und in denen es durch die Bewegung der rückenständigen Kiemen einen lebhaften Wasserstrom erzeugt.

Eine weitere Umweltbedingung, welche die Zusammensetzung der Lebensgemeinschaft im eigentlichen Profundal gestaltet, ist die gleichbleibend tiefe Temperatur. Die jährlichen Temperaturschwankungen sind hier äußerst gering (vgl. S. 32) und dadurch wird dieser Biotop zu einem idealen Aufenthalt für kalt-stenotherme Organismen. Aber nur ein Teil seiner Bewohner ist wirklich streng oligotherm; viele können auch bei höheren Temperaturen gedeihen und sind als eurytherm zu bezeichnen. Oligotherm ist eine tiergeographisch interessante Gruppe von Arten, welche während des arktischen Klimas der Eiszeit in unserem Gebiet eine große Verbreitung besaßen, beim Rückzug der Gletscher aber gezwungen waren, bestimmte Refugien mit konstant tiefer Temperatur aufzusuchen, die sogenannten Glazial-Relikte. Dazu gehören, wie vor allem SVEN EKMAN nachgewiesen hat, als Relikte der eiszeitlichen Ostsee in deren ausgesüßten Randseen die Krebse *Mysis relicta* und *Pontoporeia affinis*; in unseren Alpenseen gelten als Glazialrelikte z. B. Muschelkrebse aus der Familie der Cytheriden, einige Turbellarien und Milben.

Geschichtete Sedimente

In einem See mit ungestörter Sedimentation, in dem die Ablagerungen in jener Reihenfolge, in der sie abgesetzt wurden, verbleiben und nicht durch die Tätigkeit von schlammbewohnenden Tieren vermengt werden, ist eine Schichtung der Sedimente zu erwarten, da ja die Zusammensetzung der zum Absatz gelangenden organischen und anorganischen Sinkstoffe mit der Jahreszeit wechselt. Diese Bedingungen sind insbesondere in solchen Seen gegeben, in denen ein O_2-Schwund des Tiefenwassers die Entwicklung einer höheren Bodenfauna nicht zuläßt und wo andererseits die Faulschlammbildung noch nicht so weit vorgeschritten ist, daß die Schichtungen durch die Entstehung von Gasblasen (Methan) zerstört werden könnten.

Das klassische Beispiel einer solchen, schön ausgeprägten Jahresschichtung bietet der Zürichsee (Schweiz), wo diese Verhältnisse durch NIPKOW entdeckt und untersucht wurden. Das bemerkenswerte an diesem Beispiel ist, daß man den Zeitpunkt bestimmen konnte, in dem die Bedingungen für eine Schichtung des Sedimentes eingetreten sind: diese setzte mit der beginnenden Eutrophierung des Sees (infolge der dichten Besiedlung seiner Ufer) um das Jahr 1896 ein und war durch das sowohl historisch belegte, als auch in der entsprechenden Sedimentschicht mikroskopisch nachweisbare erste Massenauftreten der Diatomee *Tabellaria fenestrata* gekennzeichnet. Vorher war im Zürichsee eine ungeschichtete, hellgraue, vorwiegend anorganische Gyttja sedimentiert worden, wie sie für die oligotrophen Alpenseen charakteristisch ist. Von 1896 ab traten jedoch O_2-Schwund und Faulschlammbildung ein, die Tiefenfauna verschwand und die Sedimentation zeigt eine (von gelegentlichen „Katastrophen“, d. h. Uferrutschungen unterbrochene) Jahresschichtung. Diese Schichten bestehen aus einem durch mineralische Beimengungen hellgefärbten Sommer-Anteil und einen vorwiegend organischen (aus der winterlichen Massenentfaltung von *Oscillatoria rubescens* stammenden), durch FeS schwarz gefärbten Winter-Anteil. NIPKOW hat alle diese Schichten auf ihren Organismengehalt untersucht und genau datiert

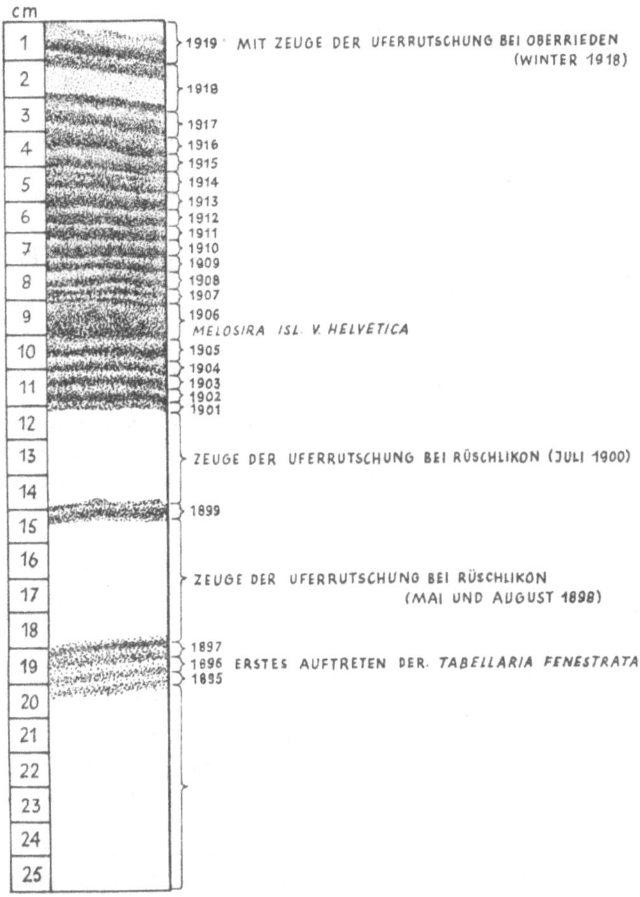

Abb. 46. Geschichtetes Sediment aus dem Zürichsee nach Nipkow aus Minder

(Abb. 46; vgl. auch Minder 1943). Die Feinstruktur solcher Schichtungen hat später insbesondere Perfiliev an russischen Seen studiert.

Aber auch ohne das Bestehen sichtbarer Schichtungen kann die stratigraphische Untersuchung von Seesedimenten zu wertvollen Aufschlüssen über die geschichtliche Entwicklung unserer Seen führen. Dies haben schon Lundquists Arbeiten über die Sedimente der schwedischen und die nach den Methoden der Moorstratigraphie und Pollenanalyse durchgeführten Studien von Gams an den Lunzer Seen gezeigt. Bei allen diesen Arbeiten ergab sich übereinstimmend, daß viele Seen aus dem anfänglichen Zustand der Oligotrophie durch Verlandung, Auffüllung mit Sedimenten und verstärkte Nährstoffzufuhr eine allmähliche Entwicklung zur Eutrophie durchlaufen haben. Zu dem gleichen Ergebnis führten neuerdings eingehende Untersuchungen von DEEVEY am Linsley Pond (Connecticut, U.S.A.) auf Grund von Bohrungen. Die nach ihrem Pollengehalt datierten Schichten ließen auf Grund der Mikrofossilien die Entwicklung von einem Tanytarsus-See in einen Chironomus-See erkennen und gestatten auch sonst interessante Rückschlüsse auf die phys.-chem. Verhältnisse dieses Gewässers in früheren Epochen.

Der Austausch zwischen Sediment und freiem Wasser

Wir wollen das Kapitel über die Schlamm-Biozönosen nicht abschließen, ohne einen Rückblick auf die sehr interessanten, aber der Erforschung nicht leicht zugänglichen Beziehungen zwischen den Sedimenten und dem freien Wasser eines Sees geworfen zu haben. Es bot sich im Verlauf unserer Darstellung schon mehrfach die Gelegenheit, auf das Bestehen solcher Beziehungen hinzuweisen und es kann nicht geleugnet werden, daß diese Wechselbeziehungen für den Stoffhaushalt der Gewässer von großer Bedeutung sind. So hat sich in neuerer Zeit das Interesse der Limnologen weitgehend diesen Fragen zugewendet und es liegt darüber eine größere Anzahl von Arbeiten vor, von denen hier nur jene von ALSTERBERG und von HUTCHINSON genannt seien. Es geht dabei hauptsächlich um die Frage, inwieweit die Veränderungen und die Verteilung der gelösten Stoffe im freien Wasser eines Sees, welche wir unter der Bezeichnung „biochemische Schichtung" zusammenfassen, durch die Vorgänge am Schlammkontakt beeinflußt werden, oder mit anderen Worten, in welchem Ausmaß der Abbau der absinkenden organischen Stoffe im freien Wasser einerseits und die Umsätze im Schlamm andererseits an dem Zustandekommen dieser Schichtungen beteiligt sind.

Hätten wir einen See vor uns, dessen Sediment zur Gänze der eigenen organischen Produktion entstammte, also autochthon wäre, außerdem eine genügende Zufuhr von O_2 aufwiese, und in dem ferner die Abbauprodukte des Stoffumsatzes im Sediment restlos ins freie Wasser zurückkehrten, so würde diese Frage produktionsbiologisch von untergeordneter Bedeutung sein. Mag in einem solchen Fall der größere Anteil der produzierten organischen Substanz schon im freien Wasser oder erst nach erfolgter Sedimentierung an der Oberfläche des Schlammes abgebaut werden, die im Hypolimnion auftretenden Veränderungen des Stoffbestandes würden doch dem Ausmaß der gesamten Produktion entsprechen. Dabei wäre nur die zeitliche Verschiebung zu berücksichtigen, welche dadurch entsteht, daß der Abbau schwer zersetzbarer organischer Bestandteile im tieftemperierten Sediment unserer Seen verzögert wird (vgl. demgegenüber die Verhältnisse in tropischen Seen S. 71).

Solchen Verhältnissen könnten wir vereinzelt in oligotrophen Seen begegnen. Aber gerade in diesen (wie z. B. in Gebirgsseen) wird in den meisten Fällen die Zufuhr von allochthonem Material ins Sediment durch die Zuflüsse eine erhebliche Rolle spielen. Die durch die Umsetzungen im Sediment verursachten Veränderungen werden daher nicht nur durch die Mineralisierung der Eigenproduktion des Sees, sondern auch durch den Abbau der allochthonen organischen Sedimente verursacht sein. Weitere Komplikationen ergeben sich in eutrophen Seen, deren Hypolimnion während der Stagnationsperioden einen mehr oder weniger vollständigen Sauerstoffschwund aufweist. Bei den hier herrschenden anaeroben Umsetzungen kommt es bekanntlich nicht zur vollständigen Mineralisierung, es verbleiben organische Restsubstanzen (vgl. S. 171), deren Menge nur annähernd geschätzt werden kann. Tritt im Tiefenwasser solcher Seen in größerer Menge Eisen auf, so werden die auf S. 82 geschilderten Vorgänge wirksam, welche dazu führen, daß dieses Element und mit ihm das Phosphat im Wechsel von Reduktion und oxydativer Ausfällung dauernd gespeichert und dem Stoffwechsel des Sees entzogen wird, so daß der weitaus größere Teil des im Hypolimnion gelösten Fe und P nicht der laufenden Produktion, sondern den innerhalb vieler Jahre im Sediment gespeicherten Mengen entstammt.

Unter diesen Umständen ist es für das Verständnis des Stoffhaushaltes eines Sees wichtig, den Anteil, welcher den vom Sediment ausgehenden Einflüssen am Entstehen der biochemischen Schichtungen zukommt, zu kennen, ein Ziel, von dem die Forschung derzeit noch weit entfernt ist, zumal die einzelnen Seen in dieser Hinsicht sehr große und von vielen Faktoren abhängige Unterschiede aufweisen. Wir müssen uns somit darauf beschränken, die hauptsächlichsten Grundlagen, auf denen die Wechselwirkung von Sediment und freiem Wasser beruht, sowie die Wege, auf denen die dadurch bedingten Veränderungen der Wassermasse des Sees mitgeteilt werden können, kurz zu besprechen.

Wie die Vegetationsböden auf dem Lande, so sind auch die Sedimente unserer Seen überaus komplexe Systeme von kristalloiden Mineralbestandteilen der verschiedensten Korngrößen, anorganischen und organischen Kolloiden sowie lebenden Organismen. Es ist nur in Ausnahmefällen möglich, die Rolle, welche den einzelnen Komponenten zukommt, zu erkennen; wir sehen meist nur die Ergebnisse des Stoffumsatzes, der dem System als Ganzes zukommt. Die Zersetzung der organischen Substanzen im Inneren des Sedimentes führt zu einer Anhäufung von Abbauprodukten, welche nur auf dem Wege der Diffusion abgeleitet werden können. Es entsteht ein Diffusionsgefälle gegen die Schlammoberfläche, über das CO_2, NH_4, P, Fe, Mn usw. in das Wasser am Schlammkontakt gelangen.

Ein zweiter Diffusionsstrom verläuft in entgegengesetzter Richtung, vom Wasser gegen den Schlamm, denn es werden durch das Sediment dem Wasser auch Stoffe entzogen. Dieser Entzug erfolgt teils durch die chemische Bindung wie z. B. des Sauerstoffes und durch Austausch von Ionen in den zeolithartigen Bestandteilen (Permutiten) des Sedimentes, oder aber durch Adsorption.

Unter Adsorption versteht man bekanntlich die Aufnahme oder besser gesagt Verdichtung von gelösten Stoffen (oder Gasen) an der Oberfläche eines Körpers. Dabei besteht zwischen der adsorbierten und der in der Lösung verbleibenden Substanzmenge ein durch die sogenannte „Adsorptionsisotherme“ festgelegtes Gleichgewicht, welches auch durch die Formel: $\frac{Ca^n}{C_d} = k$ ausgedrückt werden kann (C_a = die adsorbierte, C_d = die in Lösung verbleibende Menge, k und n = von Fall zu Fall wechselnde Konstanten). Aus dieser Beziehung ergeben sich wesentliche Unterschiede gegenüber Vorgängen, die auf chemischer Bindung beruhen. Während für die letzteren nur das stöchiometrische Verhältnis der beiden Partner maßgebend und die entstehende Verbindung nicht reversibel ist, wird die adsorbierte Substanzmenge lediglich durch das oben angeführte Gleichgewicht gegenüber dem in Lösung verbleibenden Anteil bestimmt und der Vorgang ist daher auch reversibel, d. h. bei Abnahme der Konzentration in der Lösung nimmt auch die adsorbierte Menge ab. Daher können aus Lösungen adsorbierte Stoffe durch Behandlung mit reinem Wasser vollständig ausgewaschen werden.

Die Zahl der Substanzen, welche im Sediment der Seen als Adsorbentia in Betracht kommen, ist sehr groß. Außer fein verteilten kristalloiden Körpern, unter denen die tonigen Bestandteile die Hauptrolle spielen, sind es vor allem die anorganischen und organischen Kolloide: Ferrihydroxyd- und Kieselsäuregele, Humuskolloide, die vielgestaltigen anorganischen und organischen Komplexe und schließlich die Oberflächen und Hüllen lebender und abgestorbener Organismen. Die Wirkung dieser einzelnen Adsorbentia im Sediment zu trennen, ist im allgemeinen kaum möglich. Auf die Bedeutung der Kolloidgele als Nährstoffregulatoren in den Seen hat insbesondere Ohle hingewiesen. Außerdem liegt über die Rolle des Ferrihydroxyds eine Untersuchung von Einsele vor, über welche — gleichzeitig als Beispiel für das prinzipiell verschiedene Verhalten von chemischer

Bindung und Adsorption und deren Auswirkungen im Stoffhaushalt eines Sees — hier kurz berichtet sei:

Wird einem Wasser, das gleichzeitig Ferro- und Phosphat-Ionen enthält, Sauerstoff zugeführt, so entsteht eine Fällung. Entspricht das Verhältnis der beiden Ionen in der Lösung genau dem stöchiometrischen Verhältnis von Fe : P = 1 : 0,55 im Ferriphosphat-Molekül, so besteht der Niederschlag ausschließlich aus Ferriphosphat und die darüber stehende Lösung ist praktisch frei von Fe und P. Waren, wie es in Seen in der Regel der Fall ist, Ferro-Ionen im Überschuß vorhanden, so fällt außerdem die entsprechende Menge von Ferrihydroxyd aus und der Niederschlag besteht aus einem Gemenge beider Verbindungen. Die Menge und Zusammensetzung dieser chemischen Verbindungen bleibt unbeeinflußt, wie immer sich der Mineralbestand des darüberstehenden Wassers gestalten mag. Erst wenn es bei eingetretenem O_2-Schwund zur Reduktion kommt, werden die Ferro- und Phosphat-Ionen wieder frei. Da sich aber in der nächsten Zirkulationsperiode die Fällung wiederholt, bleiben beide Elemente der Produktionsschicht dauernd entzogen. (S. 82f.)

Wenn wir jedoch gefälltes Ferrihydroxydgel in einem Wasser, das Phosphat enthält, suspendieren, so tritt ebenfalls eine Abnahme des P-Gehaltes in der Lösung ein, aber diesmal nicht durch chemische Bindung, sondern durch Adsorption an dem Ferrihydroxydgel. Entsprechend dem oben besprochenen Gleichgewicht, bleibt ein Teil des Phosphates in Lösung und wir können auch den adsorbierten Anteil durch Auswaschen mit P-freiem Wasser wieder vollständig in Lösung bringen. Dieser Vorgang wird für den Stoffhaushalt der Seen dort bedeutsam, wo die Sedimentoberfläche dauernd mit O_2-hältigem Wasser in Kontakt ist, also in den oligotrophen Seen. Hier wird das beim Abbau der Eiweißstoffe frei werdende Phosphat von der die Sedimentoberfläche fast immer überziehenden Ferrihydroxydhaut adsorbiert. Beim Eintritt der Vollzirkulation wird dieses adsorbierte Phosphat im Konvektionsstrom des phosphatarmen Wassers wieder ausgewaschen und kehrt in die Produktion des Sees zurück.

Ähnlich wie im Eisenkreislauf sind vermutlich auch bei der Bildung und Wirkungsweise anderer Gele chemische Bindungen und Adsorption sowie Übergänge zwischen beiden miteinander verknüpft und es ist eine Aufgabe künftiger Forschungen, diese verwickelten Verhältnisse allmählich zu klären.

Es bleibt nun noch die Frage zu erörtern, in welcher Weise die am Schlammkontakt entstandenen Veränderungen in der Zusammensetzung der Lösung transportiert werden und die Schichtungen in der freien Wassermasse des Sees beeinflussen können. Daß dabei die molekulare Diffusion eine nur ganz untergeordnete Rolle spielen kann, wurde schon durch ALSTERBERGS Berechnungen der Langsamkeit dieses Vorganges eindrucksvoll demonstriert. Der Transport kann also nur durch Wasserbewegungen erfolgen. Bei flachen Gewässern oder beim Epilimnion tieferer Seen bedarf diese Frage keiner besonderen Diskussion. Die durch den Wind ausgelösten Strömungen und der dadurch bewirkte Austausch sorgen für einen raschen Abtransport der an der Schlammoberfläche frei werdenden Abbauprodukte und führen diese sofort wieder der Produktion in der trophogenen Schicht zu. Das Meta- und Hypolimnion ist jedoch der unmittelbaren Einwirkung des Windes entzogen und durch die Dichteschichtung der Austausch in vertikaler Richtung sehr gehemmt. Sind nun auch hier, insbesondere am Schlammkontakt, Wasserbewegungen wirksam, um einen Stofftransport von erheblichem Ausmaß zu ermöglichen? Großräumige Wasserbewegungen gerade in diesen Schichten werden durch die internen Seiches (S. 44) verursacht, auf deren Bedeutung als Ursachen des vertikalen Austausches neuerdings MORTIMER hingewiesen hat. Aber der Schlammkontakt selbst ist der Sitz von Vorgängen, welche zu Wasserbewegungen führen. Zunächst stimmt die Temperatur des Schlammes und des Wassers, wie wir aus den Untersuchungen von BIRGE wissen, kaum je vollkommen überein. Der Schlamm ist im Sommer kälter, im Winter wärmer als das darüber stehende Wasser. Diese Temperaturunterschiede müssen zu Konvektionsströmungen des Wassers am Schlammkontakt führen, welche, so unbedeutend sie auch sein mögen, im Laufe der Zeit zu nicht unerheblichen Stofftransporten führen können. Eine weitere, nicht zu unterschätzende Quelle von Strömungserscheinungen sind die Bewegungen der Organismen, und zwar nicht nur der großen, wie der Fische, sondern auch der Kleinfauna des Schlammes und der darüber stehenden Wasserschichten, deren geringe Größe durch ihre Zahl und Aktivität reichlich aufgewogen wird: da sind die Tubificiden, deren schlängelnde Bewegungen einen lebhaften Austausch in den bodennahen Schichten bewirken, die Chironomiden, welche, in ihren Wohnröhren sitzend, das gleiche tun, das Heer der kriechenden und schwimmenden Organismen aller Größenordnungen bis herab zu den Bakterien, deren Bewegungsenergie nach den Gesetzen des Rückstoßes stets eine entsprechende Bewegung des Wassers verursachen muß. Wenn man bedenkt, daß die Zahl der schwimmenden Mikroorganismen, der Ciliaten, Flagellaten und Bakterien in die Tausende, Zehntausende, ja Hunderttausende in 1 ccm geht, wird man verstehen, von welch großer Bedeutung ihre Bewegungen für den Austausch sein können.

In welcher Richtung werden sich aber diese vom Schlammkontakt ausgehenden Bewegungen fortpflanzen, wird der Austausch der Stoffe erfolgen? Wenn eine Bewegung in einer hinsichtlich der Dichte geschichteten Wassermasse (wie dies im Metalimnion und zumindest im oberen Teil des Hypolimnions stets der Fall ist) ausgelöst wird, so begegnet ihre Ausbreitung in den einzelnen Richtungen verschiedenen Widerständen. Am größten ist der Widerstand im Schichtungsgefälle, also in vertikaler Richtung, am geringsten innerhalb der Schichtflächen, also in horizontaler Richtung. Deshalb wird jede Bewegung, wie immer sie orientiert sein mag, schließlich in die Richtung des geringsten Widerstandes, also in die Horizontale, abgelenkt werden. Was für die Versetzung größerer Wassermassen zutrifft, gilt auch für den turbulenten Austausch, der nur zum kleineren Teil in vertikaler Richtung, in der Hauptsache jedoch innerhalb der gleichtemperierten Schichten wirksam werden wird. Auf diese Weise erfolgt auch der Stofftransport von den Wandungen des Seebeckens ins freie Wasser, solange eine Temperaturschichtung besteht, vorwiegend horizontal. Dies kann auch durch direkte Beobachtungen bestätigt werden, so an der Einschichtung lokaler Verunreinigungen in Form von weit in den See hinausreichenden, auf eine bestimmte Tiefe beschränkten „Platten" oder bei der Untersuchung metalimnischer O_2-Maxima bzw. -Minima (S. 72).

Herrschen in der Wassermasse gleiche Dichteverhältnisse (wie dies im unteren Hypolimnion tiefer Seen annähernd zutrifft), so fällt die oben beschriebene horizontalisierende Wirkung fort und der Austausch, mag er nun durch interne Seiches oder andere Ursachen ausgelöst sein, kann sich ungehindert auch in vertikaler Richtung fortpflanzen.

Die Richtung des Stofftransportes vom Sediment ins freie Wasser wird also durch die Temperatur- bzw. die Dichteverteilung bestimmt. Für das Ausmaß der Beeinflussung der biochemischen Schichtung im See durch diesen Transport ist jedoch weitgehend die Morphologie bzw. das Profil des Seebeckens ausschlaggebend, Beziehungen, die schon von Alsterberg an der Hand der Sauerstoffschichtung eingehend untersucht und neuerdings von Hutchinson durch exakte Untersuchungen der Verteilung verschiedener Eigenschaften nachgewiesen wurden. Der Einfluß der Sedimente wird um so größer sein, je kleiner der See bzw. je größer seine Sedimentoberfläche im Verhältnis zum Wasservolumen ist. Ebenso werden flache Zonen des Wannenprofiles wegen des ausgedehnteren Schlammkontaktes von stärkerer Wirkung auf die biochemische Schichtung sein als steile, und in tiefen Seen mit sehr steil abfallenden Wandungen, wie z. B. in manchen Gebirgs- und Kraterseen wird die Wirkung der im

Sediment stattfindenden Umsetzungen auf die Verhältnisse im freien Wasser sehr zurücktreten, dies kann schon aus der Sauerstoffkurve unserer großen, oligotrophen Seen abgelesen werden. Dagegen ist in kleinen oligotrophen Seen der Einfluß des Bodenprofiles auf die O_2-Kurve deutlich zu erkennen, wie schon auf S. 74 dargelegt wurde.

III. Einiges über die Lebensgemeinschaft der Moore

In den Rahmen unserer Skizze der ökologischen Verhältnisse stehender Binnengewässer ist eine Gruppe von hydrischen Biotopen nicht ohne weiteres einzufügen, die der Moore. Sie unterscheiden sich durch ihre Physiognomie, durch die Zusammensetzung ihrer Lebensgemeinschaft und durch die physikalisch-chemischen Eigenschaften des Biotopes so wesentlich von den anderen Gewässertypen und sind in ihrem Gepräge über die ganze Erde so einheitlich, daß wir ihnen eine gesonderte — wenn auch nur ganz kurze und auf die Hauptmerkmale beschränkte — Betrachtung widmen müssen.

Die Eigenart dieser Lebensgemeinschaft werden wir uns am besten vergegenwärtigen, wenn wir, als ein übersichtliches Beispiel eines ursprünglichen Moorbiotopes, etwa ein kleines, vom Wald umschlossenes Hochmoor näher betrachten. Von weitem gesehen, präsentiert es sich als eine Lichtung im Wald, näher betrachtet als ein uhrglasförmig aufgewölbter Teil des Waldbodens, der aber nicht aus anstehendem Erdreich, sondern ausschließlich aus Torf besteht, also aus Pflanzensubstanz, die sich im ersten Stadium des Kohlungs-Prozesses befindet. Dieser Torf ist mit Wasser gesättigt und verleiht dem Hochmoor die Eigenschaften eines riesigen, vollgesogenen Schwammes. Die Aufwölbung wird von einer sumpfigen Senke umzogen, dem sogenannten Lagg.

Das ganze Gebilde ist durch eine höchst eigenartige, konzentrische Anordnung von Vegetationszonen gekennzeichnet. Der durch den Lagg vordringende Fichtenwald nimmt rasch an Höhe ab und seine an den Rand des Moores vordringenden Pioniere sind verkümmerte Bäumchen von äußerst langsamem Wuchs. Exemplare von kaum $^1/_2$ m Höhe und Daumendicke erweisen sich bei Zählung der Jahresringe als hundertjährig! An diese „Kampfzone" des Waldes schließt sich ein Gürtel von Krummholzföhren, die auch hier, wie im Hochgebirge, die Fichte ablösen. Darüber hinaus dringen gegen das Moor die Zwergsträucher der Ericaceen vor (Heidelbeere, Preiselbeere, Rauschbeere, Moosbeere, Rosmarinheide und — besonders in Norddeutschland — Sumpfporst). Die meist abgeflachte Mitte des Ganzen nimmt die freie Moorfläche ein. Sie wird zum größten Teil von den brotlaibförmigen, oft zusammenfließenden „Bülten" von Torfmoosen eingenommen (und zwar sind es ganz bestimmte *Sphagnum*-Arten, die als Hochmoorbildner bekannt sind). Zwischen diesen Bülten liegt ein Netz von kleinen, seichten Tümpeln, den „Schlenken". Die ganze Moorfläche ist sumpfig und schwer betretbar; an Stellen, wo ihre Decke gerissen ist, bilden sich auch tiefere Wasseransammlungen, die „Blänken". Verhältnismäßig wenige Arten von Gefäßpflanzen, diese aber in allen Mooren regelmäßig wiederkehrend, dringen, lockere Bestände bildend, in das Torfmoos ein: einige *Carex*-Arten (*C. limosa*, *C. pauciflora*), Wollgräser (*Eriophorum*, *Trichophorum*), die für diesen Biotop besonders charakteristische Blasenbinse (*Scheuchzeria palustris*), der Bärlapp *Lycopodium inundatum* und an trockeneren Stellen, die zierlichen Rosetten des „Insektenfressers" Sonnentau (*Drosera*). In den Bülten wachsen bestimmte Lebermoose (z. B. *Cephalozia fluitans*), welche die Sphagnen durch Umspinnung stellenweise abtöten und durch die so entstehenden Narben der Decke die Schlenkenbildung fördern.

In chemischer Hinsicht sind die Moorgewässer (die Schlenken, Blänken und im Moor eingebettete Seen) vor allem durch folgende drei Merkmale gekennzeichnet: 1. Eine außerordentliche Armut an gelösten Elektrolyten, vor allem an Kalk. Die Gesamtkonzentration entspricht ungefähr jener des Regenwassers und beträgt kaum ein Zehntel der in normalen, von Quellen gespeisten Gewässern auftretenden. 2. Eine stark saure Reaktion: die p_H-Werte liegen auf Hochmooren meist zwischen 3,5 und 4,5 bzw. zwischen 5 und 6 in Flachmooren. 3. Ein hoher Gehalt an Humusstoffen, der dem Wasser oft schon in Schichten von mäßiger Dicke eine gelbe bis bräunliche Farbe verleiht. Dazu kommen, besonders in den Schlenken und Blänken, starke Einwirkungen des Untergrundes, der ja ausschließlich aus organischem Material besteht. Im Torf finden lebhafte Zersetzungsvorgänge statt, bei denen viel CO_2 entweicht. Deshalb sind diese seichten Tümpel auch bei intensiver Assimilation ihrer Mikroflora stets im hohen Grade mit Kohlensäure übersättigt. Außerdem werden reduzierende Substanzen an das Wasser abgegeben, die eine O_2-Zehrung bedingen. Wir finden daher in Schlenken, die nur 10 cm tief sind, sehr stark ausgeprägte Schichtungen von CO_2 und O_2, die unter dem Einfluß der täglichen Temperaturschwankungen einem raschen Wechsel unterworfen sind.

Die mikroskopische Lebewelt dieser hydrischen Moorbiotope, welche insbesondere die seichten Schlenken oft mit einem graugrünen Brei erfüllt, ist womöglich noch charakteristischer als die sie umgebende Makrophytenvegetation. Ihr Gepräge ist überall, wo Moore auftreten, sowohl in der Arktis und in den gemäßigten Zonen, als auch in der Gebirgsregion der Tropen, so einheitlich, daß ein flüchtiger Blick ins Mikroskop genügt, um die ökologische Zugehörigkeit einer Probe zu diesen Biotopen zu erkennen. Die Mikroflora der Schlenken ist in erster Linie gekennzeichnet durch das unbedingte Vorherrschen der an schönen Formen so reichen Gruppen der Desmidiaceen und Mesotaeniaceen, die in Hunderten von vielgestaltigen Arten ein Moorgewässer bevölkern können und durch einige wenige, aber stets und oft in großen Mengen vorhandene Blaualgen (*Chroococcus turgidus, Stigonema, Hapalosiphon* u. a. m.). Auch die übrigen Algengruppen entsenden meist verhältnismäßig wenige, aber vielfach charakteristische Vertreter in die Moorflora. So die Chrysomonaden und Heterokonten (z. B. *Chlorobotrys*), die Dinophyceen (z. B. *Gloeodinium montanum*), die Diatomeen (von deren sonst überall so artenreich vertretenen Familie meist nur *Frustulia saxonica*, manche Eunotien und mitunter auch *Pinnularia* in den Mooren vorkommen); von Zygnemaceen tritt das häufig durch den Besitz von violettem Zellsaft ausgezeichnete *Zygogonium ericetorum* auf und bildet in den Schlenken braunviolette Watten; von Protococcalen ist besonders die auffallend große Gattung *Eremosphaera* erwähnenswert. Die Zahl der ubiquistischen, d. h. allgemein verbreiteten Arten ist in den Mooren verhältnismäßig gering, vor allem treten solche kaum je dominierend auf.

Die überragende Rolle, die in der Mikroflora der Moore die Desmidiaceen spielen, kommt in der Fauna den beschalten Rhizopoden zu, die in ähnlich großer Artenfülle und zum Teil in Formen, die auf diese Biotope beschränkt sind, auftreten. Im übrigen ist die Zahl der ubiquistischen oder doch auch in anderen Biotopen auftretenden Arten unter den Tieren größer als unter den Pflanzen. Als typische Moorbewohner können vor allem einige Rädertiere bezeichnet werden, ferner die Cladoceren *Streblocerus*, *Acantholeberis*, auch einige Copepoden. Auffälliger ist die Moorfauna durch das Fehlen bzw. Zurücktreten ganzer Familien gekennzeichnet: so z. B. der Ostracoden, der Hydracarinen (die hier durch die Oribatiden vertreten werden), der Mollusken, mancher Insektengruppen (z. B. der Ephemeriden).

Welche Umweltbedingungen sind es nun, die diese strenge Auswahl verursachen und der Lebensgemeinschaft der Moore ihre Eigenart verleihen? Auf Grund der Beobachtung, daß alle Moorwässer kalkarm sind, sah man im Ca-Gehalt den wirksamen Faktor und sprach von „kalkfeindlichen" Arten. Exakte Untersuchungen haben aber erwiesen, daß es nicht das Ca-Ion ist, welches die spezifischen Moororganismen daran hindert, kalkhältige Biotope zu erobern, sondern die in natürlichen Gewässern mit dem Kalkgehalt stets verbundene alkalische Reaktion. Die Pflanzen des Moors sind also „acidophil" oder, besser gesagt, „alkaliphob". Ob für die Tiere dasselbe zutrifft oder ob ihr Auftreten durch einen anderen Faktor bestimmt wird, ist noch nicht untersucht. Es wurde durch Versuche (Mevius) wahrscheinlich gemacht, daß die „Alkaliphobie" der Moorformen mit Änderungen ihrer Plasmapermeabilität zusammenhängt, in dem Sinn, daß bei alkalischer oder nicht genügend saurer Reaktion die Durchlässigkeit erhöht und die Zelle mit Salzen „überschwemmt" wird. Deshalb können viele Arten in Lösungen, die nahezu salzfrei sind, noch bei p_H 7 leben, während sie bei etwas höherer Konzentration p_H 4—5 verlangen. Daraus ergibt sich, daß der niedrige Elektrolytgehalt der Moorwässer ein sehr wichtiger, mit der Wirkung der sauren Reaktion eng verknüpfter ökologischer Faktor ist, ferner daß bestimmte, enge p_H-Grenzen als Existenzbereich einzelner Arten ohne Berücksichtigung der Konzentration nicht angegeben werden können. Immerhin sprechen die Beobachtungen dafür, daß die Artenzahl eines Moorbiotopes abnimmt, sobald die Reaktion stark sauer wird. So wurden auf den Schwingrasen des Lunzer Obersees bei p_H-Werten von 4,5—5,5 rund 180 Arten von Desmidiaceen festgestellt, auf dem benachbarten, saureren Hochmoor „Rotmoos" (p_H 4 und unter 4) dagegen nur rund 40 Arten. Doch sind diese Unterschiede bei weitem nicht so auffällig wie jene, die uns bei einem Vergleich alkalischer und saurer Gewässer entgegentreten.

Man kann im allgemeinen sagen, daß der Neutralpunkt für viele pflanzliche Organismen eine kaum zu überschreitende Schranke bildet und daß durch diesen Umstand die Reaktion des Wassers zu einem ökologischen Faktor erster Ordnung wird.

Und doch vermag die Reaktion allein die spezifische Eigenart der Moorbiozönosen nicht zu bedingen. In anderen sauren Biotopen, z. B. in Regenwasseransammlungen u. dgl., finden wir eine Lebewelt, die wohl häufig deutliche Anklänge an jene der Moorschlenken aufweist, aber doch sowohl qualitativ als auch quantitativ erheblich von der letzteren abweicht. Man kann mit hoher Wahrscheinlichkeit annehmen, daß neben der sauren Reaktion und dem geringen Salzgehalt die große Menge der im Moorwasser gelösten Humuskolloide von ausschlaggebender Bedeutung für die Zusammensetzung dieser Lebensgemeinschaft ist. Die Humussubstanzen können sowohl physikalisch als Kolloide durch ihre adsorptiven Eigenschaften, als auch chemisch (Humussäuren) wirksam sein und ein Milieu von besonderer Art schaffen, in dem die Moorflora ihre optimalen Gedeihbedingungen findet.

Eine andere, nicht immer leicht zu beantwortende Frage ist die, warum so viele Pflanzen, auch jene, die anderswo sowohl in einer alkalischen als auch in einer sauren Umwelt zu gedeihen vermögen, die Moore meiden („Kampfzone" der Fichte und anderer Waldgewächse). Man hat hier eine angenommene Giftwirkung der Humussäuren ins Treffen geführt. Daß diese zumindest nicht in allen Fällen der wirksame Faktor ist, beweist die Tatsache, daß auf den Hochmooren Fichtensamen reichlich keimen und zu Pflänzchen von einigen Zentimetern heranwachsen, dann aber absterben. Dieses Verhalten ist wohl mit Sicherheit auf den Sauerstoffmangel des durchnäßten Moorbodens zurückzuführen. Auch die Armut an bestimmten mineralischen Nährstoffen (z. B. Ca) dürfte viele Arten fernhalten.

Wie entsteht nun die saure Reaktion der Moorwässer? Über diese Frage besteht in der Wissenschaft noch keine einheitliche Auffassung, bald wird die eine, bald die andere Möglichkeit in den Vordergrund geschoben. Die Ursache dieser Unsicherheit ist vor allem darin begründet, daß in diesen äußerst verdünnten und daher kaum gepufferten Lösungen minimale Mengen einer H^+-Ionen abdissoziierenden Substanz, also einer Säure, genügen, um eine beträchtliche Senkung des p_H-Wertes hervorzurufen, und es deshalb schwierig ist, diese Säure chemisch zu erfassen. Richtig dürfte sein, daß der jeweilige p_H-Zustand eines Moorgewässers nie durch eine Ursache, sondern durch das Zusammenwirken mehrerer physikalisch-chemischer Vorgänge, bei denen H^+-Ionen frei werden, bestimmt wird. Schon der hohe CO_2-Gehalt des ungepufferten Wassers muß (wie dies ja auch beim destillierten Wasser der Fall ist) eine saure Reaktion bedingen. Tatsächlich steigt der p_H-Wert, wenn man z. B. Schlenkenwasser im Vakuum entgast und die Kohlensäure austreibt. Ferner kann (insbesondere nach der Auffassung von Sven Odén) der saure Charakter der gelösten Humusstoffe (Huminsäuren) wirksam sein.

Weiterhin werden durch die in Mooren stets vorhandenen Schwefelbakterien Spuren von freier H_2SO_4 erzeugt (jedem, der einmal über schwingendes Moor gegangen ist, wird der Geruch nach H_2S aufgefallen sein) Schließlich ist als besonders wirksamer und Störungen immer wieder ausgleichender Faktor die Basenadsorption[1]) durch die Torfkolloide zu nennen. Sowohl die frische Sphagnum-Membran wie auch der Torf haben die bemerkenswerte Eigenschaft, aus gelösten Salzen die Base (also z. B. das Ca) zu adsorbieren und die Säure in Freiheit zu setzen. Filtriert man Leitungswasser durch eine genügend dicke Schicht von Torf oder Sphagnum, so wird es entkalkt und reagiert sauer. Diese Fähigkeit, die einem Puffer ähnlich wirkt, ist für die Moorbiozönose besonders wichtig, weil sie alkalisches Wasser, das durch irgendwelche Umstände in ein Moor gelangt, innerhalb gewisser Grenzen so zu verändern, gewissermaßen zu assimilieren vermag, daß es in bezug auf seine Reaktion und seinen Salzgehalt dem Moorwasser gleich wird und keine Störung der Lebensgemeinschaft herbeiführen kann.

Die Entstehung eines Moores ist aus der Kenntnis seiner physikalisch-chemischen Lebensbedingungen, zumindest, was die grundlegenden Vorgänge anbelangt, ohne weiteres zu verstehen. Drei Voraussetzungen müssen gegeben sein: eine reichliche Zufuhr von (atmosphärischem) Wasser, eine hohe Luftfeuchtigkeit (daher die ausgedehnten Moore des atlantischen Klimas) und eine die Verwesung übertreffende Produktion von Pflanzensubstanz. Wo diese Voraussetzungen gegeben sind, können überall Moore entstehen, so beim Austritt von Quellen (Quellmoore) oder an feuchten Hängen (Hangmoore), am häufigsten aber bei Wasseransammlungen in Tälern und Niederungen. Am lehrreichsten sind wohl jene Fälle, in denen ein Hochmoor das Endstadium der Altersentwicklung eines Sees darstellt, und diesen Vorgang wollen wir kurz betrachten (Abb. 47). Durch die Ablagerung von Sedimenten wird ein See immer seichter. Bei der fortschreitenden Ausfüllung der Wanne rückt gleichzeitig die Uferflora immer weiter gegen die Mitte des Sees vor und erobert schließlich seine ganze Fläche. Durch die großen Mengen der alljährlich neu entstehenden Pflanzensubstanz wird die Ausfüllung beschleunigt und erreicht schließlich den ursprünglichen Wasserspiegel; aus dem See wird ein Sumpf. Gleichzeitig treten aber auch wesentliche Veränderungen der physikalisch-chemischen Umweltbedingungen auf. Durch die große Produktion von CO_2 bei den Zersetzungsvorgängen und durch die Wirkung der entstehenden

[1]) Es mag dahingestellt bleiben, ob es sich um eine echte Adsorption, oder um einen chemischen Vorgang, etwa von der Art eines „Austauschers" handelt.

Humus-Kolloide wird der p_H des ursprünglich alkalischen Wassers herabgedrückt. Er sinkt unter den Neutralpunkt und Pflanzen des sauren Milieus stellen sich ein: bestimmte Seggen, die Wollgräser, der Bitterklee u. a. m., sowie charakteristische Moose (z. B. *Calliergon-* und *Drepanocladus*-Arten). Es entsteht ein Flachmoor mit einem wasserdurchtränkten Boden aus Cyperaceen-Torf und p_H-Werten um 6. Mit fortschreitender Säuerung werden die Vorbedingungen für die Ansiedlung der Torfmoose geschaffen. Zuerst erscheinen die weniger spezialisierten Arten, wie *Sphagnum teres, subsecundum, platyphyllum, cymbifolium* u. a. Sie bewirken durch die oben be-

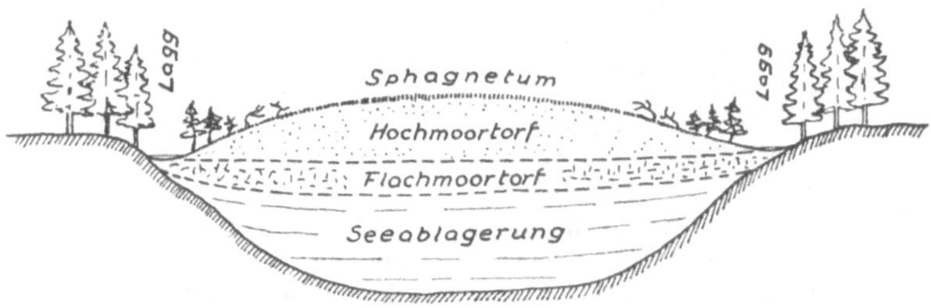

Abb. 47. Schnitt durch ein aus einem kleinen See entstandenes Hochmoor

sprochene Basenadsorption ein weiteres Sinken des p_H und nun siedeln sich die eigentlichen Bültenbildner an, *Sphagnum magellanicum, papillosum, fuscum, rubellum,* welche in dicht gedrängten Polstern vertikal aufwärts wachsend und an der Basis absterbend durch Zusammenfließen der Bülten allmählich eine Aufwölbung der ganzen Fläche bedingen und die charakteristische Form des Hochmoores aus *Sphagnum*-Torf aufbauen. Übergangsstadien mit Hochmoorpflanzen, aber noch ohne Aufwölbung bezeichnet man als Zwischen- oder Übergangsmoore.

Eine besondere Erwähnung verdient eine eigenartige Ausbildungsform der Moore, die der Schwingrasen. Es handelt sich um eine Verlandungsform der Seen, bei der sich nur einseitig festgewachsene im übrigen aber gleich Flößen schwimmende Pflanzendecken, vom Ufer her allmählich gegen die Seemitte vorschieben. Sie bestehen aus einer durch Wurzelfilz zusammengehaltenen, gegen den Rand auskeilenden Torfplatte, welche die Pegelschwankungen des Sees mitmacht und daher niemals überflutet werden kann. Die Vegetation des seewärts gerichteten Randes besteht z. B. bei den ausgedehnten Schwingrasen des Lunzer Obersees aus kräftig wachsenden, bültenbildenden Seggen (*Carex diandra*) sowie aus dem Bitterklee (*Meny-*

anthes trifoliata) und dem Blutauge (*Comarum palustre*), deren horizontale Ausläufer ins freie Wasser vordringen und gleich Fangarmen treibendes Material festhalten. Der schwimmende Teil der Fläche, und nur dieser, trägt eine ausgesprochene Hochmoorvegetation. Dies ist nur dem Umstand zu verdanken, daß eine Überflutung mit alkalischem Seewasser niemals eintreten kann und das in den Schwingrasen von unten her eindringende Wasser durch den Torf entkalkt wird. Es ist ein eigenartiger Anblick, auf einem See von hohem Kalkgehalt eine ausgesprochen „kalkfeindliche" Flora mit vielen Arten von Sphagnen, *Trichophorum alpinum, Carex limosa,* Sonnentau usw. schwimmen zu sehen. Die festgewachsenen, ufernahen Teile, die bei Hochwasser überflutet werden, sind dagegen frei von Hochmoorpflanzen und zeigen eine normale Sumpfvegetation. Es ist naheliegend, daß sich Schwingrasen vorwiegend in kleineren Seen mit schwachem Wellengang ausbilden und es hat den Anschein, daß sie nur über seichten Bänken und in geschützten Buchten günstige Wachstumsbedingungen finden.

Auch größere Seen, die in Moorgebieten eingebettet sind und keine alkalischen Zuflüsse erhalten, können Mooreigenschaften annehmen. Besonders häufig ist dies bei skandinavischen Seen der Fall. Ihr Wasser weist einen sehr geringen Salzgehalt und saure Reaktion auf und ist gelb bis braun gefärbt. Wegen der in Schweden meist sehr geringen Produktion hat NAUMANN diese Gewässer in seinem System der Seentypen als extremen Fall der Oligotrophie betrachtet und unter dem Namen „dystropher Typus" gewissermaßen als Endglied der Trophie-Reihe aufgestellt. Doch hat THIENEMANN schon frühzeitig erkannt, daß es sich hier um einen prinzipiell verschiedenen Typus handelt, welcher der Produktionsreihe der meist alkalischen Seen nicht unter-, sondern nebenzuordnen ist. Er unterscheidet Klarwasserseen und Braunwasserseen. Beide Gruppen können verschiedene Trophiegrade aufweisen. Wenn auch die Mehrzahl der Braunwasserseen als arm zu bezeichnen ist, so beweist die Massenproduktion von Algen in einer Schlenke, daß Moorwasser sehr wohl eutroph sein kann. Der entscheidende Unterschied der beiden Reihen ist das Vorhandensein oder Fehlen der charakteristischen Eigenschaften der Moorgewässer, vor allem der sauren Reaktion. In den meisten Fällen wird es zutreffen, wenn man den alkalischen Typus als Klarwassersee, den sauren Typus als Braunwassersee bezeichnet, obwohl es auch (meist schwach) saure Klarwasserseen gibt. In bezug auf die chemische Schichtung zeigt auch der produktionsarme Braunwassersee stets einen Sauerstoffschwund, der aber nicht auf die Eigenproduktion, sondern auf die Zehrung durch die aus den umgebenden Mooren stammenden organischen Substanzen zurückzuführen ist, und im Zusammenhang damit auch eine Anreicherung von Abbauprodukten (CO_2, NH_3, P, meist auch Fe und Mn) im Hypolimnion.

IV. Lebensgemeinschaften des fließenden Wassers

Bisher hat uns nur die eulitorale Brandungszone der Seen einen Anlaß geboten, den Einfluß der Wasserbewegung auf die Zusammensetzung und Gestaltung einer Lebensgemeinschaft zu erörtern. Weitaus einheitlicher und ausgeprägter sind jedoch die Erscheinungen, die uns in den fließenden Gewässern entgegentreten. Allerdings wird der Einfluß der Wasserbewegung in sehr verschiedenem Ausmaß zur Geltung kommen, je nach dem wir den Ober-, Mittel- oder Unterlauf eines Flusses betrachten. Der Grad der Turbulenz wird aber in einem Strom kaum so weit absinken, um die Ausbildung von Schichtungen, wie sie uns in Seen entgegentreten, zu gestatten. Darin müssen wir einen der wesentlichsten Unterschiede eines fließenden Gewässers gegenüber einem stehenden sehen. Auch ein tiefer Fluß befindet sich gewissermaßen dauernd in einem Zustand der Vollzirkulation. Ein zweites Merkmal von biologisch einschneidender Bedeutung ist die Versetzung der Wassermassen über sehr weite Wegstrecken, ja durch sehr verschiedene Klimabezirke. Eine Versetzung, die jedoch schließlich nach längerer oder kürzerer Zeit mit der Mündung ins Meer und mit dem Tode der meisten vom Strom mitgeführten Lebenwesen endet. Von der Dauer des Wassertransportes, also von der Länge des Flußlaufes und von der Stromgeschwindigkeit hängt es ab, ob wir von der Entwicklung einer echten Planktonbiozönose, von einem Potamoplankton sprechen können. Wir werden wohl in vielen Flüssen mit dem Netz Planktonorganismen erbeuten, insbesondere dann, wenn in dem Einzugsgebiet Seen, Teiche oder Altwässer liegen. Wir wissen aber nicht, ob diese Planktonorganismen unter den geänderten Bedingungen gedeihen und sich vermehren können, oder ob es sich lediglich um „Tychoplankton" handelt, das dem Untergang geweiht ist. Von einem Potamoplankton können wir nur dann sprechen, wenn die Voraussetzungen dafür gegeben sind, daß sich durch Auslese aus den eingeschwemmten Arten eine eigene, den besonderen Verhältnissen angepaßte Biozönose entwickeln kann. Dies ist nur in langsam strömenden Flüssen von langem Lauf der Fall, wie z. B. in der von Behning monographisch bearbeiteten Wolga, wo selbst das Frühjahrshochwasser nahezu 2 Monate braucht, um das Meer zu erreichen. In solchen, im Sommer noch viel längeren Zeitspannen findet die Mehrzahl der Planktonorganismen einen genügenden Spielraum für den Ablauf ihrer Generationen.

Was die Lebewelt des Ufers und des Grundes der Flüsse anbelangt, so wird die Zusammensetzung und Formgestaltung der Lebensgemeinschaften sich um so mehr jenen der stehenden Gewässer annähern, je langsamer die Strömung ist. Wenn wir also den Einfluß der Wasserbewegung als eines das Leben formenden Faktors kennenlernen wollen, so werden wir ihn am besten in rasch strömenden Gebirgsbächen studieren. Diese Wirkungen der Wasserströmung äußern sich nicht nur in der Formbildung der Bachorganismen, sondern auch in dem Ausmaß der organischen Produktion auf der Flächeneinheit. Das letztere kann man sich sofort vergegenwärtigen, wenn man einen Gebirgsbach betrachtet, in dem auf gleichem Untergrund Schnellen mit langsam fließenden, „lenitischen" Strecken abwechseln. Im schießenden Wasser der Schnellen sieht man die Steine dicht mit Moosen und Algen bewachsen und findet dort auch ein reiches Tierleben entwickelt, wie man es in einem oligotrophen Bergwasser nicht erwarten würde[1]). Die Steine der lenitischen Bezirke dagegen weisen einen viel geringeren Aufwuchs und meist auch weniger Tiere auf. Bringt man die Vertreter dieser „torrenticolen" Fauna in stehendes Wasser, so wird man finden, daß viele von ihnen schon nach wenigen Stunden unter Erstickungserscheinungen zugrundegehen.

Man war früher geneigt, diese spezifischen Wirkungen des rasch strömenden Wassers auf dessen höheren Sauerstoffgehalt zurückzuführen. Es ist aber leicht nachzuweisen, daß gerade strudelndes Wasser nie einen höheren O_2-Gehalt aufweist, als dem jeweiligen Sättigungsgleichgewicht gegenüber der Luft entspricht[2]), während in stehendem häufig Übersättigungen vorkommen. Die atmungs- und wachstumsfördernde Wirkung stark bewegten Wassers muß also einen anderen Grund haben. In ruhendem oder schwach bewegtem Wasser sind die Organismen von einer adhäsiv festgehaltenen Flüssigkeitsschicht umgeben, die alsbald einen an lebenswichtigen Stoffen verarmten Hof um das Tier oder die Pflanze bildet. Im raschen Strome wird aber die Entstehung solcher, den Austausch hemmender

[1]) Der Tatsache einer größeren Besiedlungsdichte im stark strömenden Wasser widersprechen keineswegs die Beobachtungen, wonach die Artenzahl innerhalb eines Flußlaufes mit zunehmendem Gefälle abnimmt. Auch in anderen Biotopen begegnen wir der Erscheinung, daß ein extremer Faktor die Zusammensetzung der Lebensgemeinschaft außerordentlich begrenzt, dabei aber die Entwicklung der für die besonderen Verhältnisse angepaßten Arten keineswegs hemmt, sondern im Gegenteil begünstigt (vgl. z. B. die Lebensgemeinschaft der Thermen).

[2]) Dies ergibt sich schon aus der Definition des Sättigungsgleichgewichtes, welches in der Weise bestimmt wird, daß man Wasser mit Luft bis zur Sättigung kräftig schüttelt.

Höfe verhindert und die aufnehmende Oberfläche immer wieder mit neuen, noch unausgenützten Wasserteilchen in Berührung gebracht. Daher begünstigt bewegtes Wasser die Atmung und die Nahrungsaufnahme weit mehr als ruhendes vom gleichen Gehalt, es ist zwar nicht absolut, aber physiologisch sauerstoff- und nährstoffreicher. Der Strömung kommt somit sowohl eine die Atmung fördernde als auch eine eutrophierende Wirkung zu (RUTTNER, 1926).

Ein besonders auffälliges Merkmal der torrenticolen Lebensgemeinschaften sind die der Strömung in hohem Grade angepaßten Lebensformen. Es ist ohne weiteres klar, daß in diesen Biotopen nur jene Arten zu bestehen vermögen, welche den mechanischen Kräften der Strömung in irgendeiner Weise Widerstand leisten können. Was den pflanzlichen Aufwuchs anbelangt, so wurden schon auf S. 159 die wichtigsten im bewegten Wasser vorkommenden Grundformen erwähnt (vgl. auch JAAG 1938). Besonders verbreitet ist das enge Anschmiegen des flächig entwickelten Thallus an die Unterlage. Wir finden dieses Bauprinzip sehr schön bei der Chrysophycee *Phaeodermatium*, bei mehreren Blaualgen (z. B. bei *Chamaesiphon fuscus* und *Ch. polonicus*), unter den Grünalgen z. B. bei dem merkwürdigen *Rhodoplax Schinzii*, dessen blutrote Lager für die von JAAG eingehend studierte torrenticole Flora des Rheinfalles von Schaffhausen charakteristisch sind, bei *Gongrosira* und vor allem bei der schönen Rotalge *Hildenbrandia rivularis* verwirklicht. Die oft große Flächen bedeckenden, gelben, braunen, roten und grünen Überzüge verleihen dem Bett des Gebirgsbaches oft weithin sichtbare Vegetationsfärbungen (GEITLER). Feste, gallertige Lager von Halbkugelform, wie wir sie in der Brandungszone gefunden haben, bilden auch hier *Rivularia, Nostoc-* und *Schizothrix*-Arten. In Ca-hältigem Wasser sind diese Gallerten oft durch Kalk verfestigt. Ein besonders bemerkenswerter Fall sind die zu warzen- oder halbkugelförmigen Lagern vereinigten Kalkröhren der Desmidiacee *Oocardium stratum*, in deren Mündung gleich einem Pfropfen die grüne Zelle steckt. Flutende Lager oder Rasen, die besonders stark beansprucht werden, sind durch besonders kräftige Haftorgane ausgezeichnet; so die an Steinen festsitzenden Moos- und *Cladophora*-Rasen oder die Diatomeen der Gattung *Gomphonema*, deren Gallertstiele im Vergleich zu jenen ihrer im stehenden Wasser lebenden Verwandten auffallend kurz und dick gestaltet sind.

Sehr mannigfaltig sind die Anpassungen an das Leben in der Strömung bei den Tieren entwickelt. Freischwimmende Formen treten naturgemäß um so mehr zurück, je stärker die Strömung wird. Nur Fische (z. B. die Salmoniden mit ihrem muskulösen, fast drehrund und stromlinienförmig gebauten Körper) vermögen sogar in schießendem Wasser aufwärts zu schwimmen und Stromschnellen zu überwinden. In schwächerer Strömung finden wir Schwimmer auch im Reich der Insekten, so die Larven der Eintagsfliegen *Baëtis vernus* und *Centroptilum luteolum* mit „fischähnlich" geformten Körpern. Weitaus größer ist die Zahl der dauernd an ein festes Substrat gebundenen Formen. Als vorherrschendes Bauprinzip finden wir hier eine weitgehende Abflachung, welche, unterstützt durch einen bei den meisten Formen sehr vollkommen ausgebildeten Randkontakt, die Wirbelbildung verhindert und die Strömung ungehindert über den flachgewölbten Körper hinweggleiten läßt. Dabei drückt die Vertikalkomponente der Strömung den Körper um so fester an die Unterlage an. Wenn wir z. B. die Lebensformen verwandter Gattungen vergleichen, etwa der im stehenden Wasser lebenden, hochbeinigen und drehrunden Larve der Eintagsfliege *Cloëon* mit der Larve des zu derselben Familie gehörenden, an eine flachgedrückte Krabbe erinnernden *Ecdyonurus* (Abb. 48) des Gebirgsbaches, so werden diese Anpassungen sofort deutlich. Eine ähnliche, zweckentsprechend ausgebildete „Stromlinienform" finden wir bei den verschiedensten Gruppen (vgl. Abb. 49): bei *Planaria alpina*, den *Perla*- (Steinfliegen-) Larven, der Larve des Käfers *Helmis* und besonders bei jener der Eintagsfliege *Prosopistoma*, sowie bei der einer phrygischen Mütze gleichenden Schnecke *Ancylus*. Auch die aus Fremdkörpern bestehenden Gehäuse mancher Köcherfliegenlarven ordnen sich in diesen Bauplan ein, so bei den Gattungen *Synagapetus* und *Thremma*, die es fertigbringen, einen sicher haftenden Randabschluß ihrer etwa halbkugeligen Gehäuse durch einen Saum feinster Sandkörnchen zu erreichen, während *Silo*, *Goëra* und *Lithax* ihren im Querschnitt kreisrunden Röhren durch das seitliche Ansetzen von Flügelsteinchen die geeignete, abgeflachte Form und gleichzeitig eine Beschwerung verleihen. Bei Arten, die in der stärksten Strömung leben, sind außerdem vielfach noch besondere Haftapparate entwickelt, am schönsten wohl bei der zu den Blepharoceriden gehörenden Diptere *Liponeura* (Abb. 50), deren abgeflachter, asselartiger Körper auf der Unterseite sechs kräftige Saugnäpfe, an jedem Segment einen, trägt.

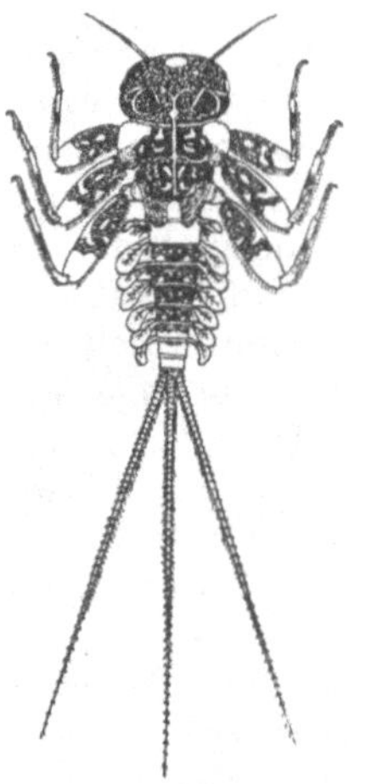

Abb. 48. An das Leben in der Strömung angepaßte, weitgehend abgeflachte Larve der Eintagsfliege *Ecdyonurus forcipula*, nach SCHÖNEMUND

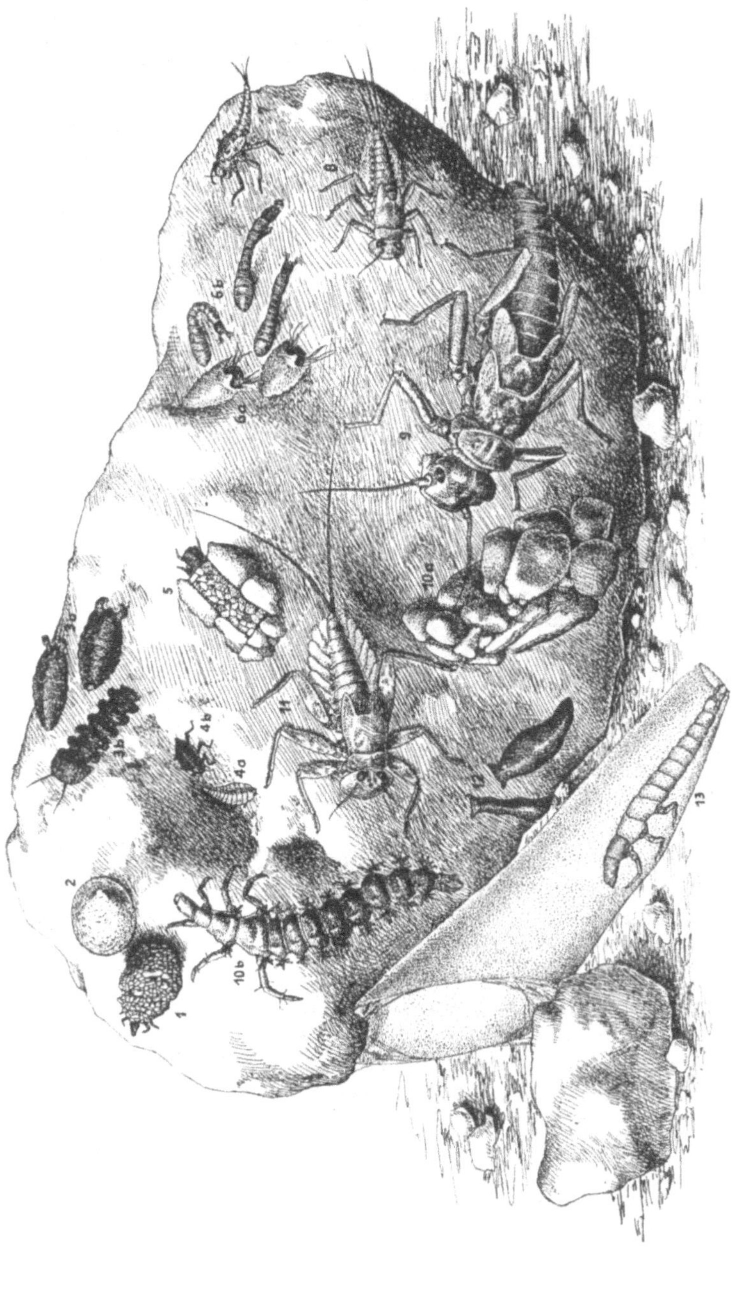

Abb. 49. Torrenticole Tierformen auf einem Stein. — 1 *Synagapetus* (Trichopt.), Larve in Sandgehäuse; 2 *Ancylus* (Schnecke); 3 *Liponeura* (Dipt.), *a* Puppen *b* Larve; 4 *Helmis* (Coleopt.), *a* Larve, *b* Imago; 5 *Silo* (Trichopt.), Larve; 6 *Simulium* (Dipt.), *a* Puppen, *b* Larven; 7 *Baëtis* (Ephemeropt.), Larve; 8 *Rhitrogena* (Eph.), Larve; 9 *Perlodes* (Plecopt.), Larve; 10 *Rhyacophila* (Trichopt.), *a* Puppengehäuse, *b* Larve; 11 *Epeorus* (Eph.), Larve; 12 *Planaria alpina* (Turb.); 13 *Philopotamus* (Trichopt.), Larve im Fangnetz

Man findet diese Tiere in kalten Gebirgsbächen oft zu Hunderten im schießenden Wasser auf der Oberseite glatter Felsplatten. Mit ihnen vergesellschaftet sind häufig die Larven der Kribelmücken (*Simulium* = *Melusina*), deren blutsaugende Imagines Rindern gefährlich werden können. Die durch ihr angeschwollenes Hinterende leicht kenntlichen Larven klammern sich mit einem endständigen, aus zahllosen feinen Häkchen bestehenden Kranz an der Unterlage fest und vermögen auch einer starken Strömung zu widerstehen. Ein zweiter

Abb. 50

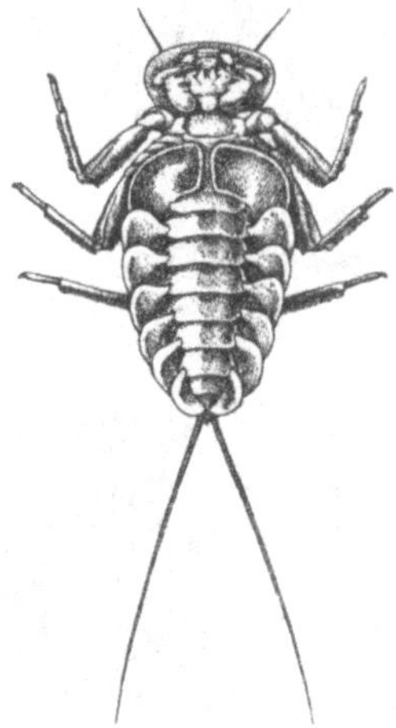

Abb. 51

Abb. 50. Saugnäpfe auf der Unterseite von *Liponeura cinerascens* (Dipt.)
Abb. 51. Unterseite der Eintagsfliegenlarve *Epeorus alpicola*

Hakenkranz sitzt am ersten Brustring und dient zusammen mit dem anderen der spannerartigen Fortbewegung der Larve.

Einen eigenartigen Haftapparat hat die in den Sturzbächen der Alpen vorkommende Larve der Eintagsfliege *Epeorus alpicola* (Abb. 51) ausgebildet, in Form eines die ganze Ventralseite einnehmenden, aus den sich dachziegelförmig deckenden Kiemenplättchen bestehenden „Saugnapfes". Ähnliche Bildungen finden wir bei der verwandten Gattung *Rhitrogena*. Häufig findet man ferner die Ausbildung kräftiger Krallen an den Extremitäten zum Anklammern in Moos- und Algenrasen. Lehrreich ist in dieser Hinsicht der Vergleich der zum Schwimmen eingerichteten Beine der seebewohnenden Hydracarinen (Wassermilben) mit den krallenbewehrten der Bachbewohner aus dieser Familie.

Im allgemeinen wird man feststellen, daß die Bachbewohner um so weniger Anpassungen an das Leben in der Strömung zeigen, je kleiner sie sind. So zeigen die hier vorkommenden Flagellaten und Ciliaten, die Rädertiere und Nematoden, ja sogar die Kleinkrebse, nicht wesentlich andere Lebensformen als die im stehenden Wasser lebenden. Dies hängt damit zusammen, daß die Stromgeschwindigkeit in einem Gerinne bei Annäherung an den Boden rasch abnimmt und bei submikroskopischen Entfernungen theoretisch nahezu Null wird. Es ist ohne weiteres klar, daß eine größere Form, die sich einige Millimeter über die Unterlage erhebt, in den Bereich stärkerer Strömung geraten und daher besser angepaßt sein muß als eine mikroskopisch kleine, die sich dauernd in der — den Untergrund überziehenden — nur langsam fließenden Wasserhaut bewegt. Unter anderen Umständen wäre es unvorstellbar, wie sich die winzigen Algenschwärmer auch im stärksten Strom an glatten Unterlagen festsetzen und deren Bewuchs herbeiführen können. Ein aus den gleichen Gründen gegen die Strömung geschützter Biotop ist auch das Innere von Moos- und Algenrasen. Es ist erstaunlich, welche Fülle von freilebenden Flagellaten, Diatomeen und Kleintieren unter Umständen hier bestehen kann. Selbstverständlich bieten auch die oft dicht besiedelten Unterseiten der Steine einen ausgiebigen Schutz.

Groß ist der Einfluß der Strömung auf die Gestaltung der Atmungsorgane. Luftatmung ist den Tieren im fließenden Wasser noch mehr erschwert als im stehenden, sie sind gezwungen, den Sauerstoff dem Wasser zu entnehmen. Die Insektenlarven besitzen durchwegs ein geschlossenes Tracheensystem und bilden häufig Blut- oder Tracheenkiemen aus. Bei den Imagines des Käfers *Helmis*, die ein offenes Tracheensystem haben, sind besondere Einrichtungen vorhanden, um die Atmung zu ermöglichen. Bei den meist in geringer Tiefe festgehefteten Puppen von *Simulium* und *Liponeura* sind Kutikularkiemen ausgebildet, welche bei Wasserstandsschwankungen abwechselnd Luft- oder Wasseratmung gestatten. Da, wie oben ausgeführt wurde, fließendes Wasser physiologisch sauerstoffreicher ist als stehendes, begegnen wir häufig einer Reduktion der Atmungsflächen bei Bachtieren. Manche Formen, wie z. B. die Larven der meisten Plecopteren (Steinfliegen) zeigen überhaupt keine Atmungsanhänge. Stillwasserformen suchen bekanntlich die Atmung durch Erzeugung eines Wasserstromes zu fördern (durch schlängelnde Körperbewegungen, durch Flimmerapparate oder durch Bewegung der Atmungsorgane). Im bewegten Wasser kann diese Obsorge für die Ventilation um so mehr reduziert werden, je heftiger die Strömung ist. So zeigen viele Arten der Gebirgsbäche starre, unbewegliche Kiemen (*Epeorus*, *Rhitrogena*, *Baëtis*, *Rhyacophila*, *Liponeura* u. a.).

Die Wasserströmung wird häufig auch der Ernährung der Tiere nutzbar gemacht. Das eindruckvollste Beispiel sind die trichter- oder sackförmigen, gegen die Stromrichtung gerichteten Fangnetze, welche einige räuberische Trichopterenlarven (*Plectrocnemia*, *Polycentropus*, *Philopotamus*) spinnen. Die meisten Formen der Bäche sind aber phytophag, sie ernähren sich durch Abweiden des Algenaufwuchses auf Steinen und Moosen mittels mannigfaltiger, z. T. hochspezialisierter Kratz- und Sammelwerkzeuge.

Von großer Bedeutung für das Gepräge der Bachbiozönosen ist auch die Beschaffenheit des Untergrundes. Doch ist seine Wirkung nicht spezifisch für diesen Biotop, sondern ist uns schon bei der Betrachtung des Litorals der Seen begegnet. Hervorzuheben ist jedoch, daß die feste, steinige oder felsige Unterlage mit der charakteristischen, vielfach mosaikartigen Ausbildungsform des pflanzlichen Aufwuchses in rasch strömendem Wasser unbedingt vorherrscht, da ja lockere Sedimente abgespült werden. In lenitischen Bezirken kommt es jedoch zu Sand- und Schlammablagerungen. Die Biozönose der letzteren ähnelt sehr den entsprechenden Biotopen der Seen, und zwar je nach der Temperatur der litoralen oder profundalen Schlammfazies. Sandbänke beherbergen in ihren wassererfüllten kapillaren Räumen eine interessante, aus Rädertieren, Turbellarien, Nematoden, Insektenlarven u. a. m. bestehende tierische Gemeinschaft, das Psammon, das ebenfalls an sandigen Ufern der Seen zu finden ist.

Diese eigenartige Lebensgemeinschaft, welche zuerst von russischen und polnischen Forschern beschrieben und später auch in anderen Gebieten, besonders in USA. eingehend untersucht wurde (vgl. besonders die neueren Arbeiten von Pennak 1940 und Neel 1948, in denen auch die ältere Literatur besprochen ist), nimmt eine Zwischenstellung zwischen dem „Edaphon" des Bodens und den Gemeinschaften hydrischer Biotope, sowohl der offenen Gewässer (Eulitoral!) als auch des Grundwassers ein. Sie ist insbesondere in den hauptsächlich aus Quarzsand bestehenden Bänken an Seen und Flüssen gut entwickelt und bildet einen Gürtel von 2—3 m Breite außerhalb der Wasserlinie[1]), soweit die kapillare Saugung reicht. Die Milieubedingungen zeigen eine gewisse Ähnlichkeit mit den Verhältnissen in Seesedimenten. Wir finden eine Schichtung des Sauerstoffs, der Kohlensäure, des p_H und der Temperatur. Doch stehen diese Bedingungen sehr unter dem Einfluß meteorologischer Faktoren (Niederschlag, Besonnung, Verdunstung) und vielfach der Überspülung durch die auf die Sandbänke auflaufenden Wellen, durchwegs Umstände, welche den Austausch fördern. Da der Quarzsand bis zu einem gewissen Grad lichtdurchlässig ist, entwickelt sich in den oberen Schichten oft eine üppige Algenflora, welche den Sand bis zu einer Tiefe von mehr als 1 cm grün färbt und, neben dem

[1]) Neel schließt auch die unterhalb des Wasserspiegels gelegenen Sandbänke in den Begriff des Psammon ein.

organischen Detritus, das Leben der Fauna ermöglicht. Diese ist in ihrem Auftreten meist auf die oberen 4—5 cm beschränkt. In größeren Tiefen ist der O_2-Gehalt in der Regel schon zu gering, um tierisches Leben zu gestatten. Die Organismenmengen, welche diesen Biotop unter günstigen Umständen bevölkern, sind erstaunlich groß. So fand PENNAK in einer 150 cm außerhalb der Wasserlinie eines Sees oberflächlich entnommenen Sandprobe von 10 ccm (welche 2—3 ccm Wasser enthielt) 4000000 Bakterien, 10000 Protozoen, 400 Rotatorien, 40 Kopepoden, 20 Tardigraden und kleinere Mengen weiterer Metazoen.

Ein Faktor, welcher die Zusammensetzung der Biozönosen eines Flußlaufes von der Quelle bis zum Unterlauf gesetzmäßig ändert, ist die Temperatur. Der Gebirgsbach ist auf einer mehr oder weniger langen Strecke unterhalb seines Ursprunges durch verhältnismäßig konstante, der Quelltemperatur entsprechende Wärmeverhältnisse ausgezeichnet. In unseren Breiten wird er zur Heimat kaltstenothermer Organismen, die in diesen Biotopen (einschließlich der Quellen selbst) in viel größerer Artenzahl vertreten sind als etwa in der Tiefenfauna der Seen. Ich nenne nur zwei besonders auffällige Beispiele: die Chrysophycee *Hydrurus foetidus*, deren stattliche, aus pinselförmig verzweigten Gallertfäden bestehende Rasen die Schnellen der kalten Bäche tiefbraun färben und deren Temperaturmaximum (also die Temperatur, bei der die Pflanze abstirbt) experimentell mit 16^0 bestimmt wurde, ferner von Tieren die bekannte *Planaria alpina*. Sie bewohnt den kalten Oberlauf der Bäche, wird im Mittellauf von *Polycelis cornuta* abgelöst, während der schon warme Unterlauf von *Planaria gonocephala* besiedelt ist. Vorwiegend auf thermische Gründe geht auch die alte Einteilung des Flußlaufes in eine Forellen-, Äschen-, Barben- und Bleiregion durch die Fischer zurück. Die Einschaltung eines Sees in einen Bachlauf bedingt eine sprunghafte Veränderung der Sommertemperatur und verändert durchgreifend die Zusammensetzung der Biozönose. Die kaltstenothermen Formen verschwinden und an ihre Stelle tritt die Massenentwicklung eurythermer Arten, zu denen z. B. die Köcherfliegenlarve *Hydropsyche angustipennis* gehört. Ähnliche Verhältnisse zeigen auch Quellbäche mit oberflächlich gelegenem Einzugsgebiet und daher geringer Temperaturkonstanz. Man kann daher eine ökologische Einteilung in sommerkalte und sommerwarme Bäche vornehmen.

Einige Worte mögen noch über die Quellen selbst gesagt werden. Sie sind Austrittsstellen des entlang einer undurchlässigen Gesteinsschicht fließenden Grundwassers. Je nach der Art des Austrittes unterscheidet man Rheokrenen (Fließquellen), deren Wasser schon am Quellmund mit Gefälle abströmt, Limnokrenen (Tümpelquellen), die am Grunde eines Beckens austreten, dessen Überfall erst den Quellbach bildet, und Helokrenen (Sumpfquellen), deren

Wasser, diffus aus dem Boden sickernd, eine sumpfige Stelle („Naßgalle") schafft. Es ist nicht zu verwundern, daß diese Verhältnisse die Ausbildung verschiedener, hauptsächlich zoologisch charakterisierter Biozönosen begünstigen, auf die hier nicht näher eingegangen sei.

In chemischer Hinsicht unterscheiden sich die Quellen häufig von den aus ihnen hervorgegangenen Bächen. Die Ursache ist darin zu suchen, daß das Wasser am Quellmund aus dem im Boden herrschenden Lösungsgleichgewicht plötzlich in Berührung mit der atmosphärischen Luft kommt und das neue Gleichgewicht in bezug auf den Gasgehalt erst allmählich hergestellt wird. Wegen des geringeren O_2-Gehaltes der Bodenluft haben die Quellen in der Regel einen niedrigeren Sauerstoffgehalt als Tagwässer von gleicher Temperatur. Ausnahmen treten dann ein, wenn das Quellwasser sich schon vor seinem Austritt beim Fließen durch Schotter oder Geröll aufsättigen kann. Ferner ist häufig der CO_2-Gehalt und — in Kalkgebieten — im Zusammenhang damit auch der Gehalt an $Ca(HCO_3)_2$ um ein Vielfaches größer als es dem Luftgleichgewicht entspricht. Beim Entweichen der Kohlensäure fällt der überschüssige Kalk aus und um den Quellaustritt entstehen Tuffablagerungen, die eine erhebliche Mächtigkeit erreichen und einen Quellhügel aufbauen können. Am imposantesten ist diese Erscheinung bei den aus vulkanischen, stark übersättigten Quellen abgelagerten Travertinen.

Was über die Temperaturkonstanz der sommerkalten Bäche und ihre ökologischen Wirkungen gesagt wurde, gilt in erhöhtem Maß für jene Quellen, die aus tiefen Gesteinsschichten kommen. Ihre Temperatur ist bekanntlich gleich der mittleren Jahrestemperatur des betreffenden Ortes und im Laufe der Zeit nur äußerst geringen Schwankungen unterworfen. Diese Quellen sind daher bevorzugte Refugien kaltstenothermer Arten und eiszeitlicher Relikte. Quellen dagegen, die einen oberflächlich gelegenen Grundwasserstrom sammeln (infolge einer seichten Lage der wasserundurchlässigen Schicht), weisen erhebliche Temperaturschwankungen im Laufe des Jahres auf.

Das Tierleben der Quellen ist jedoch nicht auf die Austrittsstelle beschränkt, sondern setzt sich als Grundwasserfauna (vgl. Chappuis) in die subterranen Räume fort, in die wassererfüllten Kapillaren der Schotter- und Sandlagen bis zu den Klüften und größeren Höhlen des Gesteins, allerdings unter den geänderten Außenbedingungen in völlig abweichender und eigenartiger Zusammensetzung. Die Faktoren, welche das Bild dieser Lebensgemeinschaft geprägt haben, sind vor allem die vollkommene Dunkelheit und der absolute Schutz gegen klimatische und atmosphärische

Einwirkungen. Allbekannt ist die Tatsache, daß die Höhlentiere blind sind, d. h. verkümmerte Augenanlagen besitzen. Ferner zeichnet diese Grundwasserbewohner eine weitgehende Pigmentlosigkeit aus. Unter dem Schutz und der Abgeschlossenheit der unterirdischen Räume haben sich viele altertümliche Formen erhalten bzw. endemische Arten und Gattungen entwickelt. Wir können auf diese interessanten Verhältnisse hier nicht näher eingehen. Bemerkt sei lediglich, daß insbesondere aus den Höhlengewässern der wärmeren Gebiete (z. B. der Karsthöhlen im Adriagebiet) eine Fülle eigenartiger Formen bekannt geworden ist. Es sei nur an den Grottenolm der Adelsberger Grotte erinnert oder an den von Absolon aufgefundenen Süßwasser-Serpuliden *Marifuga.* In Mitteleuropa ist die Grundwasserfauna verhältnismäßig arm an Arten, was vielleicht mit der glazialen Eisbedeckung der Gebirge zusammenhängt[1]). Denn, wenn auch die Grundwasserräume von dieser Klimaschwankung nicht direkt berührt wurden, so hat die letztere doch die Ernährungsbasis der subterranen Tierwelt vernichtet, welche ja auf die ins Grundwasser eingeschwemmten organischen Stoffe angewiesen ist. Trotzdem wurde in unseren Gebieten einer der merkwürdigsten Funde gemacht, der etwa 2 mm große Krebs *Bathynella,* der mit paläozoischen Formen verwandt ist. Der häufigste Vertreter unserer heimischen Grundwasserfauna, den man in den meisten Brunnen antreffen kann, ist der stattliche Amphipode *Niphargus,* der blinde, rein weiße Höhlenflohkrebs.

Quellen, die im Jahresdurchschnitt höher temperiert sind als der Boden, aus dem sie austreten, sind im hydrographischen Sinn als Thermen zu bezeichnen. Sie führen entweder, wie die anderen Quellen, von der Erdoberfläche stammendes „vadoses" Wasser, das auf Grund der geologischen Schichtung in große Tiefen gelangte und dort erwärmt wurde, oder „juveniles" Wasser, das aus dem Erdinneren stammt und in vulkanischen Gebieten oder entlang von Thermalspalten zutage tritt. Juveniles Wasser ist gewöhnlich reich mit Gasen und Salzen beladen. Die Bäderkunde bezeichnet als Thermen jene Quellen, deren Temperatur mehr als 20° beträgt. Dies gilt jedoch nur für unser Klima; in den Tropen haben normale Quellen 24—25°. Vom ökologischen Standpunkt werden wir als Thermen jene Biotope auffassen, in denen die begrenzende und auslesende Wirkung der hohen Wassertemperatur auf die Zusammensetzung der Lebensgemeinschaft deutlich zutage tritt. Dies ist in der Regel bei Temperaturen um 30° der Fall.

[1]) Es wurden kürzlich im Grundwasser der oberrheinischen Tiefebene und des Maintales (also in einem ehemals nicht vergletscherten Gebiet) eine ganze Anzahl merkwürdiger neuer Arten und selbst Gattungen von Kleinkrebsen entdeckt.

Der Einfluß der zunehmenden Temperatur auf die Zusammensetzung der Lebensgemeinschaft äußert sich in zweierlei Weise: in der fortschreitenden Ausschaltung von Arten, Gattungen und ganzen Familien und in dem Auftreten spezifischer Thermalformen. Was zunächst die Pflanzenwelt anbelangt, so sind bei den niedrigsten Thermaltemperaturen (30—35°) noch fast alle Algengruppen sowie auch Moose und Phanerogamen vertreten, das Bild der Lebensgemeinschaft weicht kaum von jenem ab, dem man etwa in normalen tropischen Gewässern begegnet. Bis etwa 38° gedeihen die Grünalgen, bis 41°, höchstens 45°, einige wenige Diatomeen. Oberhalb 45° sind nur mehr Blaualgen vorhanden, diese aber in noch stattlicher Artenzahl (die Deutsche limnologische Sundaexpedition beobachtete oberhalb 45° 14 Arten, oberhalb 50° 10, oberhalb 55° 7 und oberhalb 60° 3 Arten dieser Algengruppe; oberhalb 66° wurden keine Algen mehr angetroffen). Die Zahl der spezifischen Thermalalgen, also jener, die nur bei hohen Temperaturen in reicher Entwicklung vorkommen, ist nicht sehr groß. Zu den bekanntesten gehören *Mastigocladus laminosus* und *Phormidium laminosum*, die bei Temperaturen um 50° in ungeheuerer Massenentfaltung auftreten können, und *Synechococcus elongatus*, der in den bisher beobachteten Fällen die Höchstgrenze des Algenlebens bei 66—69° erreicht[1]). Die vielfach angegebenen, wesentlich höheren Grenzen des Lebens in den Thermen sind zweifellos auf ungenaue Temperaturmessungen zurückzuführen. Denn die Temperatur in den Thermen schwankt örtlich sehr stark, und maßgebend kann nur eine im Algenrasen selbst vorgenommene Messung sein.

Die bisherigen Angaben bezogen sich auf alkalische Thermen. In „Solfataren", deren Wasser freie Mineralsäure enthält (p_H unter 3), ist das Bild wesentlich anders. Bei Temperaturen über 45° wurde hier bisher nur eine Art, diese aber in Massenentwicklung beobachtet, *Cyanidium caldariorum*, deren Zugehörigkeit zu den Blaualgen noch zweifelhaft ist. Um 40° treten in solchen Biotopen, ebenfalls massenhaft, zwei Diatomeen auf, *Pinnularia acoricola* und *Eunotia fastigiata*, bei noch niedrigeren Temperaturen (37°) die Gattung *Zygogonium*, die wir schon in sauren Moorschlenken kennengelernt haben. Auch diese Tatsachen sind ein Beweis für die große ökologische Bedeutung der Wasserstoffionenkonzentration.

Qualitativ und vor allem quantitativ weniger reich als der pflanzliche ist der tierische Anteil der thermalen Lebensgemeinschaften, insbesondere bei höheren Temperaturen. Es sind nur wenige Fälle verbürgt, in denen Tiere noch bei Temperaturen um 50° gefunden

[1]) Dagegen wurden Bakterien von Molisch in japanischen Thermen noch bei 77,5° lebend angetroffen.

wurden, so die von THIENEMANN während der Deutschen Limnologischen Sundaexpedition entdeckte Mückenlarve *Dasyhelea tersa*, welche in großen Mengen auf den Rasen von *Phormidium laminosum* an einer von 51grädigem Wasser überspülten Quellwand des Gedeh-Gebietes in Westjava lebte. Dieselbe *Dasyhelea* bevölkerte auch extrem saure Solfataren (p_H 2,7) bei einer Temperatur von 38°. Die Thermalfauna setzt sich aus Protozoen, Rädertieren, Nematoden, einigen wenigen Krebsen, Mückenlarven und besonders häufig aus Käfern und Schnecken zusammen. Meist sind es weitgehend eurytherme Formen, die auch in anderen Biotopen zu finden sind. Es gibt aber auch anscheinend spezifische Thermaltiere, unter denen der in Tunis bei 45° gefundene, eine völlig isolierte Stellung im System einnehmende Krebs *Thermosbaena mirabilis* wohl das merkwürdigste ist.

Erklärung der Fachausdrücke

Absorptionskoeffizient, das Gasvolumen (bezogen auf 0^0 und 760 mm Druck), welches bei einer bestimmten Temperatur von 1 ccm Flüssigkeit gelöst wird. — In der Optik bedeutet „Absorption" die beim Durchgang durch einen Stoff eingetretene Schwächung der Strahlung (lat. absorbēre = verschlucken).

Adsorption, Anreicherung von Gasen, gelösten Stoffen oder Ionen an der Oberfläche fester Körper (lat. adsorbēre = aufnehmen).

aërob(iont) sind Organismen, die nur bei mehr oder weniger reichlicher Anwesenheit von Sauerstoff gedeihen können (gr. aḗr = Luft, bíos = Leben).

aggressive Kohlensäure, die das Gleichgewichtsverhältnis einer Bikarbonatlösung übersteigende Menge von freiem CO_2, das befähigt ist, Kalk (und andere Stoffe) „anzugreifen", d. h. zu lösen (lat. aggrédi = angreifen).

Alkalinität, Säurebindungsvermögen einer (Karbonat-)Lösung, ausgedrückt in Milliäquivalenten (Anzahl der ccm einer zehntelnormalen HCl, welche bei der Titration von 100 ccm der zu untersuchenden Lösung bis zum Farbumschlag von Methylorange verbraucht werden).

alkaliphob, alkalische Reaktion meidend (arab. al kali = Pottasche, gr. phóbos = Furcht).

allochthon, fremdbürtig, in einem anderen Biotop entstanden (gr. állos = der andere, chthónios = einheimisch).

Amplitude, Schwingungsweite, Höhenunterschied zwischen dem höchsten und tiefsten Punkt einer Welle (lat. amplitúdo = Weite).

anaërob(iont) sind Organismen, die entweder obligat (unbedingt) oder fakultativ (fallweise) bei Sauerstoff-Abschluß gedeihen (gr. áneu = ohne, aḗr = Luft, biós = Leben).

Äquivalent(gewicht), jene Menge eines chemischen Elementes oder einer Verbindung, welche 1 Grammatom Wasserstoff (1,008 g) zu binden oder zu ersetzen vermag (Grammäquivalent). Ist das Verbindungsgewicht in Milligrammen ausgedrückt, so spricht man von Milliäquivalenten (lat. aéquus = gleich, valēre = stark sein).

Äquivalentleitvermögen, das elektrische Leitvermögen einer Lösung, dividiert durch die in 1 ccm der Lösung enthaltene Anzahl von Grammäquivalenten des gelösten Körpers.

Assimilation, Umwandlung aufgenommener Nährstoffe in Körpersubstanz (lat. assimilāre = ähnlich machen).

autochthon, bodenständig, in dem betreffenden Biotop entstanden (gr. autós = selbst, chthónios = einheimisch).

autotroph ist die Ernährung jener Pflanzen, welche die Fähigkeit haben, aus Anorganischem Organisches aufzubauen (gr. autós = selbst, trophós = nährend).

azidophil, säureliebend (lat. ácidus = sauer, gr. philéin = lieben).

Benthal, Region der Ufer und des Grundes der Gewässer (gr. bénthos = Tiefe).

Biozönose, Lebensgemeinschaft, Vergesellschaftung von Lebewesen, die in ihrer Zusammensetzung und ihrem Gepräge durch die Eigenschaften der Umwelt und durch die Beziehungen der Lebewesen zueinander bestimmt wird (gr. bíos = Leben, koinós = gemeinschaftlich).

Biotop, Lebensstätte, Summe der Umweltbedingungen, unter denen eine Biozönose lebt (gr. bíos = Leben, tópos = Ort).

Chemosynthese, Aufbau organischer Stoffe aus mineralischen mit Hilfe von chemischer Energie (im Gegensatz zur Photosynthese) (gr. sýnthesis = Zusammenfügung).

Chlorophyll = Blattgrün (gr. chlōros = grün, phýllon = Blatt).

Chorologie, Lehre von der geographischen Verbreitung der Lebewesen (gr. chṓra = Raum, Land, lógios = kundig).

Chromatische Adaptation, Fähigkeit einiger Blaualgen, ihre Färbung je nach der Qualität des einstrahlenden Lichtes (komplementär) zu ändern (gr. chrṓma = Farbe, lat. adáptare = anpassen).

Chromatophoren, die aus protoplasmatischer Substanz bestehenden, verschieden gestalteten Träger der Assimilationsfarbstoffe in den Pflanzenzellen (gr. chrṓma = Farbe, phorós = tragend).

Chromatoplasma, die periphere Plasmaschicht der Cyanophyceen-Zelle, welche die Assimilationspigmente enthält (gr. chrṓma = Farbe, plásma = das Geformte.

Denitrifikation, Reduzierung von Nitrat zu Nitrit und weiterhin zu elementarem Stickstoff (lat. de = ent-, nítrum = Salpeter, fácere = tun).

Dichte, Verhältniszahl, welche angibt, wie oft mal ein Körper so schwer ist als das gleiche Volumen Wasser von 4^0 (Zahlenwert = spezifisches Gewicht).

Dissimilation, Stoffwechselvorgang, durch den aus komplizierten organischen Verbindungen einfachere (bis hinab zu den anorganischen Endprodukten des Abbaues) entstehen (physiologische Verbrennung) (lat. dissímilis = unähnlich).

Dissoziation, Zerfall der Moleküle eines in Lösung befindlichen Stoffes (eines Salzes, einer Säure, einer Base) in elektrisch geladene Bestandteile (Ionen). Die positiv geladenen Wasserstoff- und Metallionen heißen Kationen, die negativ geladenen Hydroxyl- bzw. Säurerestionen Anionen (lat. dissociáre = trennen; gr. iṓn = wandernd; gr. katá = hinab, aná = hinauf).

Dy, Torfschlamm, ausgefällte Humuskolloide (schwed.).

Dystrophe Seen = Braunwasserseen mit sehr geringem Kalk- und hohem Humusgehalt, oft durch besondere Nährstoffarmut gekennzeichnet (gr. Vorsilbe dys-, = dem deutschen „miß-“ oder „un-“; trophós = Nahrung).

Elektrolytisches Leitvermögen. Die Einheit, ausgedrückt in „reziproken Ohm“, ist das elektrische Leitvermögen einer Flüssigkeitssäule von 1 cm^2 Querschnitt und 1 cm Höhe, welche einen Widerstand von 1 Ohm besitzt. Bei verdünnten Lösungen ist das Leitvermögen annähernd proportional der Konzentration (gr. lýsis = Lösung).

Epilimnion, oberhalb der Sprungschicht gelegene, turbulente Oberflächenschicht des Sees ohne bleibende Temperaturschichtung (gr. epí = auf, límnē = See).

Epiphyten, Pflanzen, die nicht im Boden wurzeln, sondern andere Pflanzen als Unterlage benützen, jedoch ohne in diese einzudringen und ihnen Nahrungssäfte zu entziehen (Scheinschmarotzer) (gr. epí = auf, phytón = Pflanze).

Eulitoral, Uferzone innerhalb der Wasserstandsschwankungen eines Gewässers (gr. eu = wohl, recht, lat. lítus = Ufer).

eurytop ist ein Organismus, der in bezug auf einen bestimmten Umweltfaktor einen weiten Gedeihbereich hat, z. B. eurytherm in bezug auf die Temperatur (gr. eurýs = weit, tópos = Ort).

eutroph sind Gewässer mit guter Nährstoffzufuhr und daher reicher organischer Produktion (gr. eu = gut, trophós = nährend).

Extinktion, Auslöschung (lat. extínguere = auslöschen).

Glazialrelikte, auf bestimmte Örtlichkeiten beschränkte Reste der eiszeitlichen Lebewelt (lat. glácies = Eis, relíctus = zurückgelassen).

Gleichgewichtskohlensäure, jene Menge von freiem CO_2, welche nötig ist, um in einer Lösung von Kalziumbikarbonat das Ausfallen von Kalk zu verhindern.

Gyttja, die für belüftete Seeböden typische Sedimentart (schwed.).

Helokrene, Sumpfquelle (gr. hélos = Sumpf, krḗnē = Quelle).

heterotroph ist die Ernährung der auf organische Stoffe angewiesenen Pflanzen und Tiere (gr. héteros = der Andere, trophós = nährend).

holomiktisch sind Seen, welche bei der winterlichen Abkühlung bis zum Grunde durchmischt werden (gr. hólos = ganz, miktós = vermischt).

hydrisch, vom Wasser herrührend (gr. hýdōr = Wasser).

Hydrobiologie, Kunde vom Leben im Wasser (gr. hýdōr = Wasser, bíos = Leben, lógios = kundig).

Hydrolyse, die durch das Wasser bewirkte, teilweise Spaltung an sich neutraler Salze in freie Säure und Base; je nach der Stärke der Spaltprodukte reagiert die Lösung alkalisch oder sauer (gr. hýdōr = Wasser, lýein = lösen).

Hypolimnion, unterhalb der Temperatur-Sprungschicht gelegene, den Oberflächeneinwirkungen entzogene Tiefenschicht des Sees (gr. hypó = unter, limné = See).

Ionen s. Dissoziation.

isoton sind Lösungen von gleichem osmotischen Druck (gr. isos = gleich, tónos = Spannung, Kraft).

juveniles Wasser, aus dem Erdinnern entbundenes Quellwasser (lat. juvenílis = jugendlich).

Kalorie, Wärmemenge, welche, der Gewichtseinheit des Wassers zugeführt, deren Temperatur um 1° erhöht. Einheiten: Gramm-, Kilogramm-, Tonnenkalorie (lat. cálor = Wärme).

Katharobien, Organismen des an organischen Stoffen armen, „reinen“ Wassers (gr. katharós = rein, bíos = Leben).

Kolloide sind Stoffe, welche, im Gegensatz zu den Kristalloiden, in einer Lösung nicht wie diese als einzelne Moleküle oder Ionen, sondern als größere Molekülaggregate verteilt sind. Sie stehen somit zwischen den echten Lösungen und den Aufschwemmungen (Suspensionen) (gr. kólla = Leim, eídos = Aussehen).

Konvektion, Bewegung von Flüssigkeitsteilchen infolge von Dichteänderungen (lat. convéhere = wegführen).

Kosmopolit, s. Ubiquist.

laminare Strömung, geordnete, gleichgerichtete Bewegung einer Flüssigkeit oder eines Gases (lat. lámina = Blatt, Schichte).

lenitisch, langsam fließend (lat. lénis = sanft).

Limnokrene, Tümpelquelle (gr. limnē = Teich, krḗnē = Quelle).

Limnologie, Binnengewässerkunde (gr. límnē = See, Teich).

Limonit = Brauneisenstein, kolloidales Ferrihydroxyd (lat. limus = Schlamm).

Litoral, die Uferregion der Gewässer (lat. lítus = Ufer).

μ (My, gr.) = 0,001 mm; mμ = 0,000.001 mm.

Maare, vulkanische Explosionstrichter, meist in Gestalt kreisrunder Seen.

Makrophyten, Großpflanzen (gr. makrós = groß, phytón = Pflanze).

meromiktische Seen werden bei der winterlichen Abkühlung nur teilweise, bis zu einer durch die Dichteschichtung bestimmten Tiefe durchmischt (gr. méros = Teil, miktós = vermischt).

Metalimnion, Sprungschicht, jene zwischen Epi- und Hypolimnion gelegene Wasserschicht eines Sees, in der die Temperatur vertikal die größten Unterschiede aufweist (gr. metá = inmitten, zwischen, limnē = See).

Mikrophyten, Kleinpflanzen (gr. mikrós = klein, phytón = Pflanze).

mixotroph nennt man Algen, welche die Fähigkeit der CO_2-Assimilation besitzen, sich jedoch zusätzlich von organischen Stoffen ernähren (gr. míxis = Mischung, trophós = nährend).

Morphologie, Lehre von der Gestalt (gr. morphé = Gestalt, lógios = kundig).

Nekton, dahin gehören die kräftigen Schwimmer unter den Planktontieren, die zu willkürlichen Ortsveränderungen von größerem Ausmaß befähigt sind (gr. nḗktos = schwimmend).

Neuston, Lebensgemeinschaft des Wasserhäutchens (gr. nein = schwimmen).

Normallösung, eine Lösung, die in einem Liter ein Grammäquivalent eines Stoffes enthält.

Normal-Wasserstoffelektrode, platinierte (mit Platinmohr überzogene) Platinelektrode, welche in eine Lösung von p_H 0 eintaucht und von Wasserstoff bei Atmosphärendruck umspült wird.

Ohm, Einheit des elektrischen Widerstandes, 1 Ohm ist der Widerstand einer Quecksilbersäule von 1 mm^2 Querschnitt von 106,3 cm Länge bei 0^0 (nach dem Physiker G. S. Ohm).

Ökologie, Lehre von den Beziehungen der Lebewesen zur Umwelt (gr. oíkos = Haus, Haushalt, lógios = kundig).

Ökotypen, Rassen einer Art, die sich durch physiologische Merkmale (Verhalten zur Umwelt) unterscheiden (gr. oíkos = Behausung, týpos = Gepräge).

oligoaërob(iont), Organismen, die nur unter geringen Sauerstoffspannungen gedeihen (gr. olígos = wenig, aḗr = Luft, bíos = Leben).

oligotherm, auf einen Bereich niedriger Temperaturen beschränkt (gr. olígos = wenig, thermós = warm).

oligotroph sind Gewässer mit geringer Nährstoffversorgung und daher geringer organischer Produktion (gr. olígos = wenig, trophós = nährend).

Osmose, Durchdringen von Flüssigkeiten durch Scheidewände hindurch; osmotischer Druck, das Bestreben einer Lösung, durch Heranziehen des Lösungsmittels ihre Konzentration herabzusetzen (gr. díosmos = „Durchdringen des Geruchs").

Oxydation, chemischer Vorgang, der bestehen kann: 1. in der Aufnahme von Sauerstoff (Verbrennung); 2. in dem Entzug von Wasserstoff (H_2S — S); 3. in der Erhöhung der Wertigkeit (z. B. von Ferro- zu Ferri-Verbindungen). Reduktion ist der entgegengesetzte Vorgang (gr. oxýs = scharf, sauer; lat. redúcere = zurückführen).

Pelagial, Region des freien Wassers im Meere und im Binnensee (gr. pélagos = die hohe See).

Permutite, (Austauscher), Stoffe, die in Berührung mit Lösungen Kationen bzw. Anionen gegen andere austauschen (lat. permutáre = vertauschen).

p_H, Wasserstoffexponent, der negative Logarithmus der in Grammäquivalenten ausgedrückten Wasserstoffionenkonzentration.

Photoelement (Sperrschicht-Photozelle), Element, bestehend aus einer Metallplatte (Eisen, Kupfer), einer dünnen Schicht eines kristallinen Halbleiters (Silberselenit, Kupferoxydul) und einer durchsichtigen Metallhaut. Bei Belichtung von der Seite der Metallhaut her entsteht in einem geschlossenen Leiter zwischen dieser und der Metallplatte ein lichtelektrischer Strom (Photostrom) (gr. phōs = Licht, lat. eleméntum = Bestandteil).

Photosynthese, Aufbau organischer Substanz (Kohlehydrat) aus CO_2 und H_2O mit Hilfe der Energie des Lichtes (gr. phōs = Licht, sýnthesis = Zusammenfügung).

Phototropismus, Reizbewegung im Lichtgefälle (gr. phōs = Licht, trópos = Wendung).

Phylogenie, Stammesgeschichte (gr. phylḗ = Geschlecht, Stamm, genésthai = entstehen).

Phytoplankton, das pflanzliche Plankton (gr. phytón = Pflanze).

Plankton, Lebensgemeinschaft des freien Wassers (gr. planktós = umhergetrieben).

Pleuston, Lebensgemeinschaft der auf der Oberfläche des Sees treibenden Organismen (gr. plein = schwimmen, zu Schiffe fahren).

polytherm, auf einen Bereich hoher Temperatur beschränkt (gr. polýs = viel, thermós = warm).

Profundal, Tiefenregion der Gewässer unterhalb der lichtbedingten Grenze des Pflanzenwuchses (lat. profúndus = tief).

Psammon, Lebensgemeinschaft im Inneren des Sandes an See- und Flußufern (gr. psámmos = Sand).

Puffer, Gemische schwacher Säuren mit ihren Salzen, welche (in Lösung) Reaktionsänderungen weitgehend auszugleichen vermögen.

Reaktion einer Lösung, die durch das Verhältnis der H^+ und OH^--Ionen bestimmte sauere, neutrale oder alkalische Beschaffenheit (lat. reáktio = Rückwirkung).

Redoxpotential, elektrische Spannung einer in eine Lösung des Gemisches der oxydierten und der reduzierten Stufe eines Stoffes eintauchenden, blanken Platinelektrode gegen die Normalwasserstoffelektrode (vgl. S. 173).

Reduktion s. Oxydation.

Respiratorischer Wert, Atmungswert (lat. respiráre = atmen).

Rheokrene, Fließquelle (gr. rhein = fließen, krēnē = Quelle).

Rheotropismus, Reizbewegung im Strömungsgefälle (gr. rhein = fließen trópos = Wendung).

Saprobien, Lebewesen des mit organischen Stoffen verschmutzten Wassers (gr. saprós = faul, bìos = Leben).

Sapropel, Faulschlamm (gr. saprós = faul, pélein = sich hin und her bewegen, leben).

Seiches, (gespr. Sēsch), stehende Wellen der Seen (vielleicht von franz. sèche = trocken, da beim Zurückweichen des Wassers die Uferpartien trockengelegt werden).

Seston, das „Absiebbare“, Gesamtheit aller im Wasser schwebenden festen Bestandteile (gr. sēstós, gesiebt, siebbar).

Solfataren, an Schwefelverbindungen reiche, vulkanische Gasquellen (nach der „Solfatara“ in den Phlegräischen Feldern, ital. sólfo = Schwefel).

spezifisches Gewicht, Gewicht der Volumeinheit (1 ccm) eines Stoffes in Gramm (lat. spécies = Art).

spezifische Wärme, Wärmemenge in Kalorien, die der Gewichtseinheit eines Körpers zugeführt werden muß, um dessen Temperatur um 1° zu erhöhen.

Sublitoral, Uferzone unterhalb des niedrigsten Wasserstandes bis zur unteren Grenze des Pflanzenwuchses (lat. sub = unter, lítus = Ufer).

Sulfatreduktion, Bildung von Schwefelwasserstoff aus Sulfaten (lat. súlphur = Schwefel, redúcere = zurückführen).

Stabilität der Schichtung, die Arbeit, welche aufgewendet werden muß, um die in einem See bestehende Dichteschichtung zu zerstören bzw. auszugleichen (lat. stábilis = feststehend).

stenotop ist ein Organismus, der in bezug auf einen bestimmten Umweltfaktor einen engen Gedeihbereich hat; z. B. **stenotherm** in bezug auf die Temperatur (gr. stenós = eng, tópos = Ort).

stöchiometrisch ist das Mengenverhältnis von Elementen in einer chem. Verbindung, nach den Verbindungsgewichten. (gr. stoichéion = Element).
tektonisch, durch den Bau bzw. die Bewegung der Erdrinde verursacht (gr. tektonikḗ = Baukunst).
Temperatur-Gradient, Temperaturunterschied innerhalb einer Schicht von 1 m Höhe (lat. grádi = schreiten).
Thermoelement, ein an den Enden verlötetes Paar von Drähten verschiedener Metalle, das bei einer (z. B. durch Strahlung bewirkten) Temperaturdifferenz der Lötstellen einen elektrischen Strom (Thermostrom) ergibt. Thermosäule, Hintereinanderschaltung von mehreren Thermoelementen (gr. thermós = warm).
torrenticol, Sturzbäche bewohnend (lat. tórrens = Sturzbach, cólere = bewohnen).
Transmission, Durchlässigkeit (lat. transmittere = hindurchschicken).
Tripton, die nicht belebten Schwebstoffe (Detritus, Zerreibsel) im Wasser (gr. tríbein = reiben).
trophogene Schicht, Oberflächenschicht eines Sees, wo der organische Aufbau aus mineralischen Stoffen auf Grund der Lichtenergie erfolgt (gr. trophḗ = Nahrung, genésthai = entstehen).
tropholytische Schicht, Tiefenschicht eines Sees, wo wegen des Lichtmangels der organische Abbau überwiegt (gr. trophḗ = Nahrung, lýein = lösen).
Turbulenz, ungeordnete, unter Wirbelbildung erfolgende Bewegung in Flüssigkeiten und Gasen (lat. túrbo = Wirbel).
Tychoplankton, „zufällig" ins Plankton geratene Formen der litoralen Lebensgemeinschaften (gr. týchē = Fügung).
Ubiquist, Tier- oder Pflanzenart, die unter sehr verschiedenen Bedingungen (in verschiedenen Biotopen) zu gedeihen vermag (lat. ubíque = überall); dem gegenüber sind Kosmopoliten jene Arten, die in den ihnen zusagenden Biotopen über die ganze Erde verbreitet sind (gr. kósmos = Welt, polítēs = Bürger).
Ultrarot, langwelliger Strahlenbereich jenseits des sichtbaren Rot (lat. últra = jenseits).
Ultraviolett, kurzwelliger Strahlenbereich jenseits des sichtbaren Violett (lat. últra = jenseits).
vadoses Wasser, von der Erdoberfläche (dem Regen) stammendes Quellwasser (lat. vadósus = seicht).
Viskosität, Zähigkeit (lat. viscum = Vogelleim).
Volt, Einheit der elektr. Spannung; 1 V ist diejenige Spannung, welche in einem Leiter von 1 Ohm Widerstand die Stromstärke 1 Ampere erzeugt (n. d. Physiker A. Volta).
Widerstandsthermometer, Einrichtung zur Bestimmung der Temperatur auf Grund der thermischen Änderung des elektrischen Leitungswiderstandes dünner Drähte.
Zooplankton, das tierische Plankton (gr. zoon = Tier).
Zyklomorphose, periodisch wiederkehrende Veränderung der Körpergestalt bei aufeinanderfolgenden Generationen von Planktontieren (gr. kýklos = Kreis, morphḗ = Gestalt).

Literaturverzeichnis

A. Zusammenfassende Werke

BREHM, V., Einführung in die Limnologie. Biologische Studienbücher X, Berlin 1930.

FOREL, F. A., 1. Le Léman. Monographie limnologique, 3 Bde., Lausanne 1892—1904. — 2. Handbuch der Seenkunde, Stuttgart 1901.

HALBFASS, W., Grundzüge einer vergleichenden Seenkunde, Berlin 1923.

HENTSCHEL, E., Grundzüge der Hydrobiologie, Jena 1923. (Behandelt auch das Meer.)

LAMPERT, K., Das Leben der Binnengewässer, 3. Aufl., Leipzig 1925.

LENZ, F., Biologie der Süßwasserseen. Biologische Studienbücher IX, Berlin 1928.

OLTMANNS, F., Morphologie und Biologie der Algen, 2. Aufl., III. Bd., Jena 1923.

STEUER, A., Planktonkunde, Leipzig 1910. (Behandelt auch das Meer.)

THIENEMANN, A., Die Binnengewässer Mitteleuropas. In: „Die Binnengewässer", Stuttgart 1925. — In der von A. THIENEMANN herausgegebenen Sammlung: „Die Binnengewässer" erscheinen fortlaufend Monographien aus dem Gesamtgebiet der Limnologie. Besonders Bezug genommen wurde ferner in unserem Text auf folgende Bände: CHAPPUIS, Die Tierwelt der unterirdischen Gewässer (1927). GROTE, Der Sauerstoffhaushalt der Seen (1934). HAEMPEL, Fischereibiologie der Alpenseen (1930). HARNISCH, Die Biologie der Moore (1939). HUBER-PESTALOZZI, Das Phytoplankton des Süßwassers (4 Teile, erscheint seit 1938). LUNDQVIST, Bodenablagerungen und Entwicklungstypen der Seen (1927). NAUMANN, Grundzüge der regionalen Limnologie (1932). NAUMANN, Einführung in die Bodenkunde der Seen (1930). MAUCHA, Hydrochemische Methoden in der Limnologie (1932). PESTA, O., Der Hochgebirgssee der Alpen (1929). PIA, Kohlensäure und Kalk (1933). RYLOV, Das Zooplankton der Binnengewässer (1935). THIENEMANN, 1. Der Sauerstoff in eutrophen und oligotrophen Seen (1928). 2. Verbreitungsgeschichte der Süßwassertierwelt Europas (1950).

WELCH, P. S., 1. Limnology New York and London 1935. — 2. Limnological Methods, Philadelphia-Toronto 1948.

WESENBERG-LUND, C., 1. Biologie der Süßwassertiere (wirbelose Tiere), übersetzt von O. STORCH, Berlin 1939. — 2. Biologie der Süßwasserinsekten, Berlin 1943.

B. Zeitschriften

Archiv für Hydrobiologie, herausgegeben von A. THIENEMANN (E. Schweizerbartsche Verlagsbuchhandlung in Stuttgart). Bisher 45 Bände, außerdem Supplemente (in der folgenden Literaturübersicht abgekürzt: Arch.).

Hydrobiologia. Acta hydrobiologica, limnologica et protistologica. Herausgegeben von P. VAN OYE und Mitarbeitern; Den Haag 1. Bd. 1948.

Internationale Revue der gesamten Hydrobiologie und Hydrographie, herausgegeben von R. WOLTERECK (Akademische Verlagsgesellschaft in Leipzig). Bisher 43 Bände (abgekürzt: Rev.).

Schweizerische Zeitschrift für Hydrologie. Seit 1920 13 Bände. Herausgegeben von O. JAAG, Verlag Birkhäuser, Basel.

Verhandlungen der Internationalen Vereinigung für theoretische und angewandte Limnologie, herausgegeben von F. LENZ (E. Schweizerbartsche Verlagsbuchhandlung in Stuttgart). 11 Bände.

C. Auswahl von Arbeiten, auf die im Text Bezug genommen wurde[1])

ÅBERG, B. und RODHE, W., Über die Milieufaktoren in einigen südschwedischen Seen. Symb. Bot. Upsal. V: 3, 1942.

ALSTERBERG, G., 1. Die respiratorischen Mechanismen der Tubificiden. Lunds Universitets Årsskrift, N. F. 2/18, 1922. — 2. Die Winklersche Bestimmungsmethode für in Wasser gelösten Sauerstoff sowie ihre Anwendung bei Anwesenheit oxydierbarer Substanzen. Biochem. Zschr. 170, 1926. — 3. Die Sauerstoffschichtung der Seen. Botan. Notiser 1927. — 4. Die Dynamik des Stoffwechsels der Seen im Sommer. Lund. 1935.

APSTEIN, C., Das Süßwasserplankton, Kiel und Leipzig 1896.

AUERBACH, M., MAERKER, W., SCHMALZ, O., Hydrographisch-biologische Bodensee-Untersuchungen. Verh. naturw. Ver., Karlsruhe 1926.

AUFSESS, O. v., 1. Die Farbe der Seen, Diss., München 1903. — 2. Die physikalischen Eigenschaften der Seen. „Die Wissenschaft“ 4, Braunschweig 1905.

BERE, R., Numbers of bacteria in inland lakes of Wisconsin, as shown by the direct count microscopic method. Rev. 29, 1933.

BERG, KAI, 1. Contributions to the biology of Corethra MEIGEN (Chaoborus LICHTENSTEIN). Det Kgl. Danske Videnskabernes Selskab. Biol. Medd. 13, 1937. — 2. Phisiographical studies on the River Susaa. Fol Limnol, Scandinav. 1, 1943. — 3. Biological studies on the River Susaa. Ebenda 4, 1948.

BIRGE, E. A., 1. The work of wind in warming a lake. Transact. Wisc. Acad. 18, II, 1916. — 2. A second report on limnological apparatus. Wisc. Acad. Sci. 20, 1922.

BIRGE, E. A. and JUDAY, CH., 1. The Inland Lakes of Wisconsin: The dissolved gases of the water and their biological significance. Wisc. Nat. Hist. Surv. Bull. 22, 1911. — 2. ebenda: The Plankton, its quantity and chemical composition. Bull. 64, 1922. — 3. Transmission of solar radiation by the waters if inkand lakes. Transact. Wisc. Acad. Madison, 4 Veröffentlichungen 1929 bis 1932. — 4. The transparency, the color and the specific conductivity of the lake waters of northeastern Wisconsin. Ebenda 1933. — 5. Particulate and dissolved organic matter in inland lakes. Ecological Monographs 4, 1934. — 6. Further limnological observations on the Finger Lakes of New York. Bur. of Fisher. 37, 1919 (Sneca Lake).

BREHM, V. und RUTTNER, F., Die Biozönosen der Lunzer Gewässer. Rev. 16, 1926.

BRÜCKNER, E., Zur Thermik der Alpenseen und einiger Seen Nordeuropas. Geogr. Zschr. 15, 1909.

COLLET, L. W., Les Lacs. Paris 1925.

CUSHING, D. H., The vertical migration of planktic crustacea. Biol. Reviews of the Cambridge Philos. Soc. 26, 1951.

[1]) Ausführlichere Literaturzusammenstellungen sind in den oben angegebenen zusammenfassenden Werken sowie in einigen der weiter unten zitierten Arbeiten zu finden.

DEEVEY, E. S., Studies on Connecticut Lake Sediments. III. The Biostratonomy of Linsley Pond. Amer. Journ. of Science, 240, 1942.

DEFANT, A., Dynamische Ozeanographie. Einführung in die Geophysik III, Berlin 1929.

DEMOLL, R., 1. Temperaturwellen und Planktonwellen. Arch. 13, 1922. — 2. „Teichdüngung“ in Handb. d. Binnenfischerei Mitteleuropas, Bd. 4, 1925.

DU RIETZ, E., in: Führer für die Exkursion des IX. Internationalen Limnologenkongresses (Zur Kenntnis der Vegetation des Sees Tåkern). Acta phytogeographica Suecica XII, 1939.

ECKEL, O., 1. Strahlungsuntersuchungen in einigen österr. Seen. Sitz. Ber. Akad. d. Wiss. Wien, mathem. naturw. Kl. IIa, 144, 1935. — 2. Über die numerische und graphische Ermittlung der Stabilität der Gewässer nach W. SCHMIDT. Schw. Zschr. f. Hydrologie 12, 1950.

EINSELE, W., 1. Über die Beziehungen des Eisenkreislaufes zum Phosphorkreislauf im eutrophen See. Arch. 29, 1936. — 2. Über chemische und kolloidchemische Vorgänge in Eisen-Phosphatsystemen unter limnochemischen und limnogeologischen Gesichtspunkten. Arch. 33, 1938. — 3. Versuch einer Theorie der Dynamik der Mangan- und Eisenschichtung im eutrophen See. Naturwissenschaften 1940. — 4. Die Umsetzung von zugeführtem, anorganischem Phosphat im eutrophen See und ihre Rückwirkungen auf seinen Gesamthaushalt. Zschr. f. Fischerei u. deren Hilfswiss. 39, 1941. — 5. Der Zeller See, ein lehrreicher Fall extremer limno-chemischer Verhältnisse. Zschr. f. Fischerei 42, 1944.

EINSELE, W. und GRIM, J., Über den Kieselsäuregehalt planktischer Diatomeen und dessen Bedeutung für einige Fragen ihrer Ökologie. Zschr. f. Bot. 32, 1938.

EKMAN, S., Die Bodenfauna des Vättern, qualitativ und quantitativ untersucht. Rev. 7, 1915.

ELSTER, H. J., Beobachtungen über das Verhalten der Schichtgrenzen nebst einigen Bemerkungen über die Austauschverhältnisse im Bodensee (Obersee). Arch. 35, 1939.

ELSTER, H. J. und EINSELE, W., Beiträge zur Hydrographie des Bodensees (Obersee). Rev. 35, 1937.

EXNER, F. M., Über Temperaturseiches im Lunzer Untersee. Ann. der Hydrographie und maritimen Meteorologie 1928.

FINDENEGG, I., 1. Limnologische Untersuchungen im Kärntner Seengebiete. Arch. 28, 1935. — 2. Die Bedeutung des Nährstoffgehaltes der Seen für die Menge und Art ihres Planktons. „Der Biologe“ 11., 1942. — 3. Über die Lichtansprüche planktischer Süßwasseralgen. Sitz. Ber. Akad. d. Wiss. Wien, math.-naturw. Kl., I., 155, 1947.

FOX, H. MUNRO., The effect of Light on the vertical movement of aquatic organisms. Proc. Cambridge Philos. Soc. (Biol. Sc.) 1, 1925.

FRITSCH, F. E. and DE, P. K., Nitrogen Fixation by blue-green algae. Nature 142, 1938.

GAMS, H., Die Geschichte der Lunzer Seen, Moore und Wälder. Rev. 18, 1927.

GEITLER, L., 1. Über die Tiefenflora an Felsen im Lunzer Untersee. Arch. für Protistenk. 62, 1928. — 2. Über Vegetationsfärbungen in Bächen. Biologia generalis 3, 1927. — 3. Zur Kenntnis der Bewohner des Oberflächenhäutchens einheimischer Gewässer. Biologia generalis 16, 1942.

GEITLER, L. und RUTTNER, F., Die Cyanophyceen der Deutschen Limnologischen Sunda-Expedition, 3. Teil. Arch. Suppl. 14, 1935.

GESSNER, F., Phosphat und Nitrat als Produktionsfaktoren der Gewässer. Verh. Internat. Ver. f. theoret. u. angew. Limnol. 7, 1935.

GRIM, J., Versuche zur Ermittlung der Produktionskoeffizienten einiger Planktophyten in einem flachen See. Biol. Zentralbl. 69, 1950.

HASLER, A. D. and EINSELE, W., Fertilization för increasing productivity of natural inland lakes. Transact. of the Thirteenth North American Wildlife Conference, 1948.

HUTCHINSON, G. E., 1. A contribution to the limnology of arid regions. Transact. of the Connecticut Acad. of arts and sciences, 33, 1937. — 2. On the relation between the oxygen deficit and the productivity and typology of lakes. Rev. 36, 1938. — 3. Limnological Studies in Connecticut IV., Mechanism of intermediary metabolism in stratified lakes. Ecological monographs 11, 1941. — 4. VIIa, Critical examination of the supposed relationship between phytoplankton periodicity and chemical changes in lake waters. Ecology 25, 1944.

JAAG, O., Die Kryptogamenflora des Rheinfalles und des Hochrheins von Stein bis Eglisau. Mitt. Naturf. Ges. Schaffhausen 14, 1938.

JACOBS, W., Das Schweben der Wasserorganismen. Erg. d. Biol. 11, 1935.

JÄRNEFELT, H., Zur Limnologie einiger Gewässer Finnlands. Ann. Soc. Zool.-Bot-Fenn. Vanamo 2, 1935.

KANN, E., Zur Ökologie des litoralen Algenaufwuchses im Lunzer Untersee. Rev. 28, 1933.

KLEIN, G. und STEINER, M., Bakteriologisch-chemische Untersuchungen am Lunzer Untersee I., Österr. Bot. Zeitschr. 78, 1929.

KOFOID, C. A., On some important sources of error in the plankton-method. Science N. S. 6, 1897.

KOLKWITZ, R., Über das Kammerplankton des Süßwassers und der Meere. Ber. Dtsch. Bot. Ges. 29, 1911. — 2. Pflanzenphysiologie. Versuche und Beobachtungen an höheren und niederen Pflanzen, einschließlich Bakteriologie und Hydrobiologie mit Planktonkunde, 2. Aufl., Jena 1922. Abschnitt B/VI, Ökologie der Gewässer.

KOLKWITZ, R. und MARSSON, M., Grundsätze für die biologische Beurteilung des Wassers nach seiner Flora und Fauna. Mitt. Kgl. Prüfungsanstalt f. Wasserversorgung und Abwässerbeseitigung 1, 1902.

KRAWANY, H., Trichopterenstudien im Gebiete der Lunzer Seen 1—12. Rev. 1928—1937. 1. Die Verbreitung einiger Bachformen und ihre Abhängigkeit von der Temperatur 1928.

KUISEL, H. F. Wiss. Erforschung des Zürichsees in den Jahren 1929—1933. Zürich 1936.

LAUTERBORN, R., 1. Der Formenkreis von Anuraea cochlearis. Verh. nat. med. Ver., Heidelberg 1900. — 2. Die Kalksinterbildungen an den unterseeischen Felswänden des Bodensees und ihre Biologie. Mitt. Bad. Landesver. Naturk. N. F. 1, 1922. — 3. Die sapropelische Lebewelt. Verh. naturh.-med. Ver. Heidelberg, N. F. 13, 1915.

LIEBMANN, H., 1. Biologie und Chemismus der Bleilochsperre. Arch. 33, 1938. — 2. Zur Biologie der Methanbakterien. „Gesundheitsingenieur" 71, 1950. — 3. Handbuch der Frischwasser- und Abwasserbiologie. München 1951.

LINDEMAN, R. L., The trophic-dynamic aspect of ecology. Ecol. 23, 1942.

LOHAMMAR, G., Wasserchemie und höhere Vegetation schwedischer Seen. Symbolae Bot. Upsal. III: 1, 1938.

LOHMANN, H., Untersuchungen zur Feststellung des vollständigen Gehaltes des Meeres an Plankton. Wissensch. Meeresunters. 10, Kiel 1908.

LOHUIS, D., MELOCHE, V. W. and JUDAY, C., Sodium and potassium content of Wisconsin lake waters and their residues. Trans. Wisc. Acad. Sci. 31, 1938.

LUNDEGÅRDH, H., Klima und Boden in ihrer Wirkung auf das Pflanzenleben. Jena 1925.

LUNTZ, A., Über die Sinkgeschwindigkeit einiger Rädertiere. Zool. Jahrb., Abt. Allg. Zool. 44, 1928.

MERKER, E., Die Fluoreszenz und die Lichtdurchlässigkeit der bewohnten Gewässer. Zool. Jahrb. 49, 1931.

MEVIUS, W., Wasserstoffionenkonzentration und Permeabilität bei „kalkfeindlichen“ Gewächsen. Zeitschr. f. Bot. 16, 1924.

MICHAELIS, L., Oxydations-Reduktionspotentiale mit besonderer Berücksichtigung ihrer physiologischen Bedeutung. Berlin 1933.

MINDER, L., 1. Über biogene Entkalkung im Zürichsee. Verh. Internat Ver. f. theor. u. angew. Limnol. 1, 1922. — 2. Biologisch-chemische Untersuchungen im Zürichsee. Zeitschr. f. Hydrologie 3, 1926. — 3. Der Zürichsee im Lichte der Seetypenlehre. Zürich 1943.

MITSCHERLICH, E. A., Bodenkunde 4. Aufl. Berlin 1923.

MOLISCH, H., Pflanzenbiologie in Japan auf Grund eigener Beobachtungen, Jena 1926.

MORTIMER, C. H., 1. The exchange of dissolved substances between mud and water in lakes. Journ. of Ecol. 29, 1941. — 2. The use of models in the study of water movememt in stratified lakes. Verh. Int. Ver. f. Limnol. 11, 1950.

MÜLLER, H., 1. Limnologische Feldmethoden. Rev. 28, 1933. — 2. Über das Auftreten von Nitrit in einigen Seen der österr. Alpen. Rev. 30, 1934. — 3. Beiträge zur Frage der biochemischen Schichtung im Lunzer Ober- und Untersee. Rev. 36, 1938.

MÜNSTER-STRØM, K., 1. Nordfjord Lakes. Norske Videnskaps-Akademi i Oslo I, Mathem.-Naturv.-Klasse 1932. — 2. Land-locked Waters, ebenda 1936. — 3. Tyrifjord, ebenda 1932.

NAUMANN, E., 1. Zur Kritik des Planktonbegriffes. Ark. f. Bot. 21, 1927. — 2. Die Eisenorganismen. Grundlinien der limnologischen Fragestellung. Rev. 24, 1930. (Ferner zahlreiche andere Arbeiten zur Eisenfrage.)

NEEL, J. K., A limnological investigation of the Psammon in Douglas Lake, Michigan, with especial reference to shoal and shoreline dynamics. Transact. of the Amer. Microscop, Soc. 67, 1948.

NIPKOW, F., Vorläufige Mitteilung über Untersuchungen des Schlammabsatzes im Zürichsee. Revue d Hydrologie 1, 1920.

NÜMANN, W., Der Stickstoffhaushalt eines mäßig eutrophen Sees. Zschr. f. Fischerei 39, 1941.

ODÉN, S., Die Huminsäuren. Kolloidchemische Beihefte 11, 2. Aufl., 1922.

OHLE, W., 1. Chemische und physikalische Untersuchungen in norddeutschen Seen. Arch 26, 1934. — 2. Die Bedeutung der Austauschvorgänge zwischen Schlamm und Wasser für den Stoffkreislauf der Gewässer. „Vom Wasser“ 13, 1938. — 3. Organische Kolloidgele in ihrer Wirkung auf den Stoffhaushalt der Gewässer. Naturwissenschaften 23, 1935. — 4. Chemische Gewässererkundung in Schwedisch—Lappland. Arch. 36, 1940. – 5. Über den Kaliumgehalt der Binnengewässer. Ebenda 14, 1940.

OSTWALD, WO., Zur Theorie des Planktons. Biol. Zbl. 22, 1902.

PEARSALL, W. H., Phytoplankton in the English lakes. II. The composition of the phytoplankton in relation to dissolved substances. J. Ecol. 20, 1932.

PENNAK, R. W., Ecology of the microscopic metazoa inhabiting the sandy beaches of some Wisconsin lakes. Ecol. Monographs 10, 1940.

PERFILIEV, B. W., Die Mikrobiologie der Süßwasserablagerungen. Verh. d. I. V. L. 4, 1927.

PLESKOT, G., Der Stand der biologischen Fließwasserforschung. Verh. d. Deutschen Zoologen in Mainz, 1949.

PRINTZ, H., Über die Kohlensäureassimilation der Meeresalgen in verschiedenen Tiefen. Skr. Norske Videnskaps Akad. i Oslo I, math. naturw. Kl. 1939.

PÜTTER, A., Die Ernährung der Wassertiere und der Stoffhaushalt der Gewässer, Jena 1909.

REDINGER, K., Zur Ökologie der Schlenken in den Mooren des Lunzer Obersees. Beih. Bot. Cbl., 1934.

RICHTER, E., Die Temperaturverhältnisse der Alpenseen. Verh. d. IX. deutschen Geographentages Wien 1891.

RICKER, W. E., Physical and chemical characteristics of Cultus Lake, British Columbia. J. Biol. Bd. Can. 3 (4) 1937.

RODHE, W., Enviromental requirements of freshwater plankton algae. Symb. bot. Upsal. X: 1, 1948.

RUTTNER, F., 1. Das elektrolytische Leitvermögen verdünnter Lösungen unter dem Einfluß submerser Gewächse. S. B. Akad. Wiss. Wien, Mathem. naturw. Kl. 1/130, 1921. (Handelt über die Assimilation des Kalziumbikarbonates.) — 2. Bemerkungen über den Sauerstoffgehalt der Gewässer und dessen respiratorischen Wert. Naturwissenschaften 1926. — 3. Das Plankton des Lunzer Untersees, seine Verteilung im Raum und in der Zeit. Rev. 23, 1929. — 4. Hydrographische und hydrochemische Beobachtungen auf Java, Sumatra und Bali. Arch. Suppl 8, 1931. — 5. Limnologische Studien an einigen Seen der Ostalpen. Arch. 32, 1937. — 6. Über die Anreicherung des Eisens im Tiefensediment eutroph geschichteter Seen. Zschr. f. Fischerei 41, 1943. — 7. Zur Frage der Karbonatassimilation der Wasserpflanzen I. u. II., Österr. Bot. Zschr. 94 u. 95, 1947 u. 1948.

RUTTNER, F. und SAUBERER, F., Durchsichtigkeit des Wassers und Planktonschichtung. Rev. 37, 1938.

RYLOV, M. W., Über das Tripton-Problem. Verh. Intern. Ver. f. theor. u. angew. Limnol. 5, 1931.

SAUBERER, F., 1. Zur Methodik der Durchsichtigkeitsmessung im Wasser und deren Anwendung in der Limnologie. Arch. 33, 1938. — 2. Beiträge zur Kenntnis des Lichtklimas einiger Alpenseen. Rev. 39, 1939.

SAUBERER, F. und ECKEL, O., 1. Zur Methodik der Strahlungsmessungen unter Wasser. Rev. 37, 1938.

SAUBERER, F. und RUTTNER, F., Die Strahlungsverhältnisse der Binnengewässer. Leipzig 1941.

SCHMIDT, H., Die bionomische Einteilung der fossilen Meeresböden. Fortschr. d. Geologie und Paläontologie XII, 1935.

SCHMIDT, W., 1. Über den Energiegehalt der Seen. Rev. 6, Suppl. 1915. Ferner: Geographiska Annaler 102, 1928. — 2. Der Massenaustausch in freier Luft und verwandte Erscheinungen, Hamburg 1925. — 3. Ein Jahr Temperaturmessungen an 17 österr. Alpenseen. Sitz. Bre. Akad. d. Wiss. Wien, mathem.-naturwiss. Kl. IIa, 153, 1934.

SCHOMER, A. H. and JUDAY, CH., Photosynthesis of algae at different depths in some lakes of northeastern Wisconsin. Transact. Wisc. Acad. of Sc. 29, 1935.

STANDARD METHODS for the examination of Water and Seewage. 9the Edition. Amer. Public Health Assos. New York, 1946.

STEEMANN-NIELSEN, E., Photosynthesis of aquatic plants with special reference to the carbon-sources. Dansk Bot. Ark. 12, 1947.

STEINER, M., 1. Beiträge zur Kenntnis des Zellulose- und Chitinabbaues durch Mikroorganismen in stehenden Binnengewässern. „Stella matutina", Festschr. II, 1931. — 2. Zur Kenntnis des Phosphatkreislaufes in Seen. Naturwissenschaften 26, 1938.

STEINMANN, P., 1. Die Tierwelt der Gebirgsbäche. Annal. Biol. Lacustre 1907. — 2. Praktikum der Süßwasserbiologie, I. Teil: Die Organismen des fließenden Wassers. Berlin 1915.

STORCH, O., 1. Morphologie und Physiologie der Fangapparate der Daphniden. Erg. u. Fortschr. d. Zool. 6, 1924. — 2. Der Fangapparat von Diaptomus. Ztschr. f. vgl. Physiol. 3, 1925.

THIENEMANN, A., 1. Lebensgemeinschaft und Lebensraum. Naturwiss. Wochenschr. 33, 1918. — 2. Die Salzwassertierwelt Westfalens. Verh. d. dtsch. zool. Ges. 1913. — 3. Das Ulmener Maar. Festschr. med. naturf. Ges., Münster 1915. — 4. Untersuchungen über die Beziehungen zwischen dem Sauerstoffgehalt des Wassers und der Zusammensetzung der Fauna in norddeutschen Seen. Arch. 12, 1918. — 5. Die Reliktenkrebse Mysis relicta, Pontoporeia affinis, Pallasea quadrispinosa und die von ihnen bewohnten norddeutschen Seen. Arch. 19, 1928. — 6. Die Tierwelt der Bäche des Sauerlandes. 40. Jahresber. d. westfäl. Provinzialver. f. Wiss. u. Kunst, Münster 1911/12. — 7. Die Chironomidenforschung in ihrer Bedeutung für Limnologie und Biologie. Biol. Jaarb. „DODONEA“ 6, Gent 1939. — 8. Der Produktionsbegriff in der Biologie. Arch. 22, 1931.

THORADE, H., Probleme der Wasserwellen, Leipzig 1930.

TONOLLI, V., Struttura spaziale del popolamento mesoplanctico. Eterogenità delle densità dei popolamenti orizontali e sua variazione in funzione della quota. Mem. Istituto Ital. di idrobiologia Dott. Marco de Marchi 5, 1949.

UTERMÖHL, H., 1. Limnologische Phytoplanktonstudien. Arch. Suppl. 5, 1925. — 2. Neue Wege in der quantitativen Erfassung des Planktons. Verh. Intern. Ver. Limnol. 5, 1931.

WASMUND, E., 1. Biozönose und Thanatozönose. Biosoziologische Studie über Lebensgemeinschaften und Totengesellschaften. Arch. 17, 1926. — 2. Die Strömungen im Bodensee. Rev. 18 und 19, 1927/28. — 3. Bitumen, Sapropel und Gyttja. Geol. Föreningens i Stockholm Förhandlingar., 1930.

WEDDERBURN, E. M., Current Observations in Loch Garry. Proc. Roy. Soc. Edinburgh 30, 1910.

WESENBERG-LUND, C., 1. Von dem Abhängigkeitsverhältnis zwischen dem Bau der Planktonorganismen und dem spez. Gewichte des Süßwassers. Biol. Cbl. 20, 1900. — 2. Plankton investigations of the Danish lakes, Kopenhagen 1908. — 3. Furesøestudier (Avec un résumé en français). D. Kgl. Danske Vedensk. Selsk. Skrifter, Nat. og Mathem. Afd., 8 Räkke, III. 1, 1917.

WILLER, A., Über den Aufwuchs der Unterwasserpflanzen. Schr. Physikökonom. Ges., Königsberg, 61/62, 1920.

WILLER, A. und HEINEMANN, E., Untersuchungen über Trübungs- und Sedimentationsvorgänge in Gewässern. Schr. „Phys.-ökon. Ges. Königsberg“ 69, 1936.

WOLTERECK, R., 1. Die natürliche Nahrung pelagischer Cladoceren und die Rolle des „Zentrifugenplanktons“ im Süßwasser. Rev. 1, 1908. — 2. Über Funktion, Herkunft und Entstehungsursachen der sogenannten Schwebefortsätze pelagischer Cladoceren. Zoologica 67, 1913. — 3. Beitrag zur Analyse der „Vererbung erworbener Eigenschaften“: Transmutation und Präinduktion bei Daphnia. Verh. D. Zool. Ges. 1911. — 4. Über die Spezifität des Lebensraumes, der Nahrung und der Körperformen bei pelagischen Cladoceren und über „ökologische Gestaltsysteme“. Biolog. Zbl. 48, 1928.

WUHRMANN, K., Beitrag zur Kenntnis der Physiologie von Schmutzwasserorganismen. Verh. Schweiz. Naturf. Ges. Zürich 1945.

Sachregister

FSC
www.fsc.org
MIX
Papier | Fördert
gute Waldnutzung
FSC® C083411

Zeitfracht Medien GmbH
Ferdinand-Jühlke-Straße 7
99095 Erfurt, Deutschland
produktsicherheit@kolibri360.de